普通高等教育农业农村部"十四五"规划教材（NY-1-0229）

高等学校系列教材

碳中和管理与低碳发展概论

封　莉　张立秋　韩　绮　主　编
姚　宏　高　鹏　曹　睿　副主编
孙德智　主　审

中国建筑工业出版社

图书在版编目（CIP）数据

碳中和管理与低碳发展概论 / 封莉，张立秋，韩绮主编；姚宏等副主编. -- 北京：中国建筑工业出版社，2025.6. --（普通高等教育农业农村部"十四五"规划教材）（高等学校系列教材）. -- ISBN 978-7-112-31079-1

Ⅰ. X511；F124.5

中国国家版本馆 CIP 数据核字第 2025GU3423 号

本教材为高等学校系列教材，获批农业农村部"十四五"规划教材，共 8 章，系统讲解全球气候变化与碳排放现状、碳排放权交易与碳市场、企业碳资产管理、绿色金融相关概念、不同生产过程碳排放核算方法、低碳技术与生态碳汇、重点行业碳中和路径等基础知识，帮助学生提升碳排放管理能力，将所学专业与国家双碳战略相结合。

本教材适用于土木、环境、管理、金融贸易、法学、林学、信息等各专业类本科生通识课教学，也可供工程技术人员及管理人员参考。为便于教学，作者制作了与教材配套的教学课件，如有需求，可扫码下载。

教材 PPT

责任编辑：王美玲　勾淑婷
责任校对：党　蕾

普通高等教育农业农村部"十四五"规划教材
高等学校系列教材

碳中和管理与低碳发展概论

封　莉　张立秋　韩　绮　主编
姚　宏　高　鹏　曹　睿　副主编
孙德智　主　审

*

中国建筑工业出版社出版、发行（北京海淀三里河路 9 号）

各地新华书店、建筑书店经销

北京鸿文瀚海文化传媒有限公司制版

建工社（河北）印刷有限公司印刷

*

开本：787 毫米×1092 毫米　1/16　印张：14½　字数：350 千字
2025 年 6 月第一版　　2025 年 6 月第一次印刷
定价：**50.00** 元（赠教师课件）
ISBN 978-7-112-31079-1
（44554）

前　言

温室气体排放引发的全球气候变暖已经严重威胁到人类的生产生活，成为当今世界面临的主要挑战之一。联合国政府间气候变化专门委员会（IPCC）自 1990 年成立迄今，已发布六次正式的评估报告，对人类活动导致大气中温室气体浓度增加、引发气候变化的认识逐渐深刻，从第一次的"极少观测证据可检测到人类活动对气候的影响"，到第六次的"毋庸置疑，人类活动已造成大气、海洋和陆地变暖"，可以说是当前顶级的气候科学家共同作出的权威和科学的评估。全球变暖的进一步加剧引发了冰川融化、极端高温、森林火灾、火山爆发、疾病增多、生态破坏等一系列问题，已是一个不争的事实。2018 年，IPCC 第 48 次全会发布了《全球变暖 1.5℃的特别报告》，指出全球平均气温上升超过1.5℃将导致严重的后果，包括海平面上升加剧、极端天气事件增多、生态系统受损、物种灭绝、农业和粮食安全受威胁，以及对人类健康、经济社会产生严重影响等。2024 年11 月《联合国气候变化框架公约》第二十九次缔约方大会（COP29）经过长达两周的艰苦谈判，达成具有历史意义的气候融资协议。

中国作为负责任的发展中大国，2020 年 9 月 22 日在第七十五届联合国大会上郑重宣布："中国将提高国家自主贡献力量，采取更加有力的政策和措施，二氧化碳排放力争于2030 年前达到峰值，努力争取 2060 年前实现碳中和"。无论国际形势如何变幻，中国将始终坚定不移地落实"双碳"目标，与各方一道推动气候变化多边进程和国际合作，为全球绿色低碳、气候韧性和可持续发展作出贡献。

为推动构建人类命运共同体、体现负责任的大国担当，需要加强"人、法、技"建设，协同推进应对气候变化的中国主张、中国智慧、中国方案全面落地。应对气候变化，实现绿色低碳发展，需要一支规模化、专业化、稳定化的人才队伍。教育部《高等学校碳中和科技创新行动计划》明确要求，要不断调整优化碳中和相关专业、学科建设，推动人才培养质量持续提升，实现碳中和领域基础理论研究和关键共性技术新突破。在此背景下，国内部分高校积极成立"碳中和"相关专业，开设碳中和管理和低碳发展相关课程。然而目前，国内外各专业本科生普遍适用的碳中和管理与低碳发展概论教材还十分缺乏。

基于此，北京林业大学申请获批了农业农村部"十四五"规划教材《碳中和管理与低碳发展概论》，旨在编写一部环境、管理、金融贸易、法学、林学、信息等各专业本科生通用的科普教材，希望可以方便高校本科生系统了解全球气候变化与碳排放现状、碳排放权交易与碳市场、企业碳资产管理、绿色金融相关概念、不同生产过程碳排放核算方法、低碳技术与生态碳汇、重点行业碳中和路径等基础知识，提升其碳排放管理能力，能够将所学专业与国家"双碳"战略相结合。

参加本书编写的主要人员有：第 1 章，高鹏、姚宏；第 2 章，封莉、曹睿；第 3 章，封莉、韩绮、赵文婷；第 4 章，封莉、曹睿；第 5 章，张立秋、杜子文、李哲坤；第 6 章，韩绮、曹睿；第 7 章，韩绮、张立秋；第 8 章，高鹏、姚宏。全书由封莉、张立秋、韩绮担任主编，负责整本书的修改和统稿；由孙德智教授主审。

本书引用了大量书刊及科技文献资料，无法在书中一一标明出处，在此向被引用资料的作者一并致谢。

因编写人员水平有限，不当之处在所难免，欢迎批评指正。

目　　录

第1章　全球气候变化与碳排放

1.1　全球气候变化

1.1.1　气候变化的成因与趋势

气候变化是指气候平均状态随时间的变化，是由各种要素（如气温、降水、气压等）所表征的气候状态在较长时段内统计特征的变化。影响气候变化的因素有很多，包括太阳活动、地球自身特征（如地质活动）、大气环流和温室气体排放等。目前，由温室气体大量排放导致的全球气候变暖已成为人类面临的重大全球性挑战。温室气体（Green House Gas，简称GHG）是指大气环境中能够吸收地面的长波辐射并重新发射辐射的气体，主要包括二氧化碳、氧化亚氮、氟利昂、甲烷、六氟化硫、氢氟碳化合物、全氟碳化合物等。当太阳辐射穿透大气层到达地面时，地面升温后会发射红外线并释放热量，但温室气体大量吸收地面释放的热量，并将热量以大气逆辐射的形式返回地面，从而产生温室效应，如图1-1所示。

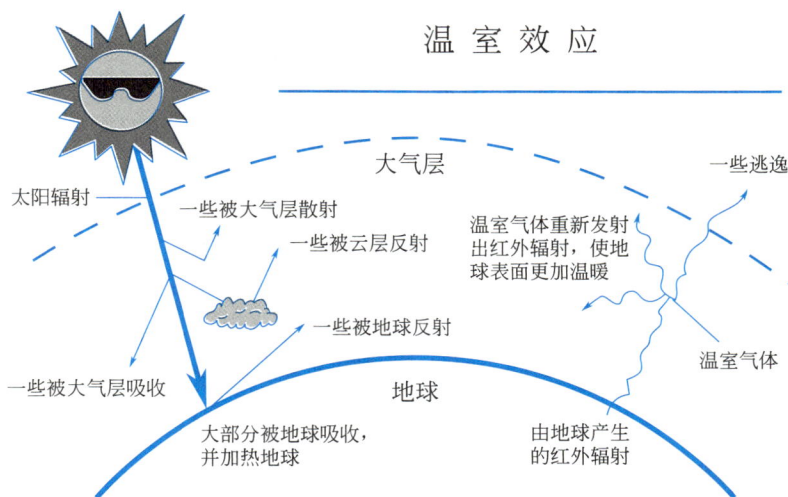

图 1-1　温室效应产生的原理

在地质历史上，地球气候也曾发生过显著变化。大约一万年前，最后一次冰河期结束之后，地球的气候相对稳定在当前人类得以生存的状态。地球的温度是由太阳辐射照到地球表面的速率和吸热后地球将红外辐射线散发到空间的速率决定的。地球上的大气组分中本身就包含具有吸收红外线能力的温室气体，会带来温室效应，温室气体曾经维持了地球的温暖和生态平衡。若要长久保持全球气温的稳定，地球从太阳吸收的能量必须同地球及大气层向外散发的辐射能相平衡。在人类社会高速发展之前，温室气体浓度一直保持着平衡状态。随着人口增加，特别是工业革命以来，世界各国通过大力开采和使用化石燃料来实现经济的飞速发展，向大气中排放了大量的温室气体。温室气体浓度的剧增，使地球吸收的热量大于向外辐射到太空的热量，地球环境热平衡受到破坏，从而导致气候逐渐变暖。

21世纪以来所进行的一些科学观测表明，大气中各种温室气体的浓度都在增加。1750年之前，大气中二氧化碳浓度基本维持在280ppm。工业革命后，人类活动加剧了化石能源（如煤炭、石油等）的消耗，森林植被遭到大量破坏，人为排放的二氧化碳等温室气体不断增长，使得大气中二氧化碳含量逐渐上升，每年大约上升1.8ppm。

2022年，世界气象组织（WMO）在日内瓦发布《2021年全球气候状况》报告，其中温室气体浓度、海平面上升、海洋热量和海洋酸化四项关键气候变化指标在2021年创下新纪录。WMO发布的《2022年全球气候状况》报告显示，2022年的全球平均温度比1850~1900年的平均值高出1.15℃。2020年全球二氧化碳浓度为413.2ppm，是工业化前水平的149%，大气中温室气体浓度在2021年和2022年初继续上升。2021年海洋上层2000m深度范围持续升温，预计未来还将持续，而这一变化在百年到千年的时间尺度上是不可逆的。在冰冻圈方面，尽管2020~2021年冰川融化程度较最近几年低，但在多年代际时间尺度上，冰川质量损失有明显的加速趋势。自1950年以来，世界基准冰川平均变薄33.5m（冰当量），其中76%为1980年以后变薄。海洋酸化现象也不断加剧，海洋吸收了约23%的人类活动向大气排放的二氧化碳，而其与海水发生化学反应时，将导致海洋酸化，不仅会威胁到生物和生态系统，还会对粮食安全、旅游业和沿海生态环境造成影响。随着海洋pH下降，海洋从大气中吸收二氧化碳的能力也会下降。2013~2021年间全球海平面平均每年上升4.5mm，并在2021年创下历史新高，该上升速率是1993~2002年间的两倍多，主要原因是冰盖中的冰加速流失，这加大了沿海居民在遭遇热带气旋时的脆弱性。

许多学者的预测表明，到21世纪中叶，世界能源消费的格局若不发生根本性变化，大气中二氧化碳的浓度将达到560ppm，地球平均温度将有较大幅度的增加。此外，甲烷含量和氧化亚氮含量近50年分别增长了350mg/L和40mg/L，其他温室气体的含量也不断增加，在未来50年可能引起全球平均温度上升1.5~3℃。近年来，地球正在经历以变暖为主要特征的气候变化，而这种变化是广泛、迅速且逐步加剧的，其影响危及全球各个区域。根据国际社会关于全球气候变化的共识，共享社会经济路径（Shared Socioeconomic Pathways，简称SSP）被用来描述未来可能的发展情景，从而评估全球气候变化的可能影响。图1-2所示为五种SSP情景以及它们对应的全球气候变化指标预测。

SSP1-1.9（可持续发展）：这种情景假设全球采取了迅速、强力和协调的行动来减缓气候变化，目标是将全球温度上升控制在1.5℃以下。在这种情景下，全球减排措施得到广泛实施，可再生能源得到大规模使用。相应的全球气候变化指标包括温室气体排放大幅减少、海平面上升较为缓慢、极端天气事件减少等。

SSP1-2.6（可持续发展）：这种情景也假设全球采取了迅速、强力和协调的行动来减缓气候变化，目标是将全球温度上升控制在2℃以下。虽然温室气体排放量相对较高，但减排措施和适应措施得到了广泛采用。全球气候变化指标包括温室气体排放有所减少、海平面上升较为缓慢、极端天气事件减少等。

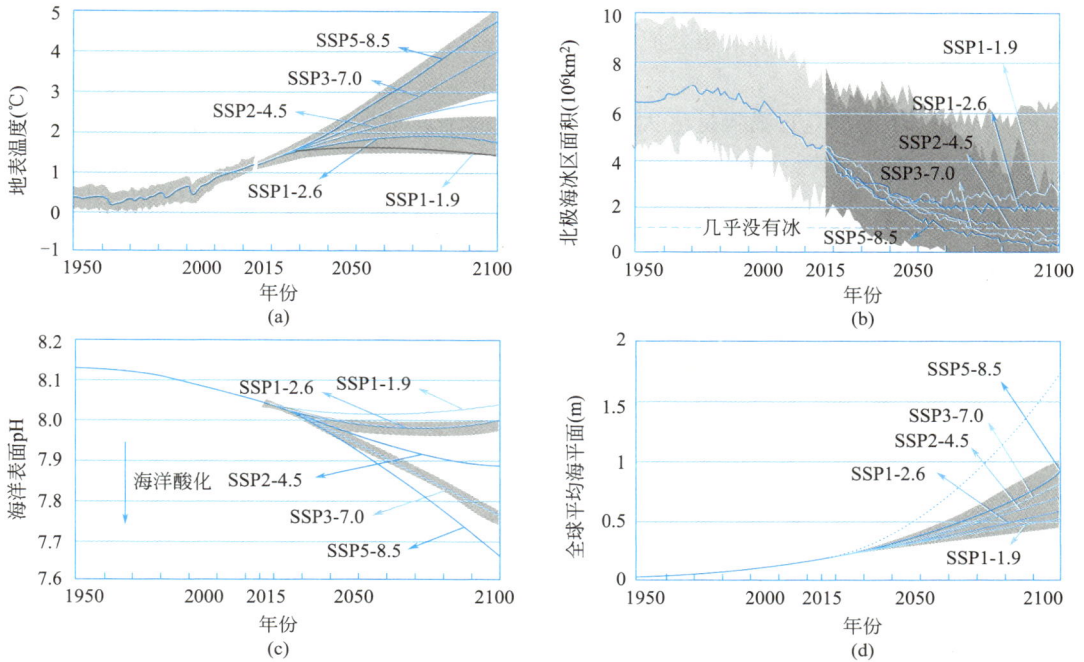

图 1-2　五种 SSP 情景以及它们对应的全球气候变化指标预测

(a) 地表温度变化；(b) 北极海冰区面积变化；

(c) 海洋表面 pH 变化；(d) 全球平均海平面变化

SSP2-4.5（稳定发展）：这种情景假设全球的温室气体排放逐渐减少，但仍然较高。在这种情景下，世界各国逐步采取了减排和适应措施，但进展较为缓慢。全球气候变化指标包括温室气体排放量在逐渐减少、海平面上升加快、极端天气事件有所增加。

SSP3-7.0（不可持续发展）：这种情景假设全球未来发展走向不可持续，经济增长主导，缺乏减排和适应措施。在这种情景下，温室气体排放量持续上升，对气候变化的控制很弱。全球气候变化指标包括温室气体排放持续增加、海平面上升加快、极端天气事件频繁。

SSP5-8.5（分裂发展）：这种情景假设全球未来的发展走向高度分裂，地区性冲突加剧，国际合作减弱。在这种情景下，温室气体排放量持续增加，采取的减排和适应措施有限。全球气候变化指标包括温室气体排放大幅增加、海平面上升加快、极端天气事件频繁且严重。

1.1.2　全球气候变化危机

全球气候变化危机主要是指由全球气候变暖所引起的一系列对人类和自然产生的负面影响和危害。一些史无前例的极端事件也会越来越频繁地发生，气候变化在几百年甚至几千年的时间范围内都是不可逆转的。全球气候变化危机主要表现在以下几个方面：

1. 冰川融化和海平面上升

全球变暖导致海平面上升主要有两方面原因：一方面是由于冰川，特别是两极地区冰川的融化增加；另一方面是由于海水的"热胀冷缩"，全球变暖导致海水体积膨胀，这两方面共同促使全球海平面上升。在 20 世纪的 100 年时间内，全球的海平面已经上升了 10～

20cm，科学家预计在未来 100～200 年内，海平面还将上升至少 100cm。全球海平面上升对于人类来说，主要的威胁就是会淹没沿海低地，特别是沿海平原地区，以及一些海拔较低的岛屿国家。

海平面上升对人类的威胁是巨大的，因为沿海平原地区是人口分布最为密集的区域，许多城市如上海、天津、伦敦、纽约、悉尼都是沿海城市，海平面上升对于沿海城市来说是一个巨大威胁。此外，海平面上升以及更恶劣的天气有可能破坏无可替代的历史文明古迹。目前，全球变暖导致的洪涝灾害已经破坏了有 600 年历史的素可泰古城，这里曾经是泰国古代王朝的首都。

2. 热浪侵袭

异常高温与气候变暖直接相关。据世界气象组织评估，自 20 世纪 80 年代以来，气候变化导致极端高温事件的出现频率增加了六倍。气候变暖导致地表温度上升，从而使热浪在同一地区停滞的时间更长、强度更大。2022 年夏初，欧洲众多国家的最高温度都攀升到 40℃以上，打破了当地同期最高温度纪录。此次热浪的严重程度与 2003 年相当，当时有 3 万多人因高温而直接或间接丧生。高温等气候变化的负面影响将至少持续至 21 世纪 60 年代。

2020 年 1 月 14 日，英国帝国理工学院发布了一项评估报告《气候变化增加了山火的危险》，这份报告指出，全球变暖与"火灾天气"的频率或严重程度的上升之间存在关联，气候变化让许多地方形成了更易发生林火的天气条件，增加了这种灾害发生的可能性。不断上升的全球气温、更频繁的热浪侵袭以及部分地区的干旱状况，都更容易形成干燥、炎热的"火灾天气"，增加林火发生的概率。

3. 暴风雨和水灾

专家用气候模型预测出，全球气温上升会对降水造成影响，而极端降水导致全球受影响的人口约占 10%。20 世纪 90 年代以来，四级到五级强烈飓风的发生频率几乎增加了一倍。温暖的海水增加了强烈风暴产生的可能性，在过去几年中，美国和英国都经受了超强风暴和洪水的袭击，灾害中有很多人死亡，财产损失达数亿美元。

4. 干旱

当世界上的一些地方被风暴和泛滥的洪水袭击时，另一些地方却遭受着干旱的威胁。全球干旱区增温显著，对全球陆地变暖的贡献达到 40%以上。据研究统计，由于降水的持续减少和全球的普遍升温，全球极端干旱区的面积扩大了约 1 倍，且极端干旱事件频发，20 世纪全球发生的重大干旱事件绝大多数发生在干旱/半干旱地区。干旱区对全球气候变化响应十分敏感，全球变暖引发的地表温度、蒸散量和降水等要素变化加剧了干旱区荒漠化。到 21 世纪末，干旱区将占据陆地总面积的一半以上，新增干旱区面积的 78%位于发展中国家。这些地区目前受到水资源短缺、荒漠化和贫困的多重困扰，加之不断增加的人口压力，使得这些地区的社会经济发展和生态安全保障面临更为严峻的风险和挑战。

5. 疾病影响

洪水、干旱的高温等极端天气的频繁发生，为蚊子、扁虱、老鼠等携带致病病毒的动物生长创造了极好的生长环境。世界卫生组织声称，新生的或复发的病毒正在迅速传播中，一些热带疾病也可能在寒冷的地方发生。研究表明，每年大约有 15 万人死于跟气候变化相关的疾病，一些与热有关的心脏病和疟疾引起的呼吸疾病都呈现增长趋势。

6. 造成经济损失

严重的风暴和洪水造成的农业损失多达数十亿美元，同时治疗传染性疾病和预防疾病传播也需要很多开销。极端天气也会造成极其严重的经济滑坡，2005 年破纪录的飓风在美国路易斯安那州停留数月，造成的经济损失约占总收入的 15%，财产损失至少为 1350 亿美元。

7. 生物多样性丧失

生物多样性丧失和气候变化密不可分。全球气温的不断上升，对物种生存的危害越来越大，这些物种会因为其栖息地生态环境的变化而面临遥远的迁徙或灭绝的威胁。例如，曾经生活在北美的红狐为了寻找能维持生存的栖息地迁徙到北极，但是这些迁徙到北极的红狐，很快就会无路可走，因为北极的生态系统已然遇到巨大危机。

8. 生态系统崩溃

有证据证明，气候变化对自然生态系统会产生影响，科学家通过观察白化和死亡的珊瑚礁发现这是由海水变暖造成的。同时，一些植物漂移、动物改变栖息地的现象也都是由于空气和水温上升或冰盖融化造成的。科学家基于不同的温度预测出不同程度的洪水、干旱、森林火灾、海洋酸化的情景，最终都导致了全球生态系统的崩溃，陆地和海洋生态系统无一幸免。

9. 引起山脉回弹

山脉回弹是指在山脉形成过程中，地壳在山脉形成后的一段时间内发生的垂直上升现象。普通登山者可能留意不到，由于山顶的冰雪融化，阿尔卑斯山和其他山脉的高度在过去一个世纪中都经历了缓慢的回弹过程。几千年来，这些冰山长期压着地表，导致地表受到压制。随着冰川融化，压在地面上的重量得以减轻，地表慢慢回弹。由于近年来全球变暖加速了冰川融化，这些山脉回弹的速度加快。

10. 影响卫星运行

由于大气中二氧化碳含量不断上升，低空的二氧化碳分子相撞时释放热量，导致空气变暖，而在高空二氧化碳分子稀薄，相互撞击的机会不够频繁，所以热量就向四周辐射，让周围的空气变得凉爽。随着更多二氧化碳到达高空，更多冷却过程发生，空气流动性变差，所以大气变得更加稀薄，对卫星的拉力更小，导致卫星运行速度加快。

11. 威胁国家安全

专注于气候和环境风险分析的英国公司 Maplecroft 使用"气候变化脆弱指数"评定各个国家受到极端气候（诸如干旱、飓风、野地火灾以及暴风、巨浪）的袭击次数，并将这些灾害袭击相应地转化为对水源压力、粮食歉收以及海洋灾难导致的耕地减少情况进行测评，来评估一个国家受到这些灾害侵袭的概率，以及这个国家适应未来与气候变化相关灾害的能力。该公司新近报告显示，被列为极易受到气候变化危害的 30 个国家中，有三分之二位于非洲，并且都属于发展中国家。非洲极易受到干旱、严重的洪灾以及野地火灾的侵袭。该研究报告的联合撰写人称："即便是受到气候变化很小的影响，很多国家也会因此蒙受巨大灾害"。

综上所述，全球已经形成严重的气候危机，人类必须要采取更加有效的措施。

1.1.3 国际社会应对全球气候变化进程

气候变化的影响是全球的，需要国际社会的共同行动。1972 年，首届联合国人类环境会议的召开改变了全人类对环境的态度。这也是人类历史上第一次以环境问题为主题而召开的国际会议，国际社会第一次规定了人类对全球环境的权利与义务的共同原则，也标志着人类共同关注环保历程的开始。1990年，世界气象组织及联合国环境规划署联合建立政府间机构——联合国政府间气候变化专门委员会（Intergovernmental Panel on Climate Change，简称IPCC），主要任务是对气候变化对社会、经济的潜在影响以及如何适应和减缓气候变化的可能对策进行评估，且每6～7年发布一次报告。

IPCC发布的首个关于全面控制二氧化碳等温室气体排放的国际公约就是1992年6月在巴西里约热内卢举行的联合国环境与发展大会上由154个国家和地区组织共同签署的《联合国气候变化框架公约》（United Nations Framework Convention on Climate Change，简称UNFC-CC），并于1994年3月21日起开始生效。《联合国气候变化框架公约》终极目标是将大气温室气体浓度维持在一个稳定的水平，在该水平上人类活动对气候系统的危险干扰不会发生。公约对缔约方承诺的义务作出了明确规定：发达国家与发展中国家应对全球气候保护承担"共同但有区别的责任"原则。为落实《联合国气候变化框架公约》的相关内容，从1995年起，联合国每年召开一次公约缔约方大会（Conference of the Parties，简称COP），共同商讨气候变化问题。1990～2021年，IPCC共发布六次评估报告，关于人类活动对温室气体浓度影响的认识过程如表1-1所示。

关于人类活动对温室气体浓度影响的认识过程 表1-1

联合国政府间气候变化专门委员会(IPCC)气候变化评估报告	
1990年 第一次报告	人类活动导致的温室气体排放，增加了大气中温室气体浓度，增强了温室效应，使平均温度上升
1995年 第二次报告	自19世纪末以来，全球平均地面温度上升0.3～0.6℃，这一变化不可能完全是自然产生的，各种证据的对比分析表明人类对全球气候有可辨别的影响
2001年 第三次报告	最近50年观测到的大部分变暖可能(66%)是由于温室气体浓度增加，人类活动造成的温室气体和气溶胶排放继续以预期影响气候方式改变大气
2007年 第四次报告	观测到的20世纪中叶以来大部分全球平均温度升高很可能(90%)是由人为温室气体浓度增加所导致
2014年 第五次报告	人类对气候系统的影响是明确的，极有可能(95%)的是，观测到的1951～2010年全球平均地表温度升高一半以上是由温室气体浓度的人为增加和其他人为强迫共同导致的
2021年 第六次报告和 第一次工作组报告	目前全球地表平均温度较工业化前高出约1℃，除非未来几十年内大幅度减少二氧化碳和其他温室气体排放，否则全球变暖幅度在21世纪将超过1.5℃，甚至2℃；人类活动正在引发气候变化，其引起的极端天气事件的频率和强度正在不断增加，必须及时控制

1997年12月，在《联合国气候变化框架公约》缔约方第三次会议（COP3）上，各缔约方签署了《京都议定书》（Kyoto Protocol），这是一个旨在限制发达国家温室气体排放的国际性公约，《京都议定书》是国际社会在防止全球气候变化的国际合作方面取得的一份具有里程碑意义的国际法文件，也是人类历史上首次以法规的形式限制温室气体排放的文件。《京都议定书》对其附件一中所列缔约方（主要指发达国家）的温室气体排放作出了具有法律约束力的定量限制；明确了全球变暖主要是由人类活动大量排放的二氧化碳（CO_2）、甲烷（CH_4）、氧化亚氮（N_2O）、氢氟碳化合物（HFCs）、全氟碳化合物（PFCs）、六氟化硫（SF_6）六种温室气体造成的；确定了帮助缔约方减轻其承担减排与控排义务费

用的国际排放贸易机制（ET）、联合履行机制（JI）和清洁发展机制（CDM）三种灵活合作减排机制。

2015年12月，在第21届联合国气候大会（巴黎气候大会）上通过了《巴黎协定》（Paris Agreement），这是历史上第一份覆盖近200个国家和地区的全球减排协定，是《联合国气候变化框架公约》下第二个具有法律约束力的协定，标志着全球应对气候变化迈出了历史性的重要一步。《巴黎协定》是对2020年后全球应对气候变化的行动作出的统一安排，建立了"自上而下"与"自下而上"相平衡的全球气候治理模式，为工业化国家制定了整体的减排目标，并通过分解产生每个国家的具体量化任务。在《巴黎协定》的框架之下，我国以"新发展理念"为核心，提出实现碳中和四大目标：到2030年，中国GDP的二氧化碳排放比2005年下降60%～65%；非化石能源占总能源比重提升到20%左右；中国的二氧化碳排放要达到峰值，并且争取尽早达到峰值；中国的森林蓄积量要比2005年增加45亿 m^3。

2018年，IPCC第48次全会发布了《全球变暖1.5℃的特别报告》，指出全球平均气温上升超过1.5℃将导致严重的后果，包括海平面上升加剧、极端天气事件增多、生态系统受损、物种灭绝、农业和粮食安全受威胁，以及对人类健康、经济社会产生严重影响等。该报告对"碳中和""气候中和""净零碳排放"和"净零排放"等概念进行了明确定义，并提出了为达到1.5℃或2.0℃温控目标应实现二氧化碳净零排放的时间点。

2021年8月，IPCC正式发布《气候变化2021：自然科学基础》报告，首次以"红色警告"来评估气候危机，称地球环境短短几百年内已经被人类大幅度改变。

综上，国际社会对气候变化极为关注，全球气候变化相关的会议以及应对方案彰显了世界各国对缓解和遏制全球气候变化的决心，如图1-3所示。

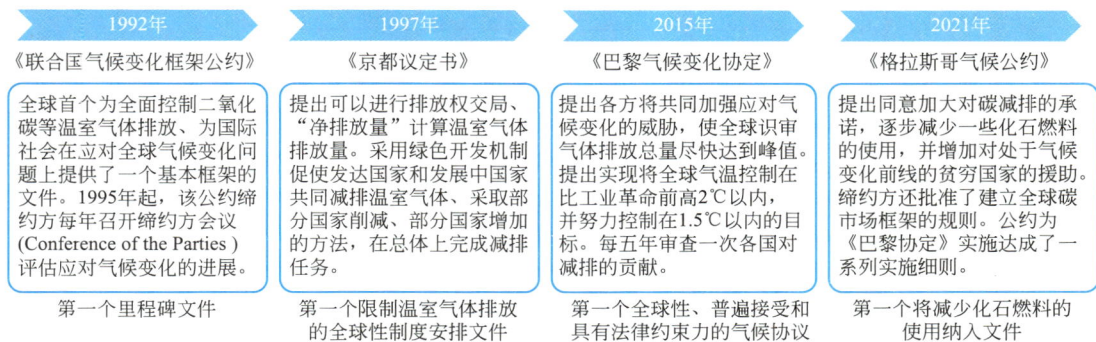

1992年	1997年	2015年	2021年
《联合国气候变化框架公约》	《京都议定书》	《巴黎气候变化协定》	《格拉斯哥气候公约》
全球首个为全面控制二氧化碳等温室气体排放、为国际社会在应对全球气候变化问题上提供了一个基本框架的文件。1995年起，该公约缔约方每年召开缔约方会议（Conference of the Parties）评估应对气候变化的进展。	提出可以进行排放权交易、"净排放量"计算温室气体排放量。采用绿色开发机制促使发达国家和发展中国家共同减排温室气体、采取部分国家削减、部分国家增加的方法，在总体上完成减排任务。	提出各方将共同加强应对气候变化的威胁，使全球识审气候气体排放总量尽快达到峰值。提出实现将全球气温控制在比工业革命前高2℃以内，并努力控制在1.5℃以内的目标。每五年审查一次各国对减排的贡献。	提出同意加大对碳减排的承诺，逐步减少一些化石燃料的使用，并增加对处于气候变化前线的贫穷国家的援助。缔约方还批准了建立全球碳市场框架的规则。公约为《巴黎协定》实施达成了一系列实施细则。
第一个里程碑文件	第一个限制温室气体排放的全球性制度安排文件	第一个全球性、普遍接受和具有法律约束力的气候协议	第一个将减少化石燃料的使用纳入文件

图1-3　全球气候变化相关的会议以及应对方案

1.2　全球和我国碳排放现状

1.2.1　全球碳排放现状

地球上的二氧化碳净排放主要来源于化石能源燃料燃烧和工业生产过程。由于世界各国经济发展阶段、经济发展模式、能源结构、能源技术、人口规模与结构等众多因素的不同，导致世界各国的碳排放有很大差异。全球碳排放总量巨大，且还在持续增长中。发达经济体碳排放量近30年来基本保持不变，近10年有下降趋势，其碳排放量大致占全球碳排放总量的 1/3～1/2；而其他经济体近 30 年碳排放量则迅速增加，造成了全球碳排放总量的快速增长，1992～2022 年全球碳排放总量如图 1-4 所示。

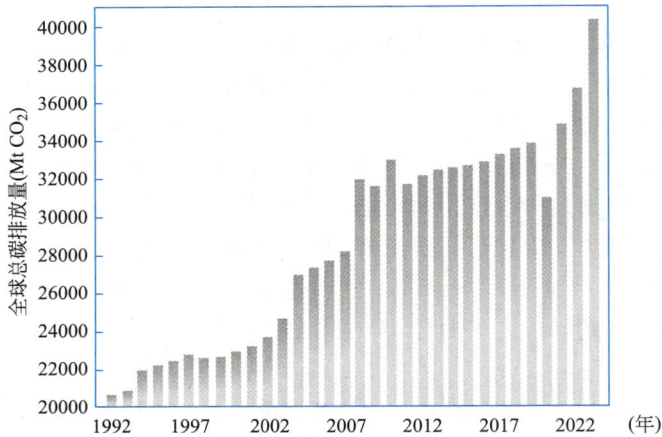

图 1-4　1992～2022 年全球碳排放总量

造成全球碳排放总量增长的因素很多，其中人口增长和国内生产总值（GDP）提高是非常重要的因素。因此，人均碳排放量和单位 GDP 二氧化碳排放量也是评估国际碳排放格局的有力参考值。数据显示，近 20 年来世界人均年碳排放量在 4t 左右，呈缓慢增加的趋势，说明世界碳排放增长的趋势还没有得到有效遏制。1992～2022 年单位 GDP 二氧化碳排放量如图 1-5 所示，可见近 20 年来单位 GDP 二氧化碳排放量呈现出持续缓慢下降的趋势，说明世界经济发展总体上已经在向绿色低碳发展转变。

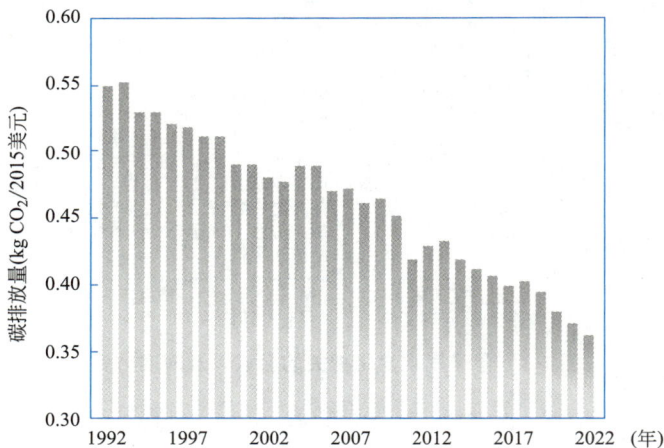

图 1-5　1992～2022 年单位 GDP 二氧化碳排放量

目前，中国、美国、印度的碳排放量位于世界前三，三个国家的碳排放总量已经达到了世界碳排放总量的 50%，如图 1-6（a）所示。中国每年的碳排放总量虽然远高于主要发达国家，但由于中国的人口基数大，如果按照人均二氧化碳排放量计，美国则为中国的2.0 倍（以 2019 年数据计），高于全球平均水平 2 倍，如图 1-6（b）所示。此外，俄罗斯、日本、欧盟人均碳排放量分别为 11.5t、8.5t、6.0t，远高于世界平均水平的 4.4t。因此，要控制全球碳排放，实现在 21 世纪末把全球平均气温较前工业化时期上升幅度控制在 2℃之内的目标，不能全靠发展中国家，发达国家更应当发挥积极作用，带领并帮助世界实现"碳中和"的总目标，解决气候危机。

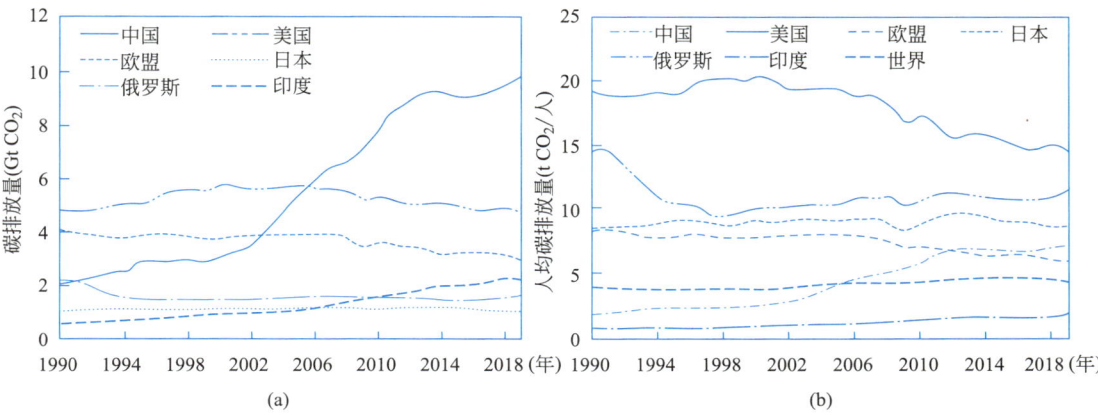

图 1-6　全球主要国家的碳排放总量及人均碳排放量情况
（a）碳排放总量；（b）人均碳排放量

全球主要经济活动年度碳排放量如图 1-7 所示。从排放来源看，电力和热力生产活动、交通运输业、制造业和建筑业是碳排放的最主要来源，可以预见这些领域是未来碳减排的关键领域。

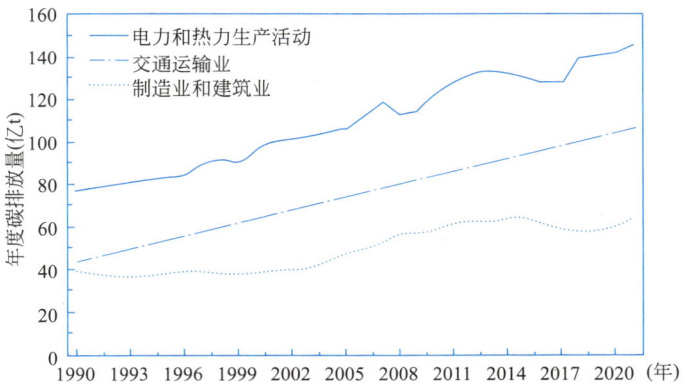

图 1-7　全球主要经济活动年度碳排放量

电力和热力生产活动是全球主要的碳排放来源，目前供电行业依然以煤炭、石油、天然气等化石燃料燃烧作为主要的发电方式，供热产业也以燃烧化石燃料作为主要的供热方式，而化石燃料燃烧会带来大量碳排放。2021 年，电力及供热行业二氧化碳排放量近 146 亿 t，占全球当年二氧化碳排放总量的 40.2%。

交通运输产业是全球第二大碳排放来源。目前，陆上交通、航空、航海依然以燃油作为最主要的动力来源，对燃油的高需求也会带来大量碳排放。

制造业与建筑业是另一个重要的碳排放来源。钢铁冶炼、化工制造、采矿、建筑等行业对能源需求量大，生产过程中原材料分解也会带来碳排放。

其他行业碳排放量始终保持稳定，碳排放量相对于此三类较少，因此不再单独介绍。

1.2.2 我国碳排放现状

作为过去 30 年世界经济发展最强劲的动力源之一，我国的碳排放与经济增长呈现出同步快速增长的态势。总体来看，我国的碳排放总量仍然是世界最大的，但增长速度已经开始降低。我国的碳排放在行业上存在显著差异，目前碳排放主要来源于发电、供热、交通和建筑行业，合计达到碳排放总量的 80% 以上。此外，我国的碳排放在物理空间上存在分布不均的问题。如图 1-8 所示，2019 年我国碳排放总量为 99 亿 t，占全球碳排放总量的 29% 左右，位列全球之首。根据世界银行的统计数据，我国单位 GDP 能耗和单位 GDP 碳排放分别为 99J/美元、0.69kg/美元，分别是世界平均水平的 1.77 倍和 1.47 倍，碳排放强度高于世界平均水平。

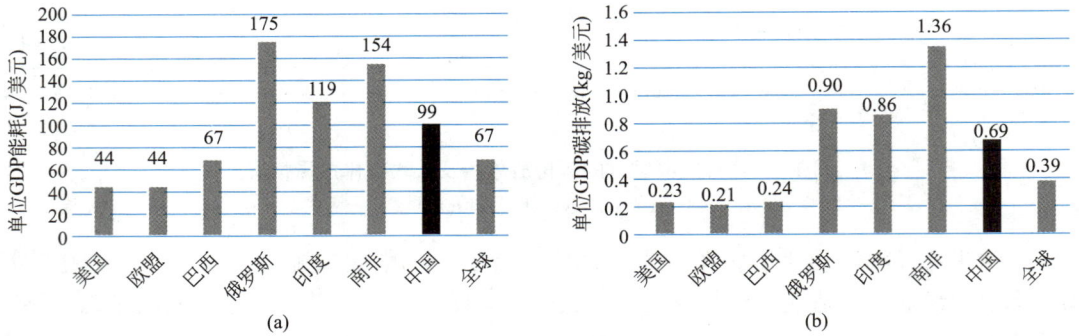

图 1-8　中国与其他国家（地区）的单位 GDP 能耗及单位 GDP 碳排放情况
（a）单位 GDP 能耗；（b）单位 GDP 碳排放

党的十八大以来，随着供给侧结构性改革与经济高质量发展战略的逐步实施，我国的碳排放增速逐渐得到控制。如图 1-9 所示，我国单位 GDP 碳排放量呈现出显著下降的趋势。2019 年，我国单位 GDP 碳排放量较 2005 年降低了 48.1%，超过了向国际社会承诺的目标（到 2020 年下降 40%～45%），基本改变了碳排放快速增长的局面。

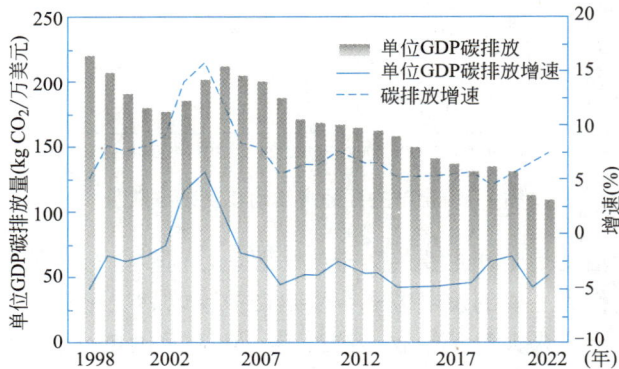

图 1-9　1998～2022 年我国单位 GDP 碳排放情况

由于经济发展的不平衡以及能源禀赋结构的差异，我国不同区域的二氧化碳排放量也存在较大差异。从二氧化碳排放增长速度来看，我国各区域的碳排放总量均呈快速增长趋势，其中年均增长率最快的区域为西北区域（8.3%），其次是华南区域（7.0%），最低为东北区域（4.1%）。我国各省份的碳排放总量也都快速增长，其中增长率最快的省份为内蒙古（9.9%），其次为新疆（9.7%）。20世纪90年代以来，随着石油、煤炭资源的大规模开发，上述两省份的碳排放量也出现了较大增长；增长率最慢的省份为辽宁（4.4%），由于资源开采速度及经济活动增速相对不高，其碳排放量增长相对较慢。我国碳排放量区域结构及省份结构示意图如图1-10所示，从各区域的碳排放总量比较来看，华东、华北、华中为主要的碳排放来源地。

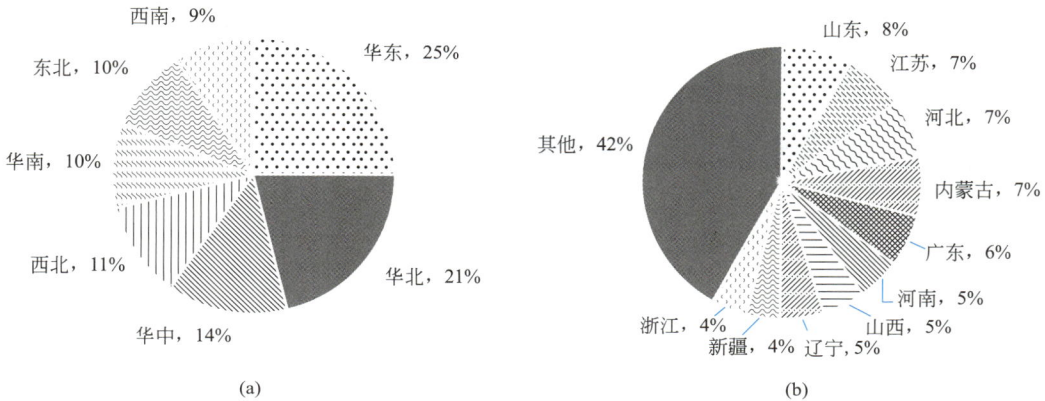

图1-10　我国碳排放量区域结构及省份结构示意图

（a）区域结构；（b）省份结构

我国三大产业及按行业分类的碳排放情况如图1-11所示。从产业角度来看，2000～2020年间第一、二、三产业的碳排放量均呈现稳步增长特征，2020年，第一、二、三次产业的碳排放量分别为1.28亿t、88.91亿t、15.02亿t，较2000年分别增长5.3%、5.5%及5.4%。其中，第二产业的碳排放量长期占据主导地位，2000～2020年间其碳排放量占碳排放总量的比例维持在85%左右，第三产业的碳排放量占14%左右，而第一产业的碳排放量仅占1%。上述结果在某种程度上也为我国实现"双碳"目标提供了现实基

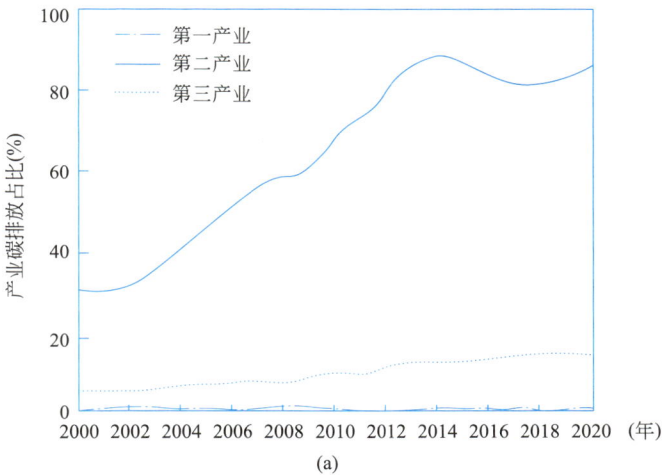

图1-11　我国三大产业及按行业分类的碳排放情况（一）

（a）三大产业碳排放占比

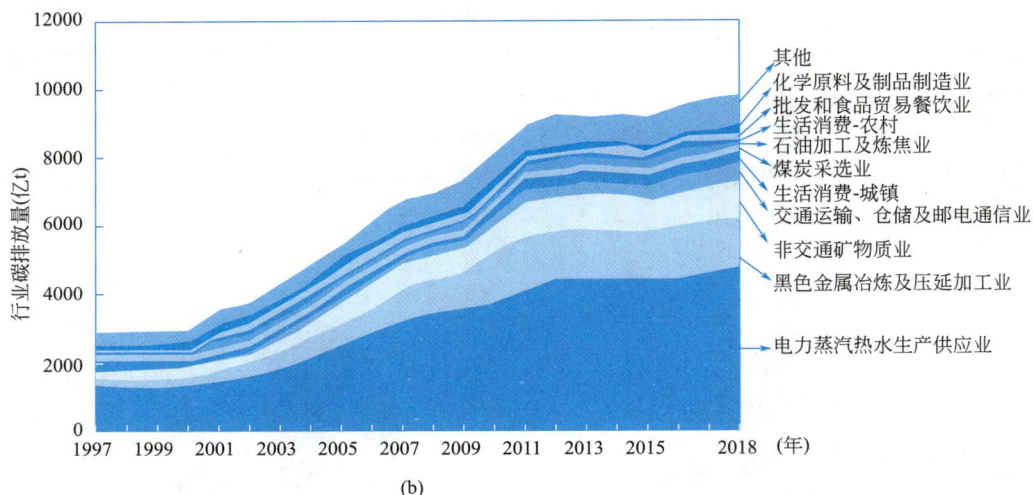

图 1-11 我国三大产业及按行业分类的碳排放情况（二）

（b）行业碳排放

础，随着我国逐渐进入后工业化时代，第二产业在国民经济中的占比必将进一步降低，而第三产业的占比则将进一步上升，从而有利于我国的碳减排工作。

1.3 碳排放控制目标

1.3.1 全球碳排放控制目标

截至 2019 年，已有 46 个国家和地区实现碳达峰，这些国家的碳排放量占全球碳排放总量的 40%，在不同的背景及环境下通过各自的方式实现了从"相对减排"（碳强度的减排）到"绝对减排"（碳总量的减排）的跨越。2020 年，在碳排放总量前 15 位的国家中，已经有 2/3 的国家完成了碳达峰，我国及其他 3 个国家承诺在 2030 年前实现碳达峰。届时，全球 58 个完成碳达峰国家的碳排放量将占据全球碳排放总量的 60%，部分国家碳排放达峰时间及峰值如图 1-12 所示。

为了应对气候变化，全球温室气体排放必须在 2020～2030 年减少一半以上，并在 21 世纪下半叶早期达到净零排放。鉴于这一需要，越来越多的《巴黎协定》缔约方正在履行净零排放目标。

1.3.2 我国碳排放控制目标

我国作为全球第二大经济体，应积极承担解决气候变化问题中的大国责任、推动我国生态文明建设与高质量发展。2020 年 9 月 22 日，我国在第 75 届联合国大会上郑重宣布："中国将提高国家自主贡献力度，采取更加有力的政策和措施，二氧化碳排放力争于 2030 年前达到峰值，努力争取 2060 年前实现碳中和"。实现碳达峰、碳中和是着力解决资源环境约束突出问题、实现中华民族永续发展的必然选择，是构建人类命运共同体的庄严承诺。

"碳达峰"是指二氧化碳等温室气体的排放达到最高峰值不再增长。我国承诺在 2030 年前力争碳达峰，即在 2030 年前煤炭、石油、天然气等化石能源燃烧活动和工业生产过程以及土地利用变化与林业等活动产生的温室气体排放不再增长，达到峰值。

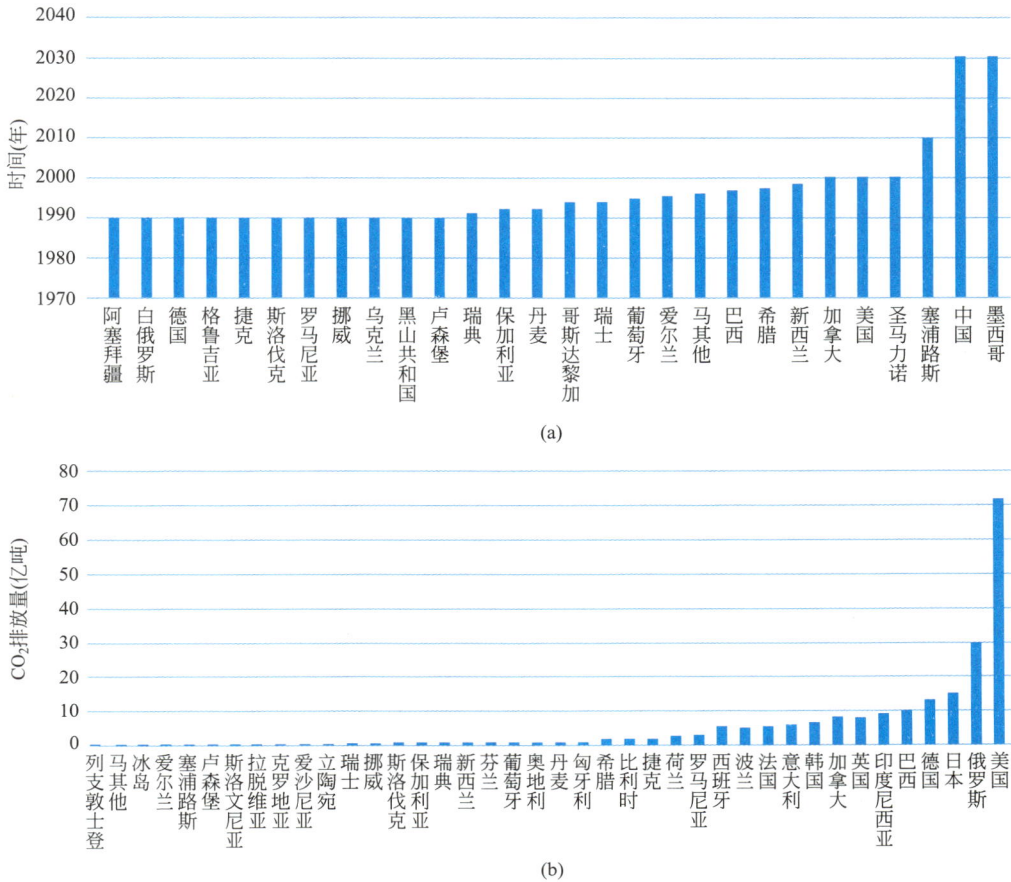

图 1-12 部分国家碳排放达峰时间及峰值

(a) 碳达峰时间；(b) 碳排放峰值

"碳中和"是指在一定时间内直接或间接产生的温室气体排放总量，通过碳汇、碳捕集、碳封存等技术实现等量吸收抵消。我国承诺努力争取 2060 年实现碳中和，即通过产业优化、能源转型、技术革新等方法大量降低碳排放总量，通过植树造林、节能减排、二氧化碳再利用、碳捕集、碳封存等技术形式，吸收二氧化碳，等量抵消中和必要的二氧化碳排放量，实现二氧化碳零排放。

1.4　我国实现"双碳"目标的意义与路径

1.4.1　我国实现"双碳"目标的意义

1. "双碳"目标的提出是我国主动承担应对全球气候变化责任的大国担当

"双碳"目标是我国基于推动构建人类命运共同体的责任担当和实现可持续发展的内在要求而作出的重大战略决策，展示了我国为应对全球气候变化做出的新努力和新贡献，体现了对多边主义的坚定支持，为国际社会全面有效落实《巴黎协定》注入强大动力，重振全球气候行动的信心与希望，彰显了中国积极应对气候变化、走绿色低碳发展道路、推动全人类共同发展的坚定决心。

党的二十大报告深刻阐述了人与自然和谐共生是中国式现代化的重要特征，明确到2035年"广泛形成绿色生产生活方式，碳排放达峰后稳中有降，生态环境根本好转，美丽中国目标基本实现"。推进"双碳"工作是我国主动担当大国责任、推动构建人类命运共同体的迫切需要。地球是人类赖以生存的家园，良好的生态环境是人类永续发展的根基。当前，气候变化已成为全球共同关切，绿色低碳发展成为广泛共识，各国都采取行动积极应对气候变化。中国作为世界上最大的发展中国家，在大力推进自身碳减排的同时，积极参与多双边对话合作，是全球应对气候变化的重要参与者、贡献者、引领者。顺应全球绿色低碳发展潮流，必须以扎实推进双碳工作为重要契机，在全球绿色低碳发展大势中始终保持战略主动，以更加积极姿态参与和引领全球气候治理，强化绿色低碳领域多双边交流沟通和务实合作，展现负责任大国的担当，推动共建清洁美丽世界。

2. "双碳"目标是加快生态文明建设和实现高质量发展的重要抓手

"双碳"目标对我国绿色低碳发展具有引领性、系统性作用，可以带来环境质量改善和产业发展的多重效应。着眼于降低碳排放，有利于推动经济结构绿色转型，加快形成绿色生产方式，助推高质量发展。突出降低碳排放，有利于传统污染物和温室气体排放的协同治理，使环境质量改善与温室气体控制产生显著的协同增效作用。强调降低碳排放人人有责，有利于推动形成绿色简约的生活方式，降低物质产品消耗和浪费，实现节能减污降碳。加快降低碳排放步伐，有利于引导绿色技术创新，加快绿色低碳产业发展，在可再生能源、绿色制造、碳捕集与利用等领域形成新的增长点，提高产业和经济的全球竞争力。从长远看，实现降低碳排放目标，有利于通过全球共同努力减缓气候变化带来的不利影响，减少对经济社会造成的损失，使人与自然回归和平与安宁。

我国在实际工作中也正是按照"双碳"目标扎实推进的。在《中共中央关于制定国民经济和社会发展第十四个五年规划和2035年远景目标的建议》中，明确将"碳排放达峰后稳中有降"列入中国2035年远景目标。2020年12月的中央经济工作会议，把"做好碳达峰、碳中和工作"列为2021年重点任务之一，并对应对气候变化工作作出明确部署。2021年全国两会通过的"十四五"规划纲要，进一步明确要制定2030年前碳达峰的行动计划。在中央财经委员会第九次会议和中共中央政治局第二十九次集体学习时，习近平总书记围绕碳达峰碳中和、生态文明建设发表了重要讲话，对当前和今后一个时期乃至21世纪中叶的应对气候变化工作、绿色低碳发展和生态文明建设提出更高要求，这将有利于促进经济结构、能源结构、产业结构转型升级，有利于推进生态文明建设和生态环境保护、持续改善生态环境质量，对于加快形成以国内大循环为主体、国内国际双循环相互促进的新发展格局，推动高质量发展和美丽中国建设，具有重要促进作用。

3. "双碳"目标是贯彻新发展理念，推进绿色低碳高质量发展的创新驱动力

"双碳"目标的提出和落实，体现了中国作为一个负责任的大国在发展理念、发展模式、实践行动上积极参与和引领全球绿色低碳发展的努力。习近平总书记指出，"十四五"时期我国生态文明建设进入了以降碳为重点战略方向、推动减污降碳协同增效、促进经济社会发展全面绿色转型、实现生态环境质量改善由量变到质变的关键时期。"双碳"目标是指通过实施绿色低碳发展战略，实现减缓和适应气候变化的目标。贯彻新发展理念，推进创新驱动的绿色低碳高质量发展是指在追求经济发展的同时，注重环境保护、降低碳排放，并提高经济发展的质量和效益。

"双碳"目标强调可持续发展，既包括减少二氧化碳等温室气体的排放，也包括提高适应气候变化的能力。通过增加使用清洁能源、推广能效技术、改善能源结构、促进能源转型等措施，实现低碳排放目标。同时，采取适应性措施，包括建设抗灾减灾体系、提高农业、水资源管理等领域的应对能力，以适应日益严峻的气候变化。贯彻新发展理念，意味着在发展过程中更加注重协调、绿色和可持续发展的要求；意味着在经济发展过程中，要坚守生态文明建设，注重生态环境保护，推动资源节约和循环利用，实现可持续发展，推进创新驱动的绿色低碳高质量发展；意味着通过科技创新，引进和发展清洁能源技术、智能制造、数字经济等新兴产业，促进经济结构转型，实现绿色低碳发展。

1.4.2 我国"双碳"目标政策设计

作为最大的发展中国家和最大的温室气体排放国，我国在宣布"双碳"目标后将面临国际国内双重压力和问题。从国际视角看，我国在《巴黎协定》错综复杂的谈判局面中提出可操作的方案是必须面对的现实需求；从国内视角看，我国虽然制定了低碳发展战略方案规划，但仍未解决长远利益与短期发展空间的冲突，能源、温室气体排放数据统计和报告不足以满足国际规则要求。因此，我国亟须出台妥善的解决方案和低碳路径实施细则。

从 2020 年第 75 届联合国大会一般性辩论到 2021 年"两会"，国家领导人在国内外多个场合强调从"内促高质量发展、外树负责任形象"的战略高度强调应对气候变化的重要性，并提出我国更新自主贡献和长期低碳发展的战略目标，中国向全世界承诺，将采取更严格的政策和措施来减少二氧化碳排放，努力争取在 2030 年实现碳达峰，2060 年前完成碳中和。

1. 碳达峰、碳中和相关政策解读

（1）2021 年 10 月 24 日，中共中央、国务院印发《关于完整准确全面贯彻新发展理念做好碳达峰碳中和工作的意见》，形成了碳达峰碳中和"1+N"政策体系，通过关键顶层设计，统领后续全局的政策制定。2021 年 10 月 26 日，国务院印发了《2030 年前碳达峰行动方案》，对我国未来十年的碳达峰行动进行了全面规划，相关指标和任务更加细化、实化、具体化。

（2）生态环境部：将碳达峰行动纳入环保督察，推动应对气候变化与生态系统保护协同增效。

① 2020 年 9 月，积极应对气候变化政策吹风会在北京召开，提出尽快出台《二氧化碳排放达峰行动计划》。可以看出，生态环境部党组高度重视并要求将中央政府提出的目标转化为具体行动，坚决执行积极应对气候变化的国家战略。

② 2023 年 7 月，全国生态环境保护大会在北京召开。习近平总书记强调，今后 5 年是美丽中国建设的重要时期，要深入贯彻新时代中国特色社会主义生态文明思想，坚持以人民为中心，牢固树立和践行绿水青山就是金山银山的理念，把建设美丽中国摆在强国建设、民族复兴的突出位置，推动城乡人居环境明显改善、美丽中国建设取得显著成效，以高品质生态环境支撑高质量发展，加快推进人与自然和谐共生的现代化。指出要积极稳妥推进碳达峰碳中和。

③ 2023 年 8 月，碳达峰碳中和会议召开，聚焦"双碳"主题，以党的二十大报告提出的"加快规划建设新型能源体系"为主线，围绕"双碳"与新型能源体系建设、生产生活方式绿色变革、战略性新兴产业发展、国际热点与国际合作、地方及企业实践等内容提

出建议，为业内人士和研究人员把握"双碳"领域发展动态提供参考。

（3）工业和信息化部：制定重点行业碳达峰行动方案和路线图，全力做好工业领域低碳减排。围绕"双碳"目标节点，实施工业低碳行动和绿色制造工程，坚决压缩粗钢产量，加快发展先进制造业，提高新能源汽车产业集中度。

产业结构不合理、绿色技术创新能力弱、高端绿色产品供给不足、区域产业生态发展不平衡仍是我国目前存在的主要问题。"十四五"期间，基于"双碳"目标节点，低碳产业措施和绿色制造项目的实施是必然的。我国应尽快实施顶层设计，推进零碳产业能耗转型，将可再生能源富集和低成本区域作为产业空间布局规划中的重点，对零碳生产技术及其产业化展开重点研究，尽快建立新的零碳工业体系，抓住全球碳中和浪潮的顶峰，把挑战变成机遇。

（4）国家发展和改革委员会：将从能源结构、产业结构、能源利用效率、低碳技术研发、低碳发展体制机制、生态碳汇六大方面推动实现"双碳"目标。

在中央财经委员会第九次会议中，"双碳"目标被特别强调纳入生态文明建设整体布局，凸显了中央对双碳工作的高度重视。重点工作包括工业、建筑、碳汇、消费等，与每一个人都密不可分。碳达峰工作有巨大的市场机遇，政府做好整体规划设计，剩下的交给市场，让市场实现资源的最优配置。

（5）中国人民银行：以促进实现"双碳"为目标，落实"双碳"重大决策部署，完善绿色金融政策框架和激励机制。优化政策设计和规划，引导金融资源走向绿色发展，提高金融体系应对气候变化风险的能力，推进碳排放交易市场建设，并对碳排放进行合理定价。

近年来，我国不断充实绿色金融政策框架，并且成效显著，有力地支持了我国的低碳发展。对绿色金融监管文件和政策进行梳理并规范企业和金融机构，为绿色金融产品和服务创新提供前瞻性指导。修订绿色产业及绿色信贷标准，确立绿色保险及绿色基金的界定标准，完成绿色金融标准的统一和有效衔接。

2."双碳"目标对各行业的影响

碳达峰、碳中和几乎和每一个行业都密切关系，由此带来系统性的变革。

（1）对电力部门而言，"十四五"时期是我国开启构建新型电力系统的第一个五年，我国应尽快实现电力部门的碳排放达峰、加速转变煤电的角色定位、实现增量电力需求绝大部分由非化石能源满足，并为之后新能源大规模替代存量化石能源、完成新型电力系统构建奠定良好的基础。要保障电力安全，查缺并弥补电力系统的不足，优化煤炭能源的功能，开启一系列缩减碳排放的大型水电、核电项目，促进商业储能发展，完善节能减排政策体系，搞好能源、建筑、交通等碳相关产业的衔接。

（2）针对工业部门，将努力争取完成$80\%\sim85\%$的碳减排目标（1.5℃情景），其中，提高工业设备效率将有效地促进脱碳进程。实现减排目标的关键是技术创新，从根本上实现供热部门及工业发电的碳减排，需要推动清洁能源发电、热电联产、碳捕获及储存技术的大规模应用。

（3）针对交通运输部门，因出行需求及汽车保有量的不断增加，2050年交通运输部门的碳排量将增加约30%（基准情景），较70%的碳减排目标（1.5℃情景）仍有较大差距。交通运载工具的电动化转型是对碳减排贡献最大的关键举措，而电动化转型与政府的支持、基建的扩张及技术的升级密不可分。此外，还需加强推进航空燃料去碳化。

（4）针对建筑部门，随着城镇化的发展以及人民生活质量的不断提升，2050年建筑部门的碳排量将增加10%～15%（基准情景），而在1.5℃情景下则需实现零排放。建筑节能改造和取暖的去碳化是加快建筑部门减排最为有效的举措，目前在我国已经开始推行，但仍需强化执行的广度及力度，并加强规划单位及相关企业的清洁取暖、节能改造、顶层设计的硬实力。

（5）针对金融行业，"双碳"目标的提出对金融业有很多要求。明晰的低碳化路径确定后，可以清楚地计算出支持低碳化项目的资金数，而金融业则需对项目融资进行规划。环保因素对整个产业结构、技术升级的影响，应当引起金融机构的重视，并将其纳入金融机构投资决策机制中。除传统的债券及信贷支持外，碳交易市场在此过程中有望获得长足发展。

1.4.3 我国"双碳"目标实现路径

立足国情，实现"双碳"目标需要围绕绿色发展新理念，快速推动"两个替代"。"两个替代"是指在能源开发上实施清洁替代，以可再生的太阳能、风能等清洁能源替代化石能源，形成清洁能源为主导的新格局；在能源消费上实施电能替代，以电能替代煤炭、石油等化石能源直接消费，提高电能在终端能源中的比重，从根本上解决能源环境和气候变化等问题。

1. 实现步骤及总体路径

根据"双碳"目标，碳中和需要经历40年，共8个五年计划。基于碳减排工作部署，可将碳中和划分为四个时期，依次包括转型过渡蓄势期、能源结构切换期、近零碳排放发力期及全面中和决胜期，如图1-13所示。

图1-13 碳中和实现步骤

面向2030年碳达峰目标的关键10年，首先要对消费侧和生产侧可提升能效的潜力进行不断挖掘，同时实施对煤炭消费的控制，对清洁能源的大规模发展，以及对低碳生活方式、低碳消费行为的引导。在实现碳达峰目标后的15～20年，则需要围绕以可再生能源为核心的低碳能源系统，进一步保证碳排放"稳中有降"且进入加速减排期，大力推广负碳技术。在即将迎来碳中和目标的10～15年，首要任务是完成深度脱碳，以负碳排放技术和碳汇的应用实现能源系统的灵活性，从而完成碳中和目标。整体来说，我国将通过产业结构调整升级与能源体系转型，实现碳排放达峰，辅以负碳技术和碳汇手段最终完成碳中和，如图1-14所示。

碳达峰与碳中和实现

- 能源供给侧（重点是燃煤电厂）
  - 煤炭压减，严控新增
  - 效率提升
  - 能源替代
    - 天然气利用、生物质能源利用
    - 可再生能源发电、氢能应用
- 工业企业（重点是高耗能企业）
  - 延伸产业链条，提高产品附加值
  - 提高能效
    - 技术节能（诊断、评价、改造）
    - 管理节能（流程优化、提升数字化水平）
- 建筑领域
  - 公共建筑节能（诊断、评价、改造）
  - 可再生能源应用（屋顶光伏、太阳能热水、地源热泵等）
- 交通领域
  - 公交、公务、景区用车电动化
  - 推动绿色出行
- 增加碳汇和CCUS
  - 提升生态系统碳汇能力（国土绿化、重点区域绿化等）
  - 发展CCUS技术，推动CCUS应用

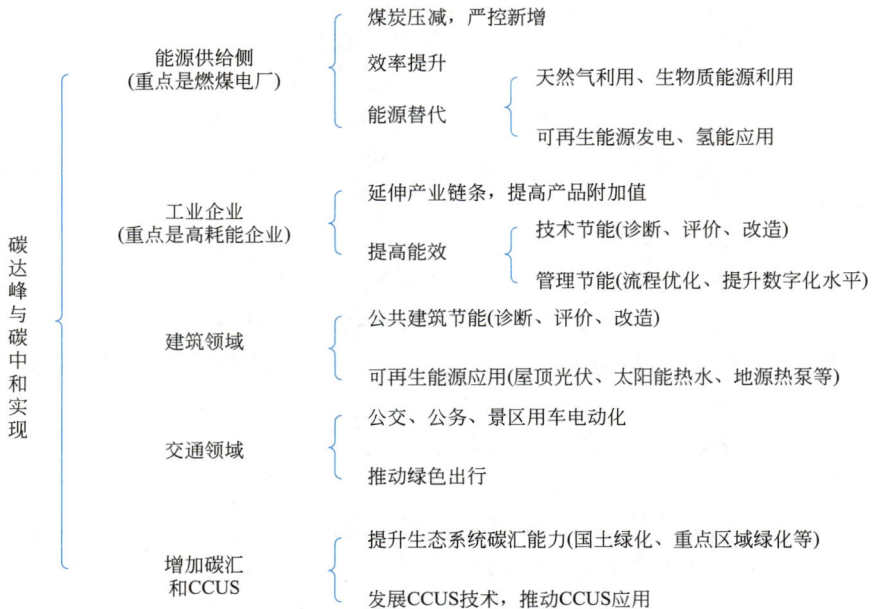

图 1-14 实现双碳目标的总体路径

2. 工业企业实现碳中和的综合路径

（1）优化产业结构和布局

① 淘汰落后的工艺和产能，推动工业企业与城市末端废弃物协同处置。采取积极有效措施，调整产能过剩的产业结构，开展"散、乱、污"企业的治理工作，提高工艺技术水平与工业产品的绿色化和高经济附加值，推进产业结构低碳价值链的发展。在碳中和目标下，调整国家能源结构，从而加快能源消费结构变革，推动协同处置废弃物的规模化发展，提高替代燃料占比，减少化石燃料燃烧排放。

② 调整产品及产业结构。企业作为减排主体，不仅需要基于能效管理、节能监控优化、余热回收发电、生物质燃料替代、废物协同处置等技术手段实施减排，还可通过调整产品及产业结构、发展低碳产品、延伸产业链、推进新工艺及技术创新，从全产业链角度实现碳中和。

（2）推动能源消费结构转型

① 提高能源利用效率，大力推广清洁能源。化石能源使用量较大的重点碳排放企业，应严格执行地方分配的能耗限额指标，通过热回收、更换低效设备等手段来实现能效提升。调整能源利用体系，构建以电力为核心，以太阳能、天然气等为辅助的绿色低碳能源体系，逐步使用清洁能源替代化石能源，并通过智能电网技术实现高效、稳定的能源输送和分配。

② 引进智慧能源管理平台，实现动态化、精细化管理企业能源消耗。整体上提高能源管理水平，降低企业能源支出成本。引入能源管理平台还可以及时进行用能诊断，协调控制各车间能源消费量、厂区总体能源消费结构等，进而有效控制碳排放量，帮助企业管理者通过平台实现能源信息化管理，挖掘节能潜力。

③ 实行合同能源管理。可显著降低企业节能改造的资金和技术风险，高效调动企业

节能改造的积极性，基于市场机制推动节能减排、减少温室气体排放。符合条件的能源管理项目，可获减免税等政策支持。企业依据能源管理合同而支付给节能服务公司的合理支出，均可以在计算当期应纳税所得额时扣除，不再区分服务费用和资产价款进行税务处理。

（3）编制企业低碳发展相关规划

"十四五"期间是碳达峰、碳中和的关键时期，企业应明确方向和行动路线，加快编制低碳发展相关规划，用规划指导行动，明确企业中长期行动方案。为了实现碳达峰和碳中和，企业应该明确方向和行动路线，即制定具体的低碳发展规划。这些规划应该清晰地说明企业将采取哪些措施来减少二氧化碳排放，包括改善能源效率、使用更清洁的能源、采用低碳技术等。这些规划应该以科学依据为基础，考虑企业自身情况和外部环境因素，制定符合企业实际情况的、可行的低碳发展目标和措施。

企业应该用这些规划指导行动，明确企业中长期行动方案。具体而言，企业需要根据规划中确定的目标和措施，制定详细的行动计划，并逐步实施和推进。同时，企业需要及时监测和评估自己的低碳发展进度和成效，不断调整和优化自己的行动方案，确保实现"碳达峰碳中和"的目标。

（4）建立企业碳排放管理体系

加大资金投入、加强人才培养、风险管理等，设立碳排放管理机构，做好企业碳盘查，摸清家底，做好各项碳核算与评价分析，开展全生命周期碳减排工作。

为实现"碳达峰碳中和"远景目标，应将碳排放管理和能源管理、安全管理、环境管理体系建设置于同等重要水平，融入企业长期发展战略，并从现在开始行动，从战略制定、组织优化、生产运营、科技创新、信息化建设等多个层面进行设计，从资金投入、人才培养、风险管理等方面予以支持，将"碳达峰碳中和"目标内化于管理提升的进程中。

（5）能源审计与节能诊断

"十四五"规划中对单位 GDP 能耗及单位 GDP 二氧化碳排放量均提出了约束性目标，要求分别降低 13.5% 和 18%。目前企业可做的重点工作包括：①能源审计，即准确掌握"十三五"能源消耗数据，同时掌握二氧化碳排放数据；②节能诊断，即深挖节能潜力，宜采用全面节能诊断；③"十四五"节能规划，即通过把握能源消耗预期值并采取相应措施，预见二氧化碳排放数据的变化。

（6）参与碳交易

碳交易是企业实现"碳达峰碳中和"目标的一条有效途径。碳交易市场具有约束机制和激励机制两个主要功能。约束抑制化石能源产业，而激励非化石能源产业或新能源产业，从而以最低成本节能，促进"双碳"目标实现。随着交易价格的变化，企业需决定自主减排，还是购买指标。碳市场的价格变化幅度，远高于实施节能减碳项目的投资变化幅度。碳中和目标的实现，与资金投入密不可分，碳交易是促进企业本身减少碳排放的手段，生产过程减排是核心。

3. 技术路径

在实现碳达峰和碳中和的过程中，需要采取一系列技术路径。能源技术是碳中和的基础，碳中和技术的主线是能源供给端的技术革命，以降本为核心，形成以"光伏＋储能"为主的电能供应，以及氢和碳捕集共存的非电供应技术格局，如图 1-15 所示。

据统计，能源活动占到我国碳排放总量(计入碳汇)的90%

2021～2030年碳达峰阶段	2030～2050年碳中和关键期	2050～2060年碳中和决胜期
节能技术 ● 降低工业能耗 ● 降低消费电耗 减排技术 ● 大型火电厂降低煤耗 ● 煤改气 ● 人造肉 ● 电力能源碳中和技术	零碳技术 ● 光伏发电+储能 ● 风能发电+储能 ● 核能发电 ● 水能发电 ● 气改电 ● 灰氢	零碳技术 ● 绿色氢能 ● 化石能源+碳捕获 ● 生物质燃料 负碳技术 ● 碳捕集利用封存(CCUS) ● 生物质+碳捕集(BECCS) ● 直接空碳捕集(DAC)

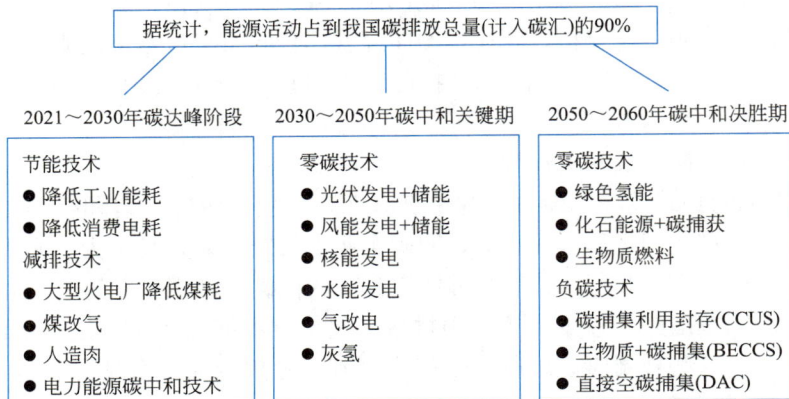

图 1-15　碳中和技术路径图

4. 行业路径

从行业看，能源、制造、交通、城市、生活等对碳达峰碳中和都有重要影响，且行业特性不同，其碳排放方式和治理路径也有明显差异，如图1-16所示。实现"双碳"目标是一项非常具有挑战性的系统工程，涵盖了环境、气候、社会、经济、能源等众多领域，涉及公众、企业及政府等多个层面，需要秉持绿色发展新理念，凝聚全社会智慧和力量，团结协作、共同行动。

行业		能源替代	源头减排	回收利用	节能提效	工艺改造	碳捕集
能源、电力		清洁能源、储能	压减火电产能	利用废弃能源	提高能效	智慧电网特高压	
工业	钢铁	电炉、清洁能源		废钢回收利用	节能、余能利用	流程优化、氢还原	
	水泥	清洁燃料		协同处置	节能、余能利用	原料或产品替代	
	化工	Power-to-X	压减、转移产能	材料循环再生	节能、余能利用	提升原子经济性	
	电解铝	清洁能源	压减、转移产能	再生铝	节能、余能利用	流程优化	
交通	道路交通	电动车和充电桩	提示、禁售	拆解回收电池	优化布局	提升动力效率	
	船运	燃料电池车加氢站			提升运效	提升动力效率	
	航空	氢能、生物燃料			提升运效	提升动力效率	
农业		电气化分布式能源	限制焚烧秸秆	利用农林废弃物	节能设备、电器	提高产品产量	植树造林
建筑		热泵分布式能源	降低空置	建筑垃圾回收	建筑节能	装配式建筑	增加碳汇
消费		绿色出行	节约、限制包装	垃圾分类	节约资源		

图 1-16　行业碳排放情况与解决路径图

第 2 章　碳排放权交易与碳市场

2.1　碳排放权交易

碳排放权交易是指主管部门以碳排放权的形式分配给重点排放单位或温室气体减排项目开发单位，允许碳排放权在市场参与者之间进行交易，以社会成本效益最优的方式实现减排目标的市场化机制。

2.1.1　碳排放权交易的本质

全球日益增长的碳排放及其导致的气候变暖已对经济社会发展和人类身体健康甚至生存造成了巨大威胁，控制碳排放刻不容缓的观念已被全世界广泛接受。1997 年，在日本京都举行的《联合国气候变化框架公约》第三次缔约方大会上通过了《京都议定书》，其中提出了碳排放权交易（又称碳配额交易或碳交易）的灵活机制，有利于有关国家完成数量化的温室气体减排目标。

碳交易是以成本有效的方式控制碳排放的一种政策工具。从本质上看，碳交易是一种利用市场机制达到预防污染和实现碳减排目标的市场控制模式。具体而言，碳交易是政府将碳排放空间分配到各排放主体，并在一定规则下允许市场化交易，各排放主体按照市场规律做出灵活选择，在交易过程中追求自身利益最大化，从而推动全社会在既定碳排放总量空间下实现最大的产出效益。

碳交易是一种碳定价方式，允许企业间通过市场手段进行排放权交换以平衡各自的排放量，从而达到低成本控制碳排放总量的目的。过低的碳价格无法形成有效激励；过高的碳价格会增加企业成本，增大碳市场发展阻力。

碳交易体系具有以最低成本实现既定碳减排目标、激励低碳创新的特点，因此受到众多政策制定者的密切关注，目前已成为全球气候治理的重要手段。

2.1.2　国际碳排放权交易现状

碳排放权交易机制被视为有效的减排途径。《京都议定书》鼓励各国通过碳排放权交易机制减排，《巴黎协定》进一步形成了国际碳减排交易机制。截至 2022 年 1 月，全球已有 25 个碳排放权交易体系生效，覆盖了全球约 17% 的温室气体排放量，其中欧洲、北美以及东亚等地区碳市场发展基础较好。

近年来国际主要碳市场碳价格持续上涨，2022 年再创历史新高。欧盟碳交易体系覆盖电力、工业和航空等约 10000 个设施，3 种气体排放占欧盟排放总量的 40% 左右。2022 年排放上限约 15.6 亿 t，全年交易量约 92 亿 t（包括航空配额），同比大幅下降约 24%。其中一级市场成交量约 4.8 亿 t，二级市场交易量 86.7 亿 t，二级市场中期货交易占比约 91%。碳配额价格再创历史新高，全年均价约 81 欧元，相比 2021 年 53 欧元上涨 51%。因此，虽然交易量下降显著，全年交易额仍高达约 6800 亿欧元，比上年增长 10%。英国脱欧后于 2021 年 5 月启动独立碳市场，包括 3 种气体，覆盖高耗能工业和电力等部门约 2000 家实体，2022 年排放上限 1.51 亿 t。2022 年英国碳市场经历了整年度的交易，全年一级市场成交量 8130 万 t，二级市场期货与现货交易量 4.31 亿 t，交易总量 5.12 亿 t，较上年增长 53%。由于英国碳市场处于起始阶段，没有欧盟碳市场累积的过剩配额等原因，其碳配额价格相比欧盟碳价一直保持 10 欧元以上的加价，全年均价约 91 欧元，在全球各碳交易体系中价格最高。美国地方性碳交易体系主要包括西部气候倡议（WCI，覆盖美国加利福尼亚州和加拿大魁北克省）和东北部温室气体减排计划（RGGI）碳市场。WCI 覆盖全经济部门及多种气体，占所覆盖地区排放量的 75%～80%，2022 年排放上限 3.6 亿 t CO_2。2022 年交易量超 20 亿 t，较上年下降 11%。全年碳价均价约 26 美元，较上年上涨 12%。RGGI 覆盖美国东北部 11 个州电力部门约 230 家电厂，2022 年排放上限 8800 万 t，交易量 4.89 亿 t，比上年增长 17%，其中一级市场占比 16%，二级市场占比 84%。碳价全年加权平均为 13.4 美元，较上年上涨 25%。

纵观全球碳排放权交易体系的发展态势，全球碳排放权交易大市场呈现出割裂的局面，因此按照不同的划分标准，全球碳市场结构主要可划分为以下几个维度：一是按照国际履约义务，碳排放权交易市场可分为京都机制下的碳交易市场和非京都机制下的碳交易市场；二是按照交易动机，碳排放权交易市场可分为强制性减排体系（如欧盟碳排放权交易体系）与自愿性减排体系（如美国芝加哥气候交易所）；三是按照减排单位来源不同，碳排放权交易市场可分为以项目为基础的交易市场和以碳排放配额为基础的交易市场；四是按照交易层次或者说是交易标的来源不同可分为一级市场与二级市场；五是按照交易覆盖范围的大小，可分为区域性碳排放权交易市场与全国统一或跨国碳排放权交易市场；六是按照覆盖减排行业多少，碳排放权交易市场可分为单行业碳交易市场和多行业碳交易市场。概而论之，基于配额交易的碳排放权交易市场在众多碳排放权交易市场中占据绝对的主导地位，该类型的碳交易市场是在京都机制下有约定减排义务的国家之间进行的碳配额交易。欧盟碳排放配额市场和美国碳排放配额市场是两大主要的碳配额市场，其碳交易额在全球配额市场中占主导地位。

1. 欧盟碳排放权交易市场

欧盟碳市场是全球最早启动的碳市场，也是首个超国家规模碳排放权交易体系，欧盟碳排放交易体系的发展大致可以分为以下 4 个阶段：

第一阶段（2005～2007 年）：欧盟碳排放体系建立，并成为全球最大的碳市场，涵盖电厂、造纸、炼焦、钢铁、炼油、水泥、玻璃、石灰、制砖、制陶等行业，碳交易市场的范围仅局限于欧盟成员国家内部。

第二阶段（2008～2012 年）：将航空业纳入了碳排放交易体系，扩大了行业范围，会员国也增加了冰岛、挪威和列支敦士登。这个阶段还创新地增加了碳储存制度，会员企业可以选择进行额外碳减排，储存的多余欧盟配额可以在后续时间段继续进行市场交易。

第三阶段（2013～2020 年）：欧盟统一了分配规则，明确拍卖分配的基本原则，拍卖配额占比逐年上升，超过了 50%，电力行业的配额为 100% 拍卖。

第四阶段（2021～2030 年）：进入结构改革、深化发展阶段。

欧盟碳交易量位列全球第一，根据路孚特碳市场年度回顾，2020 年欧盟碳排放权交易市场交易额达 2013 亿欧元，占全球交易总额的 88%；交易量超 80 亿 t CO_2，占全球总交易量的 78%。欧盟碳排放权交易市场不仅是欧盟成员国每年温室气体许可排放量交易的支柱，也是当今全球碳交易市场的引领者。电力行业在欧盟碳市场中扮演着重要角色，是欧盟碳排放交易体系中排放量最大的行业，在欧盟碳排放权交易市场的第一阶段，大约 60% 的碳排放配额被分配到电力行业。据非营利组织 Sandbag 分析，2019 年正在运营的 265 个燃煤电厂的碳排放量仅占欧盟碳排放交易体系排放量的 31%，如考虑其他化石燃料发电，电力行业的碳排放量约占整个欧盟碳排放交易体系排放量的 55%。

2. 美国区域温室气体减排行动

面对气候问题，美国在碳减排的道路上按照自己的方式不断探索，相对于其他国家借助于碳减排政策或运用经济手段引导，美国凭借其自身先进减排技术及雄厚资金开创出一条提高能源使用效率的减排道路，并形成了以芝加哥气候交易体系与区域温室气体行动计划为主要构成的美国碳排放交易市场。

区域温室气体减排行动（RGGI）作为美国第一个引入市场机制并采取强制性手段的碳排放权交易市场，仅覆盖电力部门，是以美国东北部及大西洋沿岸中部的 10 个州为单位的区域性温室气体排放权交易体系。

RGGI 成立于 2009 年，设立两个阶段的减排目标：在第一阶段（2009～2014 年），确保碳排放总量维持在本阶段初始水平；在第二阶段（2015～2018 年），碳减排量要以每年 2.5% 的降幅发展，直至 2018 年实现所有碳排放主体较 2009 年排放量整体减少 10% 的减排目标。RGGI 的突出特征是其沿用了欧盟碳排放权交易市场的总量控制与交易模式，根据上述阶段性目标，RGGI 基于各州的历史碳排放量并综合人口、用电量、新碳排放预测等因素将碳排放配额分配至州，而在各州内则采用拍卖的方式将碳排放配额分配给各排放实体，由此 RGGI 成为国际上第一个以拍卖方式进行碳排放配额分配的总量控制与交易体系。排放实体获得碳排放配额后，可以根据自身的碳排放情况将其投放于二级流通市场进行交易，以实现灵活履约；履约期满后，管理者对排放实体的实际排放量与所有碳排放配额进行考核比对，并对超配额排放者予以惩罚。总之，RGGI 的实践具有重要的标杆性作用，拍卖配额的方式提高了配额分配的效率，其拍卖所获收益不仅支持了能效技术的研发及改进，更促进了减排进程与经济发展的有益互动及良性循环，创造了一批新的就业机会，带来显著的环境与经济收益。

东亚地区碳市场发展同样各具特色，日本以地区碳市场为主，同步开展了国家级自愿碳排放权交易；韩国国家级碳市场平稳运行。大洋洲新西兰、中亚哈萨克斯坦也建成了全国碳市场。此外，还有 22 个碳市场正在建设或策划中，主要集中在东南亚和南美洲。南亚、西亚、北非及撒哈拉以南地区则暂无碳市场发展。各地碳市场发展情况如表 2-1 所示。

2.1.3　中国七省市碳排放交易试点概况

2011 年，国家发展和改革委员会办公厅发布了《关于开展碳排放权交易试点工作的通知》，旨在落实"十二五"规划关于建立我国碳排放交易市场的要求，该通知正式批准了北京、上海、湖北、广东、重庆、天津、深圳七省市开展碳交易试点工作。总结、分析碳交易试点运行现状，其经验和教训可为建立全国碳交易体系提供现实依据与政策建议。

各地碳市场发展情况

表 2-1

各地碳市场	组织方式	覆盖范围			市场特征	碳配额分配及松紧程度	碳配额下降程度	平均碳价
		气体	行业	比例				
欧盟碳市场	跨界联盟型;由欧盟成员国组成	CO_2, N_2O, PFCs	电力行业工业和航空业等	覆盖欧洲40%的碳排放量	总量控制与交易型;运营最早,最成熟	免费+拍卖;目前拍卖比例达57%	总量削减因子:第3阶段为1.73%;第4阶段为2.2%	碳价信号较为强劲,2020年市场均价约为28.55美元/t
美国加州碳市场	地区型	6种温室气体	电力、水泥、钢铁等	覆盖加州约80%的温室气体排放	总量控制与交易型	免费+拍卖;以拍卖为主,目前拍卖比例高达58%	总量削减因子:第1阶段为1.9%;第2阶段为3.1%;第3阶段为3.3%;第4阶段为4%	碳价相对稳定,2020年平均碳价17.04美元/t
北美RGGI	区域型;覆盖康涅狄格州、特拉华州、缅因州等在内的10多个州	仅覆盖CO_2	以电力行业为主	覆盖RGGI约10%的温室气体排放	总量控制与交易型	100%拍卖	总量削减因子:2014~2020年为2.5%;2021~2030年为3%	2020年均价为7.06美元/t
加拿大魁北克碳市场	地区型	6种温室气体	电力、工业等	覆盖魁北克约78%碳排放	总量控制与交易型	免费+拍卖;电力等100%拍卖	总量削减因子:2015~2017年为3.2%;2018~2020年为3.5%;2021~2023年为2.2%	2020年均价为16.97美元/t
日本东京都碳市场	地区型	仅覆盖CO_2	主要覆盖工业、商业	覆盖东京都约20%温室气体排放	总量控制与交易型	以免费分配为主,配额数量逐年降低	配额总量自下而上设置,各控排主体碳排放上限由基准年排放量及履约系数决定	碳价较为稳定,2020年平均碳价为5.06美元/t
韩国碳市场	全国型	6种温室气体	工业、建筑、交通等	覆盖韩国约73.5%碳排放	总量控制与交易型	免费+拍卖;部分行业拍卖比例降至90%以下	随着纳入行业的增多,碳配额总量逐步扩大	碳价较为稳定,2020年平均碳价27.62美元/t

1. 试点省市碳排放权交易的主要政策举措

试点省市碳排放权交易市场建立初期，政策举措集中在构建完善碳排放权交易、碳排放管控、碳配额管理等制度建设方面，通过法律法规形式完善碳交易行为，规范和保障碳排放权交易市场有序发展。例如，2012年10月，深圳市出台的《深圳经济特区碳排放管理若干规定》，明确了深圳市碳排放管控制度、配额管理制度、碳排放抵消制度和碳排放权交易制度；2013年11月，北京市发展和改革委员会发布《关于开展碳排放权交易试点工作的通知》，明确了北京市碳排放权交易试点市场交易机制；2014年3月，湖北省政府通过《湖北省碳排放权管理和交易暂行办法》；2014年5月，重庆市发展和改革委员会制定《重庆市工业企业碳排放核算报告和核查细则（试行）》和《重庆市碳排放配额管理细则（试行）》，保障重庆市碳排放权交易市场有序发展；2014年5月，北京市发展和改革委员会颁布《关于印发规范碳排放权交易行政处罚自由裁量权规定的通知》，规范碳排放权交易行政处罚自由裁量权。

随后，碳交易试点出台系列办法和实施方案，进一步制定质量管理、数据核查、配额分配、投诉处理等碳排放权交易制度。例如，2017年2月，广东省发展和改革委员会印发《广东省企业碳排放核查规范（2017年修订）》以指导企业碳排放信息报告与核查；同年4月，印发《广东省发展改革委关于碳普惠制核证减排量管理的暂行办法》，以加快推进广东省碳普惠制试点；同年3月，重庆市发展和改革委员会公布《重庆联合产权交易所碳排放交易细则（试行）》，规范重庆市碳排放交易行为；2018年5月，天津印发《天津市碳排放权交易管理暂行办法》，完善天津碳排放市场交易管理；2018年5月，湖北省发布《关于2018年湖北省碳排放权抵消机制有关事项的通知》，完善湖北省碳排放权交易制度体系；2019年7月，湖北省生态环境厅出台《湖北省2018年碳排放权配额分配方案》，明确湖北省2018年碳排放权配额分配方案。

近年来，各试点省市陆续完善碳排放权交易管理规定，助推试点省份碳排放履约清缴工作。2020年6月，天津市政府完善《天津市碳排放权交易管理暂行办法》，以规范天津市碳排放权交易制度；2021年8月，上海市生态环境局依据《上海市碳排放管理试行办法》和《上海市2020年碳排放配额分配方案》有关规定，开展2020年度碳排放配额第一次有偿竞价发放，发放总量为80万t；2021年10月，上海市政府印发《上海加快打造国际绿色金融枢纽服务碳达峰碳中和目标的实施意见》，推动上海市金融市场与碳排放权交易市场的合作与联动；2021年3月，深圳市生态环境局出台《关于做好2020年度碳排放权交易试点工作的通知》，调整深圳市碳排放管控单位，并对统计数据、核查报告、质量管理、配额履约等碳排放权交易工作做出安排；2021年12月，广东省生态环境厅印发《广东省2021年度碳排放配额分配实施方案》，明确广东省控排企业2021年配额总量和配额分配发放方法。

2. 试点省市碳排放权交易市场发展情况

（1）试点市场在覆盖行业、控排门槛、减排战略和免费配额方面存在差异

碳排放权交易试点省市初期发展概况如表2-2所示。从覆盖行业看，试点省市碳排放权交易市场以电力、建材、化工、石化、钢铁、有色金属、造纸和民航业8个高能耗行业为主，但各试点市场根据自身的产业密集度、市场规模和排放效率，设置了不同的行业范围。其中，北京、上海、广东纳入了航空等服务业，深圳专门纳入了公共及机关建筑，而

湖北、广东等省则以钢铁、水泥等高耗能工业为主。从纳入门槛看，深圳、北京第三产业占比高且三产企业排放量相对较小，其纳入控排企业门槛分别为年碳排放量 3000t 和 5000t；上海、广东、天津、重庆纳入控排企业的门槛为年碳排放量 2 万 t；湖北的门槛值为综合能耗 6 万 t 标准煤及以上；其他试点市场纳入控排企业的门槛为年碳排放量 2 万 t 或综合能耗 1 万 t 标准煤。

碳排放权交易试点省市初期发展概况 表 2-2

省市	启动时间	控排企业总量	涉及行业	总量	门槛	交易产品
北京	2013 年 11 月	945 家	制造业、工业、服务业、供热企业、火力发电企业	0.5 亿 t	控排单位 5000t 煤	BEA，CCER，林业碳汇、节能项目碳减排量
天津	2013 年 12 月	114 家	民用建筑领域及重点排放行业（钢铁，电力、石化、化工，热力、油气开采等）	1.6 亿 t	2 万 t 煤以上	TJEA，CCER
上海	2013 年 11 月	600 余家	工业（钢铁、化工、电力）、非工业（宾馆、商场、港口、机场、航空）	1.5 亿 t	工业 2 万 t 煤，非工业 1 万 t 煤	SHEA，CCER
重庆	2014 年 6 月	254 家	工业（钢铁，铁合金，电石、电解铝、烧碱，水泥）	1.3 亿 t	2 万 t 煤	CQEA，CCER
湖北	2014 年 4 月	236 家	工业（钢铁，电力热力）	2.81 亿 t	6 万 t 煤	HBEA，CCER
广东	2013 年 12 月	246 家	电力行业水泥、钢铁、陶瓷、石化，纺织、有色、塑料、造纸	3.8 亿 t	2 万 t 煤	GDEA，CCER
深圳	2013 年 6 月	811 家	工业、制造业，建筑业	0.3 亿 t	工业 3000t 煤，政府机关及大型公建 1 万 m²	SZA，CCER

注：BEA 为北京市碳排放配额；TJEA 为天津市碳排放配额；SHEA 为上海市碳排放配额；CQEA 为重庆市碳排放配额；HBEA 为湖北省碳排放配额；GDEA 为广东省碳排放配额；SZA 为深圳市碳排放配额；CCER 为中国核证自愿减排量。

（2）试点市场碳配额交易量波动显著，交易时间较为集聚

试点省市碳排放权配额累计成交额和成交量分别如表 2-3、表 2-4 所示。可以看出，截至 2022 年 6 月 6 日，广东、湖北、深圳的累计成交量分别为 18477.41 万 t、8122.47 万 t 和 5083.87 万 t，累计成交额分别为 41.30 亿元、19.38 亿元和 12.03 亿元，在试点市场中排名前三位。其中，广东累计成交量和累计成交额最多，明显高于其他试点市场。各试点市场每日交易量变化波动显著，交易量较多的时间段集中于履约期前后，如 2020 年北京市场的履约期为 7 月 31 日，因此成交量最多的时间段集中于 6 月前后。可见，现阶段重点控排企业的出发点大多是应对履约而非交易，金融机构参与度较低，碳交易市场流动性欠佳。

试点省市碳排放权配额累计成交额（单位：元）　　　　表 2-3

年份	上海	北京	深圳	广东	天津	湖北	重庆
2013	555092	74416	7184001	7227740	290931	—	—
2014	31798045	27129515	68495046	36028818	10876021	117769926	4457300
2015	91988710	91081252	186929771	114585126	27855323	332219686	5712056
2016	115173073	195518865	462143429	280091280	36846545	645827509	7217358
2017	187933060	297888834	594940397	596706674	44201804	814028374	18474236
2018	275159544	459018313	850000968	817356016	61947354	987741985	27764038
2019	353186576	664720909	1045566028	1519561304	80167059	1142086423	28596527
2020	446749948	839911986	1115450066	2219336288	163354261	1411622619	29757218
2021	521591631	958550627	1161173947	3231490019	357914270	1714295013	45464119
2022	558276145	1049417388	1202726873	4129513054	411283503	1938474105	97806459

试点省市碳排放权配额累计成交量（单位：t）　　　　表 2-4

年份	上海	北京	深圳	广东	天津	湖北	重庆
2013	20108	1438	114760	120129	9995	—	—
2014	823255	459229	999335	638053	510056	4935519	145000
2015	2736896	1641354	3665251	4248886	1509197	13538246	213088
2016	5177525	3846326	12828439	16254317	2196608	27869736	346379
2017	8574507	5898684	17876479	40639958	2994666	38819304	4566378
2018	11013649	8848189	27005403	57943988	4622310	49006834	8304012
2019	13038204	11807147	37489736	101172806	6019198	54949126	8474750
2020	15277356	13873467	43756377	133180242	9511113	64581377	8530753
2021	17168745	15371816	47153595	166084000	16825511	75222548	9106563
2022	18039093	16586406	50838720	184774103	18713941	81224749	10533279

注：历年累计成交量为当年平均值；2022 年数值截至 2022 年 6 月 6 日。

2.1.4　全国碳市场的发展

根据国家发展和改革委员会应对气候变化司 2015 年发布的《关于推动建立全国碳排放权交易市场的基本情况和工作思路》的安排，全国碳排放市场建设按照总体设计、分步实施的原则，分三个阶段进行：准备阶段、运行完善阶段和稳定深化阶段，如表 2-5 所示。

全国统一碳市场建设阶段　　　　表 2-5

阶段	时段	主要任务
准备阶段	2014～2015 年	争取早日出台国务院有关行政法规，同时，由相关部门出台配套规则、温室气体核算办法和技术标准等
运行完善阶段	2016～2020 年	加快建设碳市场的具体技术性操作，如数据报送、注册登记等系统建设工作；以发电行业配额交易为主的全国统一碳市场进入重要的模拟、运行阶段
稳定深化阶段	2020 年之后	根据实际情况不断丰富交易产品和交易模式，逐步形成运行稳定的交易市场，同时探讨与连接国际上其他碳市场的可能性

国内 7 个碳交易试点地区中，有 5 个地区已经完成了三次履约，2 个地区完成了两次履约，所有试点地区都在不断的尝试中积累碳市场的运行经验。试点中积极的经验可以直接被全国碳市场采用，被证明是错误的做法可以在后续全国碳市场建设中被规避。

2016 年 3 月，国家发展和改革委员会起草《碳排放权交易管理条例（送审稿）》；2019 年 4 月，生态环境部就《碳排放权交易管理暂行条例（征求意见稿）》公开征求意见，此后碳市场与碳排放权交易管理进入快速发展阶段；2020 年 12 月 31 日，生态环境部公布《碳排放权交易管理办法（试行）》，自 2021 年 2 月 1 日起施行，标志着全国碳市场首个履约周期正式启动。为促进碳市场有序发展，2021 年 3 月 30 日，生态环境部发布关于公开征求《碳排放权交易管理暂行条例（草案修改稿）》意见的通知，提出碳排放配额分配包括免费分配和有偿分配两种方式，初期以免费分配为主，根据国家要求适时引入有偿分配，并逐步扩大有偿分配比例。

2021 年 7 月 16 日，全国碳排放权交易市场正式启动上线，开启交易以来市场运行总体平稳，在首个履约周期内，履约完成率达 99.5%，碳排放配额累计成交量 1.79 亿 t，累计成交额 76.61 亿元，成交均价 42.85 元/t，全国碳市场交易激励约束作用初步显现。

2022 年，全国碳市场进入第二年并完成了整年交易，交易量 5089 万 t，仅为上年的 28%，其中挂牌协议交易 622 万 t，大宗协议交易 4467 万 t。交易额总计 28.1 亿元人民币。全年成交均价 55.3 元，比上年上涨近 30%。试点碳市场全年交易量 5152 万 t，同比下降 19%，与试点地区电力部门已全部纳入全国碳市场有关。试点市场全年均价 53 元/t，比上年上涨近 60%。

2023 年，全国碳排放权交易市场共运行 242 个交易日，碳排放配额年度成交量 2.12 亿 t，年度成交额 144.44 亿元，日均成交量 87.58 万 t。其中，挂牌协议交易成交量 3499.66 万 t，大宗协议交易成交量 1.77 亿 t。挂牌协议交易成交额 25.69 亿元，大宗协议交易成交额 118.75 亿元。2023 年是 2021、2022 年度碳排放的清缴年，随着分配、核查、履约等政策文件的出台，市场交易意愿逐步增强，8 月～12 月市场成交量大幅攀升。2023 年每日综合价格收盘价在 50.52～81.67 元/t。12 月 29 日收盘价 79.42 元/t，较 2022 年最后一个交易日（2022 年 12 月 30 日）上涨 44.40%。2023 年市场成交均价 68.15 元/t，较 2022 年市场成交均价上涨 23.24%。2023 年全国碳市场的交易主要集中在下半年，一至四季度成交量分别占全年总成交量的 2%、2%、25%、71%，10 月成交量 9305.13 万 t 为全年度峰值。总体来看，全国碳市场上线运行以来，市场运行健康有序，交易规模逐渐扩大，交易价格稳中有升，企业交易更加积极，市场活力逐步提高。

2024 年 1 月，国务院常务会议审议通过《碳排放权交易管理暂行条例（草案）》。《碳排放权交易管理暂行条例》的立法层级为"行政法规"，高于《碳排放权交易管理办法（试行）》的立法层级"部门规章"，是全国碳市场的基本纲领，《碳排放权交易管理暂行条例》的出台将以更高层次的立法，保障全国碳市场各项制度的有效实施。

中国的碳市场与碳排放交易管理政策的出台，将为广大发展中国家建立碳交易系统与平台提供借鉴，同时也为促进全球碳定价机制形成贡献力量。

2.2　全国碳市场的运行机制和制度体系

碳交易是在应对气候变化的背景下，通过建立碳市场来推动减少温室气体排放的一种手段，其核心在于建立一个市场，使得企业可以在一定的政府监管下，买卖碳排放配额。全国碳市场的运行机制主要包括两大体系：碳排放权登记体系和碳排放权交易体系，前者主要涉及企业的排放权登记、数据报送和监测，后者则涉及碳排放权的买卖和结算。这两个体系共同构建了全国碳市场的运行框架，实现了碳排放权的有效交易与管理。因此，全国碳交易体系的运行由登记、监测与数据报送以及交易结算三大系统支撑。登记系统确保了企业排放权的准确登记和管理，监测与数据报送系统提供了排放数据的监测与报送，而交易结算系统则保障了交易的资金结算和交割。

目前，全国碳市场在法律体系支持、管理体系支持和财政支持的外部支撑条件下，已建立了一套较完善的、体系化的制度体系，主要包括五方面重点内容：覆盖范围、配额管理、交易管理、温室气体监测制度、监管处罚。其中，覆盖范围包括碳排放控制目标确定和具体行业覆盖范围；配额管理涉及配额分配和清缴履约；交易管理涉及交易规则和风险管理；温室气体监测制度涉及核算、报告和第三方核查；监管处罚涉及监督管理和法律责任。

2.2.1　覆盖范围

《碳排放权交易管理办法（试行）》规定，属于全国碳市场覆盖行业且年度温室气体排放量达到 2.6 万 t CO_2 当量的单位，将被列入温室气体重点排放单位。2020 年 12 月 29 日，生态环境部印发了《2019—2020 年全国碳排放权交易配额总量设定与分配实施方案（发电行业）》和《纳入 2019—2020 年全国碳排放权交易配额管理的重点排放单位名单》，电力行业被纳入首批全国碳市场，发电行业重点排放单位（含自备电厂）共计 2225 家，这些企业碳排放总量超过 40 亿 t，约占全国碳排放总量的 40%。目前，全国碳市场的建设还比较单一，仅纳入了电力行业。随着《碳排放权交易管理办法（试行）》的实施，在发电行业碳市场健康运行的基础上，全国碳市场覆盖范围有望在"十四五"期间逐步扩大到所有高排放行业，包括发电、钢铁、建材、有色、石化、化工、造纸、航空 8 个高耗能行业，全部建成后将纳入约 8500 家大型碳排放企业，管控的碳排放量将达到全国能源相关碳排放总量的 70% 左右。

2.2.2　配额管理

《2019—2020 年全国碳排放权交易配额总量设定与分配实施方案（发电行业）》对发电企业配额管理提出了要求，包括配额分配、配额总量、配额清缴及重点排放单位合并、分立与关停情况的处理等内容。

（1）配额分配。《2019—2020 年全国碳排放权交易配额总量设定与分配实施方案（发电行业）》中的机组包括纯凝发电机组和热电联产机组，自备电厂参照执行。发电机组分为四类，针对不同类别的机组设定相应碳排放基准值，按机组类别进行配额分配。2019～2020 年配额实行全部免费分配，并采用基准法核算重点排放单位所拥有机组的配额量，重点排放单位的配额量为其所拥有各类机组配额量的总和。

（2）配额总量。配额总量是纳入全国碳排放权交易市场企业的排放上限，根据全国碳排放权交易市场覆盖范围、国家重大产业发展布局、经济增长预期和控制温室气体排放目标等因素确定，具体按照"自下而上"方法设定，即由各省级、计划单列市生态环境主管部门分别核算本行政区域内各重点排放单位配额数量，加和形成本行政区域配额总量基数；国务院生态环境主管部门以各地配额基数审核加总为基本依据，综合考虑有偿分配、市场调节、重大建设项目等需要，最终确定全国配额总量。

（3）配额清缴。为降低配额缺口较大的重点排放单位所面临的履约负担，在配额清缴工作中设定配额履约缺口上限为20%，即当重点排放单位配额缺口量占其核查排放量比例超过20%时，其配额清缴义务最高为其获得的免费配额量加20%的核查排放量；而对于燃气机组，配额清缴的数量不得超过其免费配额的获得量。

（4）重点排放单位合并、分立与关停情况的处理。对纳入全国碳市场配额管理的重点排放单位发生合并、分立、关停或迁出其生产经营场所所在的省级行政区域的，《2019—2020年全国碳排放权交易配额总量设定与分配实施方案（发电行业）》明确要求应在作出决议之日起30日内报其生产经营场所所在地省级生态环境主管部门核定。省级生态环境主管部门应根据实际情况，对其已获得的免费配额进行调整，向生态环境部报告并向社会公布相关情况。《2019—2020年全国碳排放权交易配额总量设定与分配实施方案（发电行业）》按合并、分立、关停或搬迁三种情况，分别给出配额变更的申请条件和核定方法。生态环境部已委托相关的科研单位、行业协会研究制定除电力行业之外的分行业配额分配方案。

2.2.3 交易管理

《碳排放权交易管理暂行条例》对交易产品、交易主体、交易方式、交易规则等作了规定。在完善具体规则、加强风险防控层面，确立了配额可结转使用规则、禁止交易规则、信用惩戒制度、碳排放交易基金制度、地方交易市场过渡规则等。在交易风险防控方面，充分借鉴其他交易市场及碳交易试点的监管经验，细化列举了全国碳排放权交易机构应建立的"涨跌幅限制、最大持有量限制、大户报告、风险警示、异常交易监控、风险准备金和重大交易临时限制措施"等风险防控制度，有利于维护碳排放权交易市场的健康良性发展，维护各方参与主体的合法权益。《碳排放权交易管理暂行条例》和《碳排放权交易管理办法（试行）》均明确规定，全国碳排放权交易市场的交易产品主要是碳排放配额，生态环境部经国务院批准可以适时增加其他交易产品。《碳排放权交易管理办法（试行）》规定，重点排放单位每年可以使用国家核证自愿减排量（CCER）抵销碳排放配额的清缴，抵销比例不得超过应清缴碳排放配额的5%。因此，目前除碳排放配额外，CCER是另外一种允许交易的产品。

2021年5月，生态环境部办公厅印发《碳排放权登记管理规则（试行）》《碳排放权交易管理规则（试行）》和《碳排放权结算管理规则（试行）》，进一步规范全国碳排放权登记、交易、结算活动，保护全国碳市场各参与方合法权益。2021年6月22日，上海环境能源交易所发布《关于全国碳排放权交易相关事项的公告》，明确全国碳排放权交易机构负责组织开展全国碳排放权集中统一交易。在全国碳排放权交易机构成立前，由上海环境能源交易所股份有限公司承担全国碳排放权交易系统账户开立和运行维护等具体工作。《关于全国碳排放权交易相关事项的公告》对全国碳排放权交易的方式、时段、账户等相关事项作出了明确规定，以规范全国碳排放权交易及相关活动。

在地方层面，2023年3月，重庆市人民政府正式印发《重庆市碳排放权交易管理办法（试行）》，明确衔接全国碳市场，对纳入全国碳市场统一管理的重点排放单位，将从重庆市碳市场管理名录中移除，并按国家有关规定开展碳排放权交易活动。2023年5月，宁夏回族自治区出台《关于开展碳排放权改革全面融入全国碳市场的实施意见》，将推进碳排放权改革，建立健全自治区碳排放权交易管理法规、政策制度体系和运行保障机制，全面融入全国碳排放权交易市场。

2.2.4 温室气体监测制度

温室气体监测制度指的是对一段时间某个区域内温室气体的排放情况进行监测，对温室气体的排放量、采取的减缓温室气体排放的措施以及相关的项目建设、能力建设、有关的技术、资金支持情况定期报告，并对报告的情况和数据进行核查的制度。国际上，将这一套制度概括为监测（Monitoring）、报告（Reporting）和核查（Verification）三个方面的内容，简称MRV。MRV制度进一步规范了全国碳市场的企业温室气体排放报告核查活动。

2022年3月，生态环境部办公厅印发《关于做好2022年企业温室气体排放报告管理相关重点工作的通知》，该文件还包括三个附件，即《附件1 覆盖行业及代码》《附件2 企业温室气体排放核算方法与报告指南（发电设施）》和《附件3 各类机组判定标准》。2022修订版文件主要对化石燃料燃烧碳排放核算要求、电网排放因子、生产数据核算要求、数据质量相关要求作了修订与补充，以体现公平公正。纳入全国碳市场的发电行业重点排放单位（含自备电厂）按照该指南提供的核算方法与要求，核算发电设施温室气体排放量及相关信息。除发电行业外，组织2020年和2021年任一年温室气体排放量达2.6万t CO_2 当量（综合能源消费量约1万t标准煤）及以上的石化、化工、建材、钢铁、有色、造纸、民航行业重点企业，根据相应行业企业温室气体排放核算方法与报告指南，补充数据表要求，完成对发电行业以外的其他行业重点排放单位2021年度排放报告的核查工作。

2.2.5 监管处罚

《碳排放权交易管理暂行条例》规定，县级以上生态环境主管部门可以采取以下三种措施，对重点排放单位等交易主体和核查技术服务机构进行监督管理：一是现场检查；二是查阅、复制有关文件资料，查询、检查有关信息系统；三是要求就有关问题解释说明。国务院生态环境主管部门应当与国务院市场监督管理、证券监督管理、银行业监督管理等部门和机构建立监管信息共享和执法协作配合机制。失信的交易主体和核查技术服务机构将受到信用惩戒，其相关信用记录将被纳入全国信用信息共享平台。《碳排放权交易管理办法（试行）》也明确规定，上级生态环境主管部门负责对下级生态环境主管部门的重点排放单位名录确定、全国碳排放权交易及相关活动情况进行监督检查和指导。

2.3 中国碳市场支撑系统

全国碳市场建设是一个复杂的系统工程，在我国试点碳市场的基础上，全国碳排放交易体系于2017年底启动建设，目前制度体系已初步形成，交易规模逐渐扩大，市场流动性有所提升。以实现碳达峰、碳中和目标为引领，全国碳市场正在稳步推进、发展壮大。为落实碳市场相关工作，碳市场基础设施建设与人才培养正有序开展。

2.3.1 碳市场基础设施建设

全国碳市场主要的基础设施包括全国碳排放数据报送系统、全国碳排放权交易系统、全国碳排放权注册登记系统，全国碳市场结构框架如图 2-1 所示。在生态环境部的指导下，全国碳排放数据报送系统依托全国排污许可证管理信息平台进行建设。目前，我国 CCER 项目指定的交易机构共计 9 家：北京绿色交易所、上海能源环境交易所、深圳排放权交易所、广州碳排放权交易所、天津碳排放权交易所、湖北碳排放权交易中心、重庆联合产权交易所、四川联合环境交易所和海峡股权交易中心。交易机构的基本职能是提供减排量和资金交割服务。

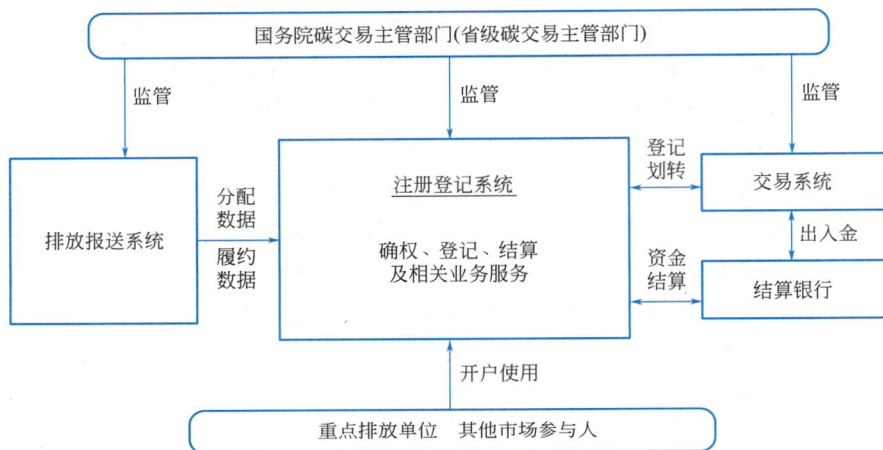

图 2-1　全国碳市场结构框架

2.3.2 碳市场人才培养

2018 年以来，生态环境部、教育部等多部委持续开展全国碳市场人才培养工作。生态环境部组织编制全国碳市场系列培训教材、开展能力建设培训等工作，提升人才队伍储备与水平，对各地生态环境主管部门、相关企业、第三方机构等持续开展了全国碳市场系统培训，培养温室气体核查、核算、管理等方面的人才。2022 年 3 月，生态环境部公开征集碳排放管理员系列培训教材编制工作所需典型案例，以加强应对气候变化能力建设，推动碳排放管理员教育培训规范开展。2022 年 5 月，教育部印发《加强碳达峰碳中和高等教育人才培养体系建设工作方案》的通知，通知中规定加快氢能、碳捕集利用与封存、碳金融等专业相关人才培养。2021 年 3 月，碳排放管理员被列入《中华人民共和国职业分类大典》。碳市场专业队伍建设非常重要，加强碳排放领域、碳市场相关的专业人才队伍建设、提升相关人员的能力，是全国碳市场建设的重要基础性工作。

2.4　碳排放权配额分配和国家核证自愿减排量（CCER）

排污权交易是一种限制排污量的经济手段。政府向企业发放排污许可证，企业根据排污许可证的规定向特定地点排放特定数量的污染物，排污许可证规定的排污数量可以买卖，企业可以根据需要，在市场上买进或卖出排污权，卖出的指标，必须是企业多余的指标。排污交易充分利用了市场机制的调节作用，有利于环境资源的优化配置。碳排放权作为排污权的一种，是指分配给重点排放单位的规定时期内的碳排放额度，包括碳排放权配额（简称"碳配额"）和国家核证自愿减排量（CCER）。

2.4.1 碳排放权配额

碳排放权配额是主管部门基于国家控制温室气体排放目标的要求，向被纳入温室气体减排管控范围的重点排放单位分配的规定时期内的碳排放额度。1单位碳配额相当于 1t CO_2 当量的碳排放额度，碳配额是碳市场的主要交易产品。目前我国碳市场只准入了发电行业，因此碳配额只针对重点发电行业企业拥有的发电机组产生的二氧化碳排放限额，包括化石燃料消费产生的直接二氧化碳排放和净购入电力所产生的间接二氧化碳排放。碳配额是纳入碳市场交易的企业允许的碳排放额度，企业为了履约，每年必须核销与自身排放量等量的配额。

碳配额的分配遵循"总量控制与交易"原则，政府部门在履约周期内对单个行业或全部行业实施总量控制。纳入碳市场配额管理的企业每排放 1t CO_2，就需要消耗一个单位的碳排放配额，企业可以通过政府分配或碳市场交易等方式获取碳配额。政府决定如何分配碳配额是碳排放权交易体系的基本设计要素之一。

碳配额的分配有两种基本方法：政府既可选择通过拍卖出售配额，又可选择向参与者或其他有关主体免费发放配额。免费配额可通过 3 种主要方法进行分配，因此配额分配共计有 4 种方法。

1. 历史排放法（祖父法）。企业根据其在指定期间的历史排放量获取免费配额，该方法具有操作相对简单、数据要求较少等优点。但是，这种方法可能减少碳市场启动前期的交易需求，还可能使早期投资于减排技术的企业受到不公平对待，因为这些减排成果实际上等于降低了相关企业的"历史排放量基准值"，导致其分配到的碳排放配额相比没有采取减排措施的企业反而更少。此种方法也不能促进企业节能减排，前一年碳排放量上升，下一年的配额也上升，前一年碳排放量下降，下一年的配额也下降，企业没有动力进行节能减排。历史排放法可作为碳排放权交易体系平稳过渡期的一种简单易行的方式，例如，上海市对商场、宾馆、商务办公、机场等建筑，以及产品复杂、近几年边界变化大、工艺流程复杂的工业企业，常采用历史排放法。

2. 行业基准法。企业根据一系列基于产品或行业排放强度的绩效标准来确定其获得的免费配额数量。这种方法被认为是公平的方法，能够鼓励先进，淘汰落后，但前提是工艺类似，并且同类企业有足够的样本量，能够根据行业平均排放基准再上浮一定比例的方法计算出。行业基准法对数据质量要求较高，要求对复杂的工业过程要了解透彻。根据《2019—2020 年全国碳排放权交易配额总量设定与分配实施方案（发电行业）》，目前纳入全国碳市场的发电行业采用的就是行业基准法，按照供热、供电基准分别乘以实际供热量、供电量以及相关系数得到配额量。

3. 历史强度法。根据企业的产品产量、历史强度值、减排系数等分配配额。此方法介于行业基准法和历史排放法之间，是在缺乏行业和产品标杆数据的情况下确定配额分配的过渡性方法。通常计算公式为历史强度值乘以减排系数，再乘以当年企业实际产出量。例如，天津市的电力热力行业（含发电、热电联产、供热企业）、建材行业、造纸行业企业等在 2020 年均采用历史强度法分配配额。

4. 拍卖。拍卖是一种有偿分配模式，为碳交易市场提供了灵活性与流动性，同时也奖励了先期采取碳减排措施的企业。由于拍卖产生收益，且收益的分配影响政策的成本有效性和社会福利变化，所以针对拍卖机制设置四种模式：①拍卖配额收益归政府；②拍卖配额收益用来降低部门生产间接税；③拍卖配额收益用来降低居民个人所得税；④拍卖配额收益按人口比例转移支付居民。2020 年 12 月，湖北碳排放权交易中心有限公司第一批拍卖共投放配额 200 万 t，共有 29 家企业参与，拍卖最高成交价格为 27.72 元/t，平均成交价格为 27.57 元/t。

2.4.2　中国核证自愿减排量（CCER）

1. CCER 的基本概念

《碳排放权交易管理办法（试行）》中定义，中国核证自愿减排量（CCER）是指对我国境内可再生能源、林业碳汇、甲烷利用等项目的温室气体减排效果进行量化核证，并在国家温室气体自愿减排交易注册登记系统中登记的温室气体减排量。CCER 是由国家发展和改革委员会批准的审定与核证机构进行注册通过的自愿减排项目产生的碳减排量。目前，国内通过注册的 CCER 审定与核证机构有 12 家，如表 2-6 所示。

国内通过注册的 CCER 审定与核证机构　　　　表 2-6

序号	名称	时间
1	中国质量认证中心	2013 年 6 月
2	广州赛宝认证中心服务有限公司	2013 年 6 月
3	中环联合(北京)认证中心有限公司	2013 年 9 月
4	生态环境部环境保护对外合作中心	2014 年 6 月
5	中国船级社质量认证公司	2014 年 6 月
6	北京中创碳投科技有限公司	2014 年 6 月
7	中国农业科学院	2014 年 8 月
8	深圳华测国际认证有限公司	2014 年 8 月
9	中国林业科学研究院林业科技信息研究所	2014 年 8 月
10	中国建材检验认证集团股份有限公司	2016 年 3 月
11	中国铝业郑州有色金属研究院有限公司	2016 年 12 月
12	江苏省星霖碳业股份有限公司	2016 年 12 月

CCER 与碳排放配额共同构成了我国碳市场交易的基础产品，7 个试点碳市场均将 CCER 交易作为碳排放权交易的重要补充形式，用于排放权配额的抵消，并对用于配额抵消的 CCER 作出了具体限定。《碳排放权交易管理办法（试行）》第二十九条规定：重点排放单位每年可以使用国家核证自愿减排量抵销碳排放配额的清缴，抵销比例不得超过应清缴碳排放配额的 5%，相关规定由生态环境部另行制定。用于抵销的国家核证自愿减排量，不得来自纳入全国碳排放权交易市场配额管理的减排项目。随着我国碳交易市场工作的进一步深化，基于 CCER 的碳金融衍生品逐渐成为各方关注的焦点。

根据《温室气体自愿减排交易管理暂行办法》，有四类项目可以开发成为 CCER 项目。

第一类是采用国家发展和改革委员会备案的方法学开发的减排项目；第二类是获得国家发展和改革委员会批准但未在联合国清洁发展机制（CDM）执行理事会或其他国际减排机制下注册的项目；第三类是在联合国 CDM 执行理事会注册前就已经产生减排量的项目；第四类是在联合国 CDM 执行理事会注册但未获得签发的项目。

2．CCER 的特点

温室气体自愿减排项目经由国家发展和改革委员会按照严格的程序核证后产生CCER，此后 CCER 就固化为碳资产，具有许多显著特点。

（1）CCER 是具有国家公信力的碳资产

CCER 是按照国家统一的温室气体自愿减排方法学并经过一系列严格的程序，包括项目备案、项目开发前期评估、项目监测、减排量核查与核证等，将温室气体自愿减排项目产生的减排量经国家发展和改革委员会备案后产生的。因此，CCER 是国家权威机构核证的碳资产，国家公信力强。

（2）CCER 是消除了地区和行业差异性的碳资产

尽管温室气体自愿减排项目来自中国 30 余个地区，覆盖新能源和可再生能源等七大领域和不同行业，但是温室气体自愿减排项目产生的减排量备案成为 CCER 后，CCER 就不再体现地区差异性和行业差异性，即来源于不同温室气体自愿减排项目的 CCER 是同质、等价的碳资产。

（3）CCER 是多元化的碳资产

① CCER 来源多元化，产生 CCER 的温室气体自愿减排项目既可以是按照温室气体自愿减排方法学开发的，也可以源于可转化为温室气体自愿减排项目的三类 CDM 项目，而且温室气体自愿减排项目覆盖领域广、覆盖温室气体种类多。

② CCER 用途多元化，既可以用于交易，也可以用于企业实现社会责任、碳中和、市场营销和品牌建设等。

③ CCER 交易方式多元化，CCER 交易不依赖法律强制进行，不仅可在证券交易所进行交易，也可以在证券交易所之外进行交易，既可以现货交易，还可以发展为期货等碳金融产品交易。

（4）CCER 是同时体现碳减排和节能成效的碳资产

多数温室气体自愿减排项目通过减少能源消耗实现减少温室气体排放，具有碳减排和节能一举两得的功效，因此 CCER 实质上是碳减排和节能的联合载体，既是碳资产，又蕴含着节能量。

3．CCER 项目开发流程

CCER 项目的开发流程在很大程度上沿袭了 CDM 项目的框架和思路，主要包括 6 个步骤，依次是编制项目设计文件、项目审定、项目备案、项目实施与监测、减排量核证、减排量备案签发。

（1）设计项目文件

设计项目文件是 CCER 项目开发的起点。项目设计文件（PDD）是申请 CCER 项目的必要依据，是体现项目合格性并进一步计算 CCER 的重要参考。PDD 的编写需要符合国家发展和改革委员会规定的最新格式和填写指南，审定机构同时对提交的 PDD 的完整性进行审定。PDD 可以由项目业主自行撰写，也可由咨询机构协助项目业主完成。

（2）项目审定程序

项目业主提交 CCER 项目的备案申请材料后，须经过审定程序才能够在国家主管部门进行备案。审定程序具体包括合同签订、审定准备、PDD 公示、文件评审、现场访问、审定报告的编写及内部评审、审定报告的交付并上传至国家发展和改革委员会网站 7 个步骤。国家主管部门接到项目备案申请材料后，首先会委托专家进行评估，评估时间不超过 30 个工作日；然后，主管部门对备案项目进行审查，审查时间不超过 30 个工作日。

（3）减排量核证程序

经备案的 CCER 项目产生减排量后，项目业主在向国家主管部门申请减排量签发前，应由国家主管部门备案的核证机构进行核证，并出具减排量核证报告。

项目业主申请减排量备案须提交以下材料：减排量备案申请函、监测报告和减排量核证报告。监测报告是记录减排项目数据管理、质量保证和控制程序的重要依据，是项目活动产生的减排量在事后可报告、可核证的重要保证。监测报告可由项目业主编制，或由项目业主委托咨询机构编制。

一个 CCER 项目从初期开发到最终投入市场交易，其完整的流程及各参与机构分工如图 2-2 所示。

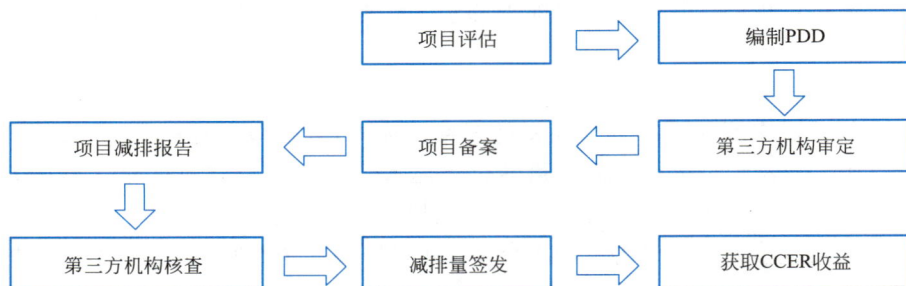

图 2-2　CCER 项目开发完整流程及各参与机构分工

4. CCER 项目进展

CCER 项目在中国起步于 2012 年，国家发展和改革委员会印发《温室气体自愿减排交易管理暂行办法》《温室气体自愿减排项目审定与核证指南》两个重要文件。2013 年 10 月 24 日，国家发展和改革委员会应对气候变化司主办的中国自愿减排交易信息平台正式上线运行；CCER 项目审定公示、备案项目、备案方法学和相关管理办法均可网上查询。CCER 市场 2015 年启动交易，运行至 2017 年，由于存在个别 CCER 项目不够规范、交易量小等问题，国家发展和改革委员会暂停 CCER 项目受理备案，并启动管理办法修订。直至 2024 年 1 月 22 日，CCER 交易重新启动，中国国家认证认可监督管理委员会发布关于开展第一批温室气体自愿减排项目审定与减排量核查机构资质审批的公告，首批拟审批 9 家机构，其中 4 家机构属于能源产业，另外 5 家属于林业和其他碳汇类型产业。

2021 年 7 月，全国碳市场启动交易后，加速推进了 CCER 管理办法修订和新项目备案重启，已经成为国家主管部门下一步的工作重点。2021 年 3 月 24 日，北京市政府印发《北京市关于构建现代环境治理体系的实施方案》的通知，其中第二十三条明确北京市将"承建全国温室气体自愿减排管理和交易中心"。2022 年 7 月 13 日，生态环境部组织召开了 2022 年全国碳排放权交易市场建设工作会议，会议中强调"稳步推进温室气体自愿减排交易市场建设"。2023年10月，生态环境部发布《温室气体自愿减排交易管理办法（试行）》，按照国家有关规定，组织建立统一的全国温室气体自愿减排交易机构，组织建设全国温室气体自愿减排交易系统，这标志着被暂停交易的CCER即将重启，并有望为我国碳市场繁荣带来新活力。为规范全国温室气体自愿减排项目设计、实施、审定和减排量核算、核查工作，2023年10月，生态环境部根据《温室气体自愿减排交易管理办法（试行）》制定了《温室气体自愿减排项目方法学造林碳汇》（CCER-14-001-V01）、《温室气体自愿减排项目方法学并网光热发电》（CCER-01-001-V01）、《温室气体自愿减排项目方法学并网海上风力发电》（CCER-01-002-V01）、《温室气体自愿减排项目方法学红树林营造》（CCER-14-002-V01）。

在暂停交易前已备案的CCER项目可以继续交易，并未停止。截至2022年，国家发展和改革委员会公示的CCER审定项目累计达到2871个，备案项目1047个，获得减排量备案项目287个，获得减排量备案的项目中挂网公示254个。从项目类型看，风电、光伏、农村户用沼气、水电等项目较多。

5. CCER项目的交易概况

（1）项目类型

从获得减排量备案的254个项目来看，按项目数计算，风电项目以35%的比例占据第一，光伏发电、农村户用沼气和水电项目比例相对较多，其他项目类型占比较少；按减排量计算，水电以25%的减排量超越了风电24%的减排量，农村户用沼气和天然气发电的比例均超过10%，如图2-3所示。

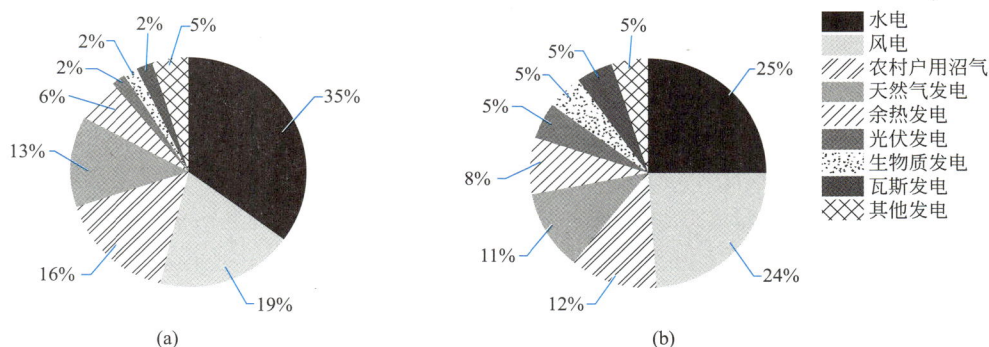

图2-3 减排量备案情况
（a）按项目数计算的各类型占比；（b）按减排量计算的各类型占比

从完成备案的1047个项目来看，情况和上述略有不同。按项目数计算，风电项目占据了项目总数的37.7%，光伏发电、沼气发电比例较大。按减排量计算，风电项目减排量最多，其次是水电项目，其余项目类型减排量所占比例相对较少，如图2-4所示。

（2）交易情况

从上海环境能源交易所的数据来看，CCER的挂牌价格虽然中期偶有波动，但整体从2015年的16～20元/t上涨到2019年的25～30元/t。但挂牌价的上涨并不意味着CCER价格上涨，原因是有大量的CCER是协议价成交，其成交价格远低于挂牌交易价格，如图2-5所示。

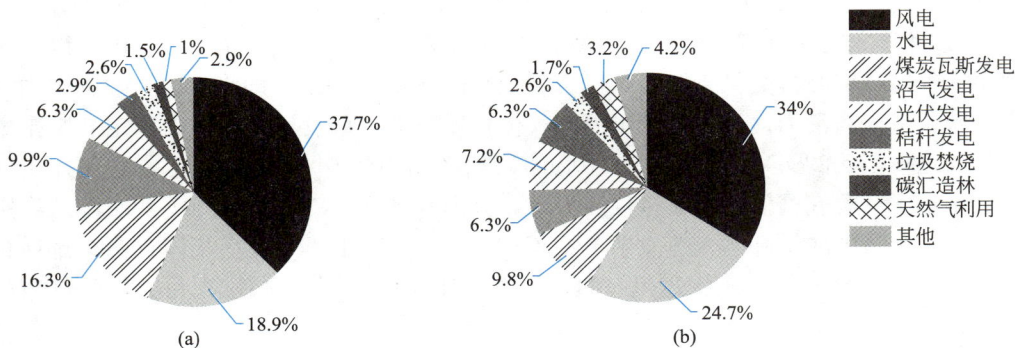

图 2-4　完成备案情况

（a）按项目数计算的各类型占比；（b）按减排量计算的各类型占比

图例：风电、水电、煤炭瓦斯发电、沼气发电、光伏发电、秸秆发电、垃圾焚烧、碳汇造林、天然气利用、其他

（a）按项目数计算：37.7%、18.9%、16.3%、9.9%、6.3%、2.9%、2.6%、1.5%、1%、2.9%

（b）按减排量计算：34%、24.7%、9.8%、6.3%、7.2%、6.3%、2.6%、1.7%、3.2%、4.2%

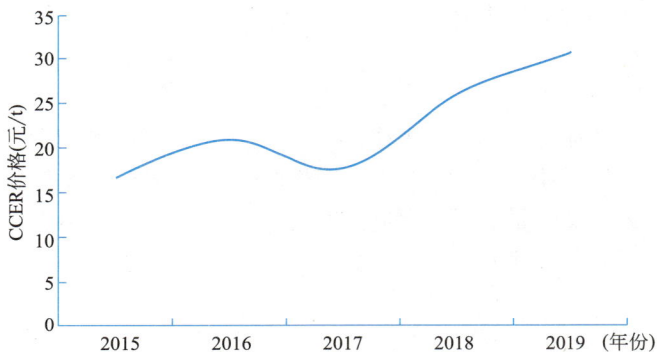

图 2-5　上海环境交易所 CCER 价格走势

截至 2021 年 3 月，全国 CCER 累计成交 2.8 亿 t。其中，上海 CCER 累计成交量持续领跑，超过 1.1 亿 t，占比 41%；广东排名第二，占比 21%；北京、天津、深圳、四川、福建的 CCER 累计成交量在 1200 万 t～2600 万 t 之间，占比在 5%～9% 之间；湖北市场交易量不足 800 万 t，占比约 3%，重庆市场累计成交量 49 万 t，占比很小，如图 2-6 所示。

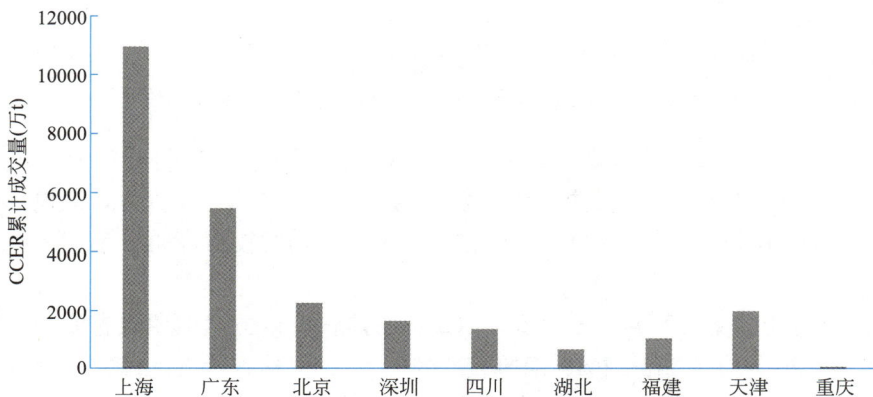

图 2-6　各交易所试点 CCER 开市以来累计成交量

6. CCER 面临的挑战及应对措施

（1）CCER 现存的问题

2015 年是温室气体自愿减排交易机制建设的里程碑。通过各方大量的工作，我国逐渐完善了温室气体自愿减排项目与减排量备案、注册、登记和交易流程。2015 年 3 月，广州碳排放权交易所完成了首单核证的 CCER 交易，拉开了我国温室气体自愿减排交易的帷幕。2015 年 6 月～7 月，CCER 首次参与除重庆市外的 6 个试点碳市场 2014 年度碳排放权履约。目前，我国已形成初具规模、潜力巨大的 CCER 交易市场。

健康、有序的 CCER 交易可以在一定程度上调控配额交易需求和价格，是配额交易的一项重要补充。但随着我国 CCER 交易市场的快速发展，CCER 也暴露出在我国当前发展中存在的一系列问题。

一是 CCER 供需不平衡。CCER 市场需求除了自愿减排交易外，主要用于试点碳市场碳排放权履约。2024 年 1 月 22 日，全国 CCER 交易正式启动，前期备案 5000 多万 t 已基本履约，当前供应稀缺，出现供小于求的现象。

二是 CCER 交易不透明。目前，试点碳市场采用公开交易和协议交易的方式开展 CCER 现货交易，大宗交易以协议交易为主，个别试点碳市场 CCER 交易存在"做市"行为。CCER 交易信息，特别是交易价格并不完全透明，不利于分析判断 CCER 供求趋势和价格变化，不利于监管 CCER 交易、识别交易风险，并使由 CCER 交易风险引发配额交易风险的概率增大。短期内 CCER 交易量呈"井喷式"增长、交易价格大幅波动是一种不正常现象，不正常的 CCER 交易可能会导致配额交易市场失灵，直接冲击碳排放权交易机制的减排成效。

三是 CCER 等量不同质。CCER 总量最大四类项目分别是风力发电、水力发电、生物质利用和甲烷/沼气利用，而来自造林和再造林、废弃物处置、交通运输、建筑行业项目的相对很少；并且主要来自新疆维吾尔自治区、湖北省、云南省和内蒙古自治区等中西部省份。就交易价格而言，7 个试点碳市场 CCER 用于履约抵消限制条件的差异直接导致了 CCER 价值发生分化。但随着全国温室气体自愿减排交易市场的正式重启，这一问题得到有效解决。2024 年 1 月 22 日，全国温室气体自愿减排交易市场迎来首日交易，成交价为 63.5 元/t CO_2 当量，相当于碳排放配额的 89.8%。

（2）应对措施及建议

针对 CCER 现存的问题，必须从加强调控 CCER 备案管理和交易监管等方面入手，推动 CCER 交易的健康发展。

一是加强 CCER 备案管理。2021 年 9 月，中共中央办公厅、国务院办公厅正式发布《关于深化生态保护补偿制度改革的意见》，提出健全以国家温室气体自愿减排交易机制为基础的碳排放权抵消机制。主管部门还将出台一系列关于温室气体自愿减排项目和减排量备案评估与管理工作的规章，为加强备案事前管理和事后监管、简化备案流程、缩短备案时间、调控 CCER 总量和分布、提高 CCER 质量等方面提供支撑。

二是加强 CCER 交易监管。对 CCER 交易实施有效监管，必须建立交易信息披露制度，并构建多元化的交易监管机制。CCER 来源、交易主体和交易目的具有多样性，且与其他大宗商品交易一样，CCER 交易也需要公开透明。可借鉴证券交易构建 CCER 交易信息披露制度，如建立直通的 CCER 交易信息披露平台。除强制要求披露交易信息外，交易各方还应主动、及时、准确、完整地公开非商业机密交易信息，定期发布交易信息报告等，并加强媒体对交易信息的披露作用。在此基础上，主管部门应依法严格监管，建立社会征信系统。同时，以全国碳市场建设为契机，结合全国碳市场风险机制建设要求，加强用于履约的 CCER 交易以及未来 CCER 金融衍生品交易的风险预警机制建设。

三是加强 CCER 市场流通。应制定合理的碳排放权履约抵消机制条件，碳交易试点经验表明，科学合理、可操作性强的 CCER 履约抵消条件不但可以降低重点排放单位的履约成本，确保重点排放单位履约，活跃 CCER 交易市场，还可以带动配额交易。CCER 参与抵消机制条件除严格控制使用比例外，应减少其他限制条件，使备案的 CCER 均可以参与交易。

CCER 交易是全国碳排放权交易机制的重要组成部分，应进一步深化温室气体自愿减排交易机制改革，完善 CCER 备案管理，杜绝制度风险。同时，还应实现 CCER 交易精细化监管，防止市场风险，并积极探索 CCER 交易在气候融资中的作用，推动全国碳市场建设。

2.5 碳交易中的监测、报告和核查（MRV）制度

2.5.1 MRV 制度简介

1. 属性

MRV 制度具备减缓与适应气候变化的双重属性。

一方面，国家根据国际温室气体减排义务结合本国实际情况，确定一定时间内的国内减排目标，将减排目标细分到各个行业企业，根据目标企业的现实情况确定温室气体排放份额，通过碳市场机制的协调使得国家温室气体排放量控制在可行的范围内，达到减缓气候变化的目的。MRV 在此过程首先约束企业及时履行义务，对企业进行监管，保证数据的准确性和真实性，为国内碳排放交易市场的运行奠定系统的数据基础，保障国内碳市场的有效运行。国家根据 MRV 获得的数据结果及时履行国际报告义务，加强国际上各个国家和地区的交流。无论是国内 MRV 的运用，还是国际上履约，都体现了 MRV 在温室气体排放量控制方面的重要作用，体现其具有明显减缓气候变化的属性。

另一方面，MRV 同时也具备适应气候变化的属性，气候变化是人类未来将长期面临的难题，成为人类社会的常态问题。要从长远的视角应对气候变化，就必须对制度进行规范设计。国际上一直致力于建立 MRV 的长效机制，虽然目前 MRV 制度仍不尽完善，但是无论从国内视角还是国际视角出发，MRV 都会是温室气体数据提供的主要抓手，成为有关温室气体减排的基础制度，对人类适应气候变化起到至关重要的作用。

2. 运行机理

MRV 制度中存在两个数据流向：企业自下而上地报告数据、政府主管部门及受主管部门委托的第三方核查机构自上而下地核查数据，这种双向的数据流向是 MRV 制度的基本运行机理，如图 2-7 所示。

自下而上的数据包括：①企业根据相关法律法规的要求，制定监测计划，并报主管部门审核。依据审核后的监测计划，企业从微观层面开始对所有的被纳入监测计划的排放设施进行监测，并以规范的报告形式向当地的主管部门报送监测、量化的统计数据；②当地

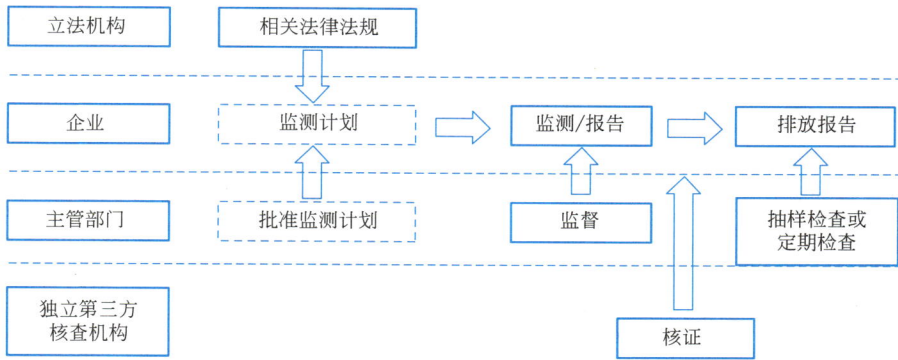

图 2-7 MRV 制度的运行机理示意图

主管部门向上一级部门直至碳交易管理的顶级部门报送统计数据。

自上而下的核查数据包括：①主管部门对企业报送的监测计划进行审核，并依据监测计划对企业的监测和量化报告过程进行监督检查，对企业提交的排放量化报告进行抽样检查；②第三方核查机构接受主管部门的委托，以其专业性对企业报送的统计数据进行审核与查证，并出具具有法律效力的核查意见或报告。

3. 核心内容

（1）相关法规和标准的制定

制定统一的法规和标准是 MRV 重要的一步，各国在碳交易活动之初均制定了明确的法规和标准，用于明确指导碳排放监测、量化和核查工作，有利于方法学的统一和数据的比较。各国的 MRV 法规和标准，一般包括三部分：一是组织的监测、量化和报告指南；二是用于核查的指南；三是第三方核查机构的认定管理指南。例如，国际标准化组织向联合国气候变化会议提交的标准《关于温室气体（GHG）排放的量化、报告和查证》ISO 14064，这套标准在全球范围内确定了计算和验证温室气体排放量的标准方法。

（2）确定核查对象

核查对象的确定分为对组织、项目、设备和活动进行的排放管控，以及管控的排放气体两个方面，核查对象是由碳交易主管部门根据交易市场以及管理辖区的实际情况确定的。目前各国有对设备进行管控的，有对组织活动进行管控的（如航空企业的航空活动），有对工厂和组织进行管控的（如日本选择了商业设施和工厂），美国和加拿大选择的是年排放量不低于 2.5 万 t CO_2 当量的实体或设施以及火力发电厂，英国选择的是中央政府部门、大学、零售商、银行、水务公司、酒店以及地方政府组织。目前，各国主要管控的温室气体是 CO_2，深圳市选择的是以独立法人为单位的组织，核查的温室气体也仅包括 CO_2。

（3）数据质量的管理

数据的真实性、可靠性和准确性是 MRV 制度的关键，数据质量是整个 MRV 制度的重中之重，数据质量管理贯穿于整个 MRV 制度的实施过程。组织在进行温室气体排放测量和报告过程中，对数据质量的管理应涉及数据收集输入与处理检查、活动数据检查、排放因子检查、排放量计算过程检查和表格数据处理步骤检查等方面，除数据质量的检查外，数据结果的交叉检查也非常重要。常用的交叉检查方法包括生产量与排放量的趋势比较、GDP 与排放量趋势的比较、行业碳强度的对比分析、主要耗能设备统计对比分析等。

（4）实质性偏差的规定

核查机构应在考虑核查目的、保证等级、准则和范围的基础上，根据目标用户的需求，规定允许的实质性偏差。通常商定的保证等级越高，允许的实质性偏差越小。在给定条件下，如果报告中的一个偏差或多个偏差的累积达到或超过了规定的实质性偏差，即被认为具有实质性偏差，并视为不符合。为满足碳交易的要求，应明确规定允许的实质性偏差。为建立统一的碳交易市场，采用统一的核查标准，规定统一的允许的实质性偏差是非常必要的。

（5）基准年数据的重新计算

设定基准年的目的是便于比较以及准确计算增加的碳排放量。除选定基准年之外，基准年的重新计算需要引起重视。在碳交易开始以后的每年核查中，根据需要有可能涉及基准年数据的重新计算。

2.5.2 主要国家和地区 MRV 制度

1. 欧盟

欧盟排放交易体系的第三阶段实施了新的 MRV 相关法规和配套标准。从图 2-8 可见，组织的职责是制定监测计划、进行全年监测、每年报告碳排放结果、接受第三方核查机构的核查。第三方核查机构对组织碳排放进行核查，向碳交易主管部门提交核查报告，对组织的监测计划提出改进建议。合规链中涉及两个政府部门，一个是碳交易主管部门，负责组织监测计划的批准，检查全年监测计划的实施，根据核查结果对退回配额进行合规检查；另一个是统一的国家监管部门，负责对核查机构进行认可和监督。

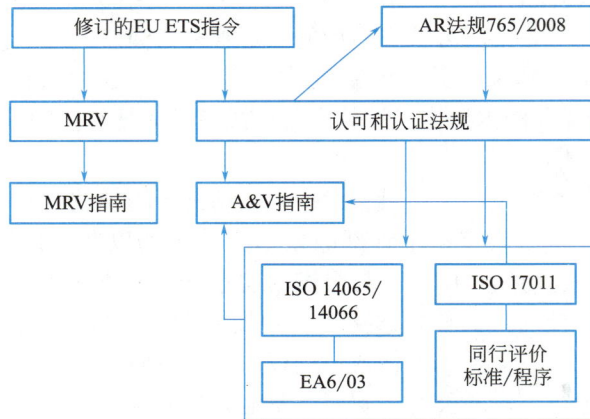

图 2-8 欧盟排放交易体系合规链示意图

欧盟采用国际标准化组织制定的标准《合格评定·合格评定机构认证机构的要求（第二版）》ISO/IEC 17011—2017，规定了对评定机构的认可机构的通用要求，也可作为一个要求性文件，用于为签署认可机构相互承认协议而实施的同行评审过程。采用《环境信息审定与核查机构通用原则和要求》ISO 14065：2020，对核查机构进行认可或认定。欧盟排放交易体系核查和认可的立法框架如图 2-9 所示。欧盟内每个国家有一个国家级认可机构，采用国际通行的认可手段对核查机构的能力进行确认，国家认可机构之间进行同行评价，相互承认认可结果以及核查数据。

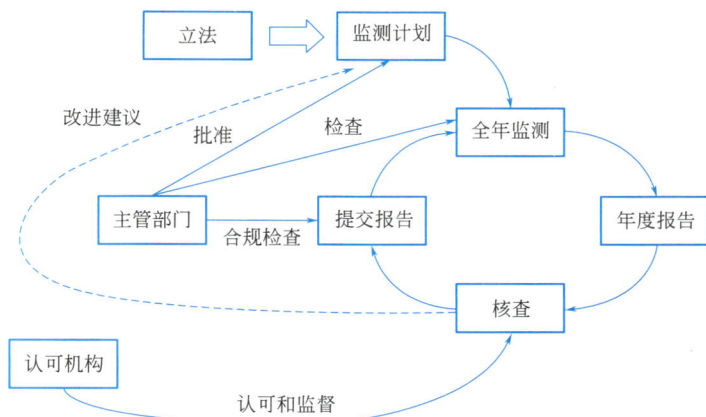

图 2-9　欧盟排放交易体系核查和认可的立法框架

2. 美国加州区域

美国加州在应对气候变化的问题上，不仅拥有应对气候变化的立法体系，也建立了清晰的气候变化组织框架。美国加州 2006 年出台了《加利福尼亚州应对全球变暖法案》（《AB32 法案》），构建了美国最完整、最先进的碳排放权贸易体系。美国加州于 2013 年启动碳市场，逐步形成了体系完整的碳排放交易体系，颁布了《加州温室气体排放总量与市场履约机制条例》，整个碳排放交易政策由加州大气资源委员会（ARB）主管，ARB 制定了《温室气体强制报告条例》，提出了温室气体排放报告的一般要求和强制性要求、第三方核查机构的要求等内容，并对监测、核查和报告进行了详细指导。美国加州的 MRV 对技术规范有了更高的要求，核查主体可自由选择第三方核查机构，但是选择的核查机构必须有合作期限的限制，不能随意终止合作。核查报告要严格按照统一的规范，对于核查人员的学历和能力资质也进行了明确要求。严格人员事前准入审查机制，对于有利益冲突的人员要进行严格限制，平衡利益冲突。

美国的 MRV 制度在全国范围内没有形成统一的模式，只是基于美国《清洁空气法案》对大气环境保护而要求的对污染源、监测设备和监测情况等进行记录、报告和核查。

3. 日本

日本碳交易市场比较分散，有地区性的，也有全国自愿性的碳交易市场，但这些碳交易市场都建立了相对完备的 MRV 制度。日本能源消耗及温室气体排放的报告系统可分为三个层面：国家层面、行业部委层面和专业交易系统层面。对于不同类型的对象，日本法案规定了不同的管理流程和报告方案，能耗越大的单位，上报的资料也需越详细。经过 30 多年的积累，日本大中型单位能源消耗的基础数据已经非常完备。作为一种制度化约束，温室气体的报告系统为日本碳交易市场的建立提供了坚实的基础。日本环境省与经济产业省联合提出一项旨在掌握温室气体排放情况的强制报告制度，于 2006 年开始严格执行。在该制度下，《京都议定书》规定的 6 种温室气体的排放情况均须进行报告，不能按期报告或提交虚假报告的组织，将受到经济处罚。日本各个碳交易系统都设定了各自的报告要求，报告内容不仅涵盖排放数据和核查数据等，还要对相关行动进行报告，如监测计划、项目合规情况等。不同碳交易系统都对核查单位有相应的规范要求，如东京政府制定了《温室气体核查指南》以及《第三方核查机构注册申请程序指南》，要求核查机构必须具备相应资质和丰富经验，并获得管理机构认可，尤其是碳信用抵消市场对核查机构的要求更为严格。

4. 中国

我国 MRV 在制度设计上依赖于碳排放交易制度，已经有了一个相对完整的内容框架，主体、要求以及法律责任等都已经有了初步规定。《碳排放权交易管理办法（试行）》对 MRV 涉及的主体进行了规定，重点排放单位要按照国务院碳交易主管部门公布的温室气体排放核算和报告指南的要求制定监测计划，并按照监测计划实施监测活动，每年编制其上一年度温室气体排放报告。企业制定的监测计划要报所在省级碳交易主管部门备案，监测计划发生重大变更，应及时向省级主管部门提交变更申请。核查机构对企业年度报告进行核查，在规定的时间内向所在省级碳交易主管部门提交排放报告和核查报告。可以看出，企业在提交年度报告之前要由第三方机构进行核查，最终由核查机构提交温室气体报告和核查报告。省级碳交易主管部门负责接收和审查企业的监测计划、温室气体排放报告和核查机构的核查报告，并有权指定核查机构对核查报告进行复查。另外，《碳排放权交易管理办法（试行）》明确了各主体的法律责任。国务院碳交易主管部门对省级部门进行监督和管理，省级主管部门对碳排放报告、核查情况进行监督和管理，国务院主管机关建立"黑名单"，对于严重违法失信的机构和人员予以曝光。对虚报、瞒报或者拒绝履行报告义务的主体要进行督促，逾期不履行，要承担相应的民事、行政和刑事责任。

综上所述，MRV 制度的建立是一个循序渐进的过程，如欧盟排放交易体系第三阶段推出新的 MRV 制度指南，对前两个阶段操作中遇到的问题予以处理和解决，得到了进一步发展。在 MRV 制度设计中，测量成本由组织承担，因此需要考虑组织成本问题，测量方案的设计应考虑技术特点和经济可行性。如欧盟一般不鼓励完全采用实测的方法进行计量，一般采用计算的方法，而且在计算过程中也尽量采用成熟的计算方法，如采用 IPCC 提供的排放因子法进行计算。在 MRV 制度设计中，第三方机构扮演着重要的角色，其重要作用不仅体现在对排放报告的核查上，更体现在测量环节上。如美国规定，火电厂提供的报告中，必须附通过第三方认证的相关装置检测报告。欧盟也规定，组织须对重要排放源的排放进行定期或定量的抽检，并提交经认证的报告，此类工作通常也由第三方机构进行。

第3章 "双碳"目标下企业碳资产管理

3.1 企业碳资产概述

3.1.1 碳资产的概念与内涵

资产是指企业过去的交易或者事项形成的、由企业拥有或者控制的、预期会给企业带来经济利益的资源。若要将一项资源确定为资产，需符合资产的定义并同时满足以下两个条件：一是与该资源有关的经济利益很可能流入企业；二是该资源的成本或者价值能得到可靠的计量。

碳排放权具有资产的属性：①企业可以通过政府配额分配的方式，或者从其他企业或机构购买的方式获得碳排放权，因此碳排放权是由企业过去的交易或者事项形成的；②通过政府授予或者交易方式，企业对碳排放权获得了相应的所有权或者控制权；③企业可以通过履约、转让或者出售等方式直接或间接获得经济利益；④在进行履约转让或出售等活动中所发生的相关支出或者成本是可计量的。可见，碳排放权具备资产的所有要素，可被认定为"碳资产"。

碳资产是由碳排放权交易机制产生的新型资产，主要包括碳配额和碳信用。例如：在碳交易体系下，企业的碳配额由政府分配；企业内部通过节能技改活动减少的碳排放量，使企业可在市场流转交易的碳配额增加；企业投资开发的零碳排放或者碳减排项目所产生的减排信用额，且该项目成功申请了清洁发展机制或者中国核证自愿减排项目（CCER），并在碳交易市场上进行交易或转让。

3.1.2 碳资产的属性

《京都议定书》形成的排放贸易、清洁发展机制和联合履约三大减排机制，使得各国的碳配额和碳减排产品具备了相互认证和全球流通的基础。目前，碳资产已成为具备全球共识和流通条件的全球性资产，具有稀缺性、消耗性和投资性的特点。同时，碳资产作为一种金融资产，具有商品属性和金融属性。

1. 稀缺性

根据稀缺资源理论的观点，一种资源只有在稀缺时才具有交换价值。环境的容量是有限的，碳资产作为一种环境资源，随着全球对碳减排的日益重视以及碳排放权的逐渐紧缩，碳资产的稀缺性日益凸显。同时，碳资产的稀缺性也促使碳资产成为一种有价商品，通过进行碳资产交易为企业产生经济利益。

2. 消耗性

碳排放权最终的用途是被持有者直接消耗或抵消消耗，虽然可能在市场上流通交易，但最后还会被终端用户所使用。由此可见，消耗性是碳资产的一种本质属性。

3. 投资性

碳资产是一种市场化的权利，可在碳交易市场中流通，企业可以将富余的碳资产进行交易，实现经济收益，使碳资产具有类似金融资产的一些特点，具有投资性。如今，欧盟的碳交易市场已经发展较为成熟，其他区域性的碳交易市场，如美国加州碳交易体系和中国区域试点碳交易市场，也为碳资产的流通提供了更大的空间。

4. 商品属性

碳资产作为商品在不同的企业、国家或其他主体之间进行买卖交易，可以表现出其商品属性。

5. 金融属性

碳资产交易行为具有一定的风险，如市场风险、操作风险、政策风险和项目风险等。为了防范风险以及维持减排投资的稳定性，一些金融衍生品被逐渐开发出来，如碳期货、碳期权、碳掉期等，这些用于规避风险或者金融增值的交易性碳资产也表现出金融属性的特征。

3.1.3 企业碳资产的产生

作为碳资产的直接需求方，企业获取碳资产的途径有两条：一是从外部获得碳资产；二是通过提高企业内部生产效率来获得碳资产。目前，我国符合碳排放量门槛值的企业都被纳为控排企业，已经或即将被纳入碳交易体系的控排企业可以通过免费或参与政府拍卖的方式获得配额碳资产；未被强制纳入碳交易体系的非控排企业可以通过自主进行温室气体减排行动，获得被政府批准的减排碳资产；控排企业还可通过在市场上交易来获得减排碳资产，但履约时抵消比例有限制。当然，在没有强制减排机制下，有些企业出于宣传目的，也会购买一定数量的碳资产，以此来抵消企业在生产过程中产生的碳排放，但交易量相对较少。此外，获取碳资产的主要途径还有提高内部生产效率，通过企业进行温室气体减排使其可在市场流转交易的碳排放权配额增加，间接形成碳资产。

上述两条途径适用的范围各不相同，对于边际减排成本较低的企业而言，提高内部生产率，或是提高碳效率最为有效；对于边际减排成本较高的企业，在强制减排机制下，通过外部获得碳资产最为有效。企业要根据自身边际减排成本和外部减排机制，选择对企业最为有利的路径，以此来推动企业碳资产管理。

3.1.4 企业碳资产的价值实现

1. 企业碳资产的产品化

目前，我国碳现货交易品种基本分为两种：一是基于配额的碳交易；二是基于 CCER 的碳交易。

基于配额的碳交易是指企业按照政府规定完成 CO_2 等温室气体的排放指标，并将盈余或缺少的配额在市场上进行交易。政府会根据控排企业所属行业性质等相关因素，给企业发放免费或有偿的碳配额，同时按照一定的比例在市场上拍卖一定量的配额。在政府确定的碳排放量的基础上，控排企业为了获取更多的利益，会努力寻找碳排放量更低的生产方式，当企业通过自身减少碳排放量的成本高于通过交易获取碳配额的成本时，控排企业会选择购买碳配额；相反，购买配额的成本高于企业自身减排的相关成本时，控排企业会选择自身减排。对于减排潜力较大的企业，减排成本低于交易碳配额成本时，企业会选择出售碳配额获取一定利益。

除了被政府纳入减排的重点大型工业企业，还有一些不用履行政府减排指标的非重点控排企业，为了从碳交易市场中获取利润也参与到碳市场中，这些投资者可以通过获得CCER进行碳交易。CCER抵消机制可以降低控排企业的履约成本，一般情况下，CCER比碳配额更便宜，所以一些重点控排企业会购买使用CCER抵消碳排放配额的清缴。此外，并非只有配额不足的超排企业才有需要购买CCER，非超排企业也可以通过购买CCER置换其富余配额，并将富余配额拿到配额市场上出售从而获利。

2. 企业碳资产的金融化

碳金融产品是建立在碳排放权交易的基础上，服务于减少温室气体排放或者增加碳汇能力的商业活动，以碳配额和碳信用等碳排放权益为媒介或标的的资金融通活动载体。碳金融产品分为碳市场融资工具、碳市场交易工具、碳市场支持工具三类。

碳金融衍生品是在碳排放权交易基础上，以碳配额和碳信用为标的的金融合约，主要包括碳远期、碳期货、碳期权、碳掉期、碳借贷等。

3. "双碳"时代企业市场价值管理

现代企业制度的发展意味着企业可以作为商品进行买卖，将企业作为商品衡量的标准就是企业在市场上表现出来的市场价值，这一价值能够进行估价和出售。随着我国碳减排压力的增加和碳市场机制的逐渐形成，与碳相关的因素会影响企业的市场价值。"双碳"时代企业市场价值的影响路径主要分为以下两种：

（1）企业碳排放将成为企业环境风险和环境负债的重要组成部分。由此，企业会因为法律、技术和政治等风险加大绿色经营投入，进而直接影响企业价值。

（2）碳减排往往被认为是企业环境管理或承担社会责任的行为表现，因此碳减排相关活动会影响企业在环保方面的形象，进而间接影响企业价值。

目前，资本正在逐渐远离碳密集型、政策风险大、技术成熟度低的企业，在碳市场运行后，"多排要买、少排可卖"以及相关政策的激励和处罚压力等，都会给企业市值带来影响，因此企业要根据内部具体情况合理制定管理方案，从而提高企业市场价值。

3.2 企业碳资产管理概述

3.2.1 基本概念

为了实现温室气体的减排，《京都议定书》引入排放贸易、清洁发展机制和联合履约三种市场机制，允许发达国家通过相互之间以及同发展中国家之间的合作，完成其有关限制和削减碳排放的承诺。三种市场机制的引入使得全球性的温室气体排放控制体系开始构建，世界各国开始陆续建立碳交易市场，而在碳交易市场中交易的就是碳资产。政府对企业的温室气体排放总量进行限定后，若企业生产运营需要突破排放总量限定，就必须从碳市场上购买碳资产；如果企业在其限定的温室气体排放总量下有盈余，同样可以将这些碳资产拿到碳市场上去交易。碳资产管理指的就是在获得相关部门免费发放的碳排放权配额的基础上，对企业的碳减排、碳预算、碳交易等围绕碳资产的一系列管理行为，通过合理利用碳资产，优化碳资产配置，平衡企业环境、经济和社会之间的关系，以达到企业价值最大化。

碳资产管理包括三种类型：一是基础综合管理，包括对企业的制度规划、碳管理的流程设计、可能存在的碳风险识别、企业重点碳信息披露以及咨询等方面的管理，这些是碳资产管理的基础；二是技术管理，包括对企业碳信息的统计核证、减排和能效技术的综合、探寻碳足迹、设计低碳解决方案等，为企业将碳资源转变为碳资产提供技术支持；三是碳价值管理，包括清洁发展机制和自愿碳减排（VER）项目申请注册、碳交易和碳市场的参与以及碳债券、碳信用、碳保险等碳金融衍生品的管理。

3.2.2 意义

碳资产管理是以碳资产为基础，战略性、系统性地围绕碳资产进行开发、规划、控制、交易和创新的一系列管理行为，是企业依靠碳资产实现价值增值的完整过程。

从企业个体层面来讲，积极有效的管理可以使碳资源转化为资产，为企业带来收益，而对其忽视管理则有可能使其成为企业的负债。及早制定碳资产管理战略，满足国内法律法规要求，管理好碳资产，抢占未来碳产业发展的制高点，才能为企业创造更好的经济收益。从城市和国家层面来讲，通过碳资产管理，对碳排放权进行跨空间、跨时间的配置，能够有效分解减排任务，激发市场主体活力，促进企业向低碳化转型。

在低碳时代，碳资产管理作为控排企业和涉碳利益第三方企业的资本运作行为，将成为企业经营发展战略的核心部分，构成企业的核心竞争力。因此，相关企业应尽快行动起来，积极布局低碳潜力产业、探索和构建碳资产管理体系，以获得先发优势，使企业在竞争中处于更有利的地位。

3.3 企业碳资产管理的实施体系

3.3.1 碳盘查

企业要进行碳资产管理，就需要有可测量、可核查的基础数据，缺少这些数据企业就无法制定低碳路径，后续的管理也就无从谈起。因此，企业进行碳资产管理的第一步是碳盘查。碳盘查也被称作编制温室气体排放清单，是指在规定的空间和时间边界内，以政府、企业等为单位计算其在社会和生产活动中各环节直接或者间接排放的温室气体总量。目前，国际通行的碳盘查标准主要包括：由世界资源研究院（WRI）和世界可持续发展商会（WBCSD）共同颁布的温室气体核算标准（GHG Protocol）、由国际标准化组织颁布的ISO 14064 系列标准，以及由英国标准协会颁布的 PAS 2050 标准等。随着中国碳交易的开展，我国也陆续颁布了各试点碳交易省市和 24 个行业的碳排放标准，如表 3-1 所示。

中国主要碳盘查标准　　　　　　　　　　　　　　　　　　　　　表 3-1

名称	发布日期	发布者	核心内容
《深圳市组织温室气体排放的核查规范及指南》	2012 年 11 月 7 日	深圳市场监督管理局	深圳市碳交易试点控排企业碳排放数据核查依据
《上海市温室气体排放核算与报告指南(试用)》	2012 年 12 月 11 日	上海市发展和改革委员会	上海市碳交易试点控排企业碳排放数据核算与报告依据
《北京市企业(单位)二氧化碳排放核算和报告指南》	2013 年 11 月 22 日	北京市发展和改革委员会	北京市碳交易试点控排企业碳排放数据核算与报告依据

名称	发布日期	发布者	核心内容
《天津市电力热力行业碳排放核算指南(试行)》	2013 年 12 月 24 日	天津市发展和改革委员会	天津市碳交易试点电力热力行业控排企业碳排放数据核算依据
《广州市企业碳排放信息报告与核查实施细则(试行)》	2014 年 3 月 18 日	广东省发展和改革委员会	广东省碳交易试点控排企业碳排放数据报告与核查依据
《重庆市工业企业碳排放核算和报告指南(试行)》	2014 年 5 月 28 日	重庆市发展和改革委员会	重庆市碳交易试点控排企业碳排放数据核算与报告依据
《关于印发第一、二、三批共24个行业企业温室气体核算方法与报告指南(试行)的通知》	2013 年 10 月 15 日、2014 年 12 月 3 日、2015 年 7 月 6 日	国家发展改革委办公厅	全国 24 个行业企业温室气体核算方法与报告依据

尽管国内和国际盘查的标准众多,但其主要内容相差无几,可总结为如下几点:

1. 确定组织边界和运营边界

进行碳盘查的首要任务是确定组织边界和运营边界。只有确定了组织边界和运营边界,才有可能选取合适的标准,选择或排除全部排放源,最终计算出正确的结果。企业进行业务活动的法律和组织结构各不相同,包括全资企业、法人合资企业与非法人合资企业、子公司和其他形式。进行财务核算时,要根据组织结构以及各方面之间的关系,按照既定的规则进行处理。企业在设定组织边界时,应先选择一种合并温室气体排放量的方法,然后采用选定方法界定企业的业务活动和运营,从而对温室气体排放量进行核算和报告。组织边界一般采用控制权法或股权持分法来确定。在确定了组织边界之后,需要设立运营边界,这要求识别与运营相关的排放,将其分为直接排放和间接排放,并选定间接排放的核算和报告范围。直接排放来自于企业拥有或控制的排放源的排放;间接排放是指由企业活动导致的,但发生在其他公司拥有或控制的排放源的排放。

2. 鉴别排放源

按照 ISO 14064-1:2018,组织温室气体排放可以分为六个范畴:

范畴一:直接温室气体排放。组织拥有或控制的温室气体排放源所产生的温室气体排放,通常分为固定源燃烧排放、移动源燃烧排放、逸散排放、制程排放等类型。

范畴二:输入能源的间接温室气体排放量。组织所消耗的外部电力、热力或蒸汽的生产而造成的间接温室气体排放。

范畴三:运输产生的间接温室气体排放量。通常指与组织生产经营活动有关的、但非组织直接运营控制的上游或下游的运输活动产生的间接温室气体排放。

范畴四:组织使用的产品产生的间接温室气体排放量。通常指与组织生产经营活动有关的、采购的商品或服务产生的间接温室气体排放。

范畴五:与使用组织产品有关的间接温室气体排放量。通常指组织的产品或服务被使用产生的间接温室气体排放。

范畴六:其他来源的间接温室气体排放量。通常指上述类别无法包含的间接温室气体排放。

3. 量化碳排放

碳排放量核算方法包括实测和计算两种类型。实测法基于排放源的现场实测基础数据进行汇总，从而得到相关温室气体排放量，适用于连续稳定排放口的碳排放量核算，连续监测成本高且检测范围有限，目前使用相对较少。计算法包括排放因子法和质量平衡法。

在选用核算方法时，通常按照一定的优先级对核算方法进行选择，可参考因素包括：①核算结果的数据准确度要求；②可获得的计算用数据情况；③排放源的可识别程度。

4. 创建碳排放清单报告

碳排放清单是以企业为单位，计算该企业在生产活动各个环节直接或者间接的温室气体排放的总量，是企业进行碳资产管理的决策依据，需要包含企业碳盘查的范围、企业排放源、各个排放源的排放量、最大排放源、温室气体减排量等内容。企业在供应链碳排放和产品生命周期碳排放的基础上进行计算汇总，根据国内或者国外等标准要求，生成企业碳排放清单报告。

5. 内外部核查

内部核查是指由公司内部组织的核查工作，对数据收集、计算方法、计算过程及报告文档等进行核查，即碳盘查。外部核查由第三方机构进行核查，即碳核查。市场上许多企业进行外部核查主要是由于国外客户的要求，需要第三方进行碳排放的核查报告，以确保碳排放单位向外界披露的排放数据真实、准确、完整、有效。碳盘查与碳核查都是促进企业碳排放管理的有效途径。

碳盘查需要每年持续开展，这样企业管理者才可能制订减排计划，并最终形成有执行力的碳资产管理战略。对企业而言，准确核算并监测自身碳排放和能源使用情况，是开展碳减排、参与碳交易的关键一步。

3.3.2 碳减排

企业进行碳盘查后，可对识别出的重点排放源进行管理，有针对性地实施减排计划，例如提高能源效率、进行技术改造、转换燃料类型和应用新技术等。

对大多数企业而言，减少化石燃料（如煤、石油、天然气）使用量是降低碳排放的有效途径。减少化石燃料使用不仅能够降低企业碳排放，还能带来多种协同效应，包括提升企业形象、践行企业社会责任、降低能源消耗、提高技术竞争力和改善现金流等。在国家节能减排和应对气候变化的碳资产管理中，实施企业内部减排极为重要。企业开展节能减排有很多可以借鉴的模式和政策，例如：

1. 合同能源管理模式，企业节能降耗的捷径

合同能源管理是指企业与专业的节能服务公司通过签订合同，实施节能改造。合同的内容通常包括用能诊断、项目设计、项目融资、设备采购、工程施工、设备安装调试、人员培训、节能量确认和保证等，这种模式将节能技术改造的部分风险转移给了节能服务公司。

对企业而言，通过将节能改造外包给专业的节能服务公司，可以解决前期技术改造升级所需的技术调研、设备采购、资金筹措、项目实施等关键问题，这种模式尤其适合缺少专业人才和资金的中小企业。对于资金充裕、技术能力强的大企业，也可能会因为节能项目风险责任的转移而取得更为实在的效果。

另外，合同能源管理项目所产生的碳减排量还有可能在碳交易试点中出售，北京碳交

易试点就已将节能项目的碳减排量认定为一种合格的碳抵消信用额。

2. 利用国家低碳政策，充分享受贷款、税收优惠

目前，各大银行基本都建立了向节能低排放用户倾斜的"绿色信贷机制"，很多银行还实行"环保一票否决制"，为节能低排放的企业提供贷款扶持，同时促进高耗能高排放行业尽快进行低碳转型。在国际层面，同样存在很多针对节能减排的融资项目，其中最典型的是中国节能减排融资项目（CHUEE）。CHUEE是国际金融公司根据中国财政部的要求设计的一种新型融资模式，旨在支持企业提高能源利用效率、采用清洁能源及开发可再生能源项目。

另外，国家也出台了一系列税收优惠政策扶持企业节能减排和技术改造。例如，根据《中华人民共和国企业所得税法》第二十七条第三项、《中华人民共和国企业所得税法实施条例》第八十八条和第八十九条，国家对企业从事符合条件的环境保护、节能节水项目给予企业所得税减免所得额优惠；根据《中华人民共和国企业所得税法》第三十四条、《中华人民共和国企业所得税法实施条例》第一百条，企业购置用于环境保护、节能节水、安全生产等专用设备的投资额优惠可以按一定比例实行税额抵免。

3. 申请课题资助，助力低碳技术研发和低碳项目投资

国家为加速低碳技术研发，配备各种资金支持，其中最知名的是中国清洁发展机制基金（简称清洁基金）。清洁基金的使用分为赠款和有偿使用等方式，赠款可用于应对气候变化的政策研究、能力建设和提高公众意识的相关活动；有偿使用可用于有利于产生应对气候变化效益的产业活动，比如在雾霾较为严重的京津冀地区，清洁基金重点支持的领域包括：热电联产和集中供热、加强城市供热节能综合改造、减少大气污染物排放、加快$PM_{2.5}$治理等。

上述政策和措施可使企业在实现节能减排的同时，获得低息贷款或技术支持，在获得外界最大程度帮助的同时，减少企业的实际支出。

传统理论认为碳减排对企业来说就是成本增加，但实际上越来越多的研究表明"碳减排与经济增长并不矛盾"，碳减排甚至可以促进经济增长，其原因在于：一方面，全社会的减排将会促进技术变革，最终将会使成本大幅降低；另一方面，限制碳排放会带来很多"协同效益"，对企业而言，最重要的"协同效益"就是降低能耗、增加现金流。

3.3.3 碳中和

若企业经过碳减排后仍存在碳排放，则可以通过购买碳额度的形式，抵消自身无法避免的二氧化碳排放量，实现碳中和。碳中和也叫碳补偿，根据英国标准协会的碳中和标准（PAS 2060）："碳中和是指与标的物相关的温室气体排放，并未造成全球排放到大气中的温室气体产生净增加量"。其中，标的物可以是国家、政府、企业、活动、产品/服务、个人等。

碳中和通常以吨CO_2当量（$t\ CO_2\ eq$）为单位，然后通过购买碳积分的形式，资助符合国际规定的节能减排项目，以消除企业、团体或个人的碳足迹，从而达到环保的目的。也就是说，一个单位的碳补偿是指通过在其他地区减少$1t\ CO_2\ eq$的排放量而抵消或补偿某地的$1t\ CO_2\ eq$的排放量，或者是通过吸收来消除存留于大气层中的$1t\ CO_2\ eq$。碳中和可购买的碳额度项目种类繁多，如植树造林项目、可再生能源项目、温室气体吸收类项目等。下面以汇丰银行为例，介绍其实现碳中和的路径。

汇丰银行每年产生的二氧化碳约 70 万 t，主要来自世界各地办公室运转和商务差旅，汇丰银行碳中和计划包括 3 个方面：第一，管理和减少银行的直接排放，比如使用双面打印、召开视频会议及使用节能灯；第二，通过购买"绿色电力"，降低所使用电力的碳排放系数；第三，通过购买碳额度来抵消剩余的二氧化碳排放量，以达到碳中和。汇丰银行所购买的碳额度项目包括来自中国的可再生能源项目，如风电和水电，也包括一些提高能源效率的项目，如捕获和再利用水泥生产过程中的废热等。

可以看出，汇丰银行的碳中和策略首先是建立在提高自身能源使用效率、减少自身温室气体排放的基础上，其次才是通过碳交易的方式来抵消企业运营所必需的温室气体排放量，这也是当代企业实现碳中和应采取的主流路径。碳中和不是以贫困地区的碳减排支撑发达地区企业的高能耗、高排放，而是企业通过自身努力减排无法完成零排放时采取的额外行动。碳中和一般包括以下步骤，如图 3-1 所示。

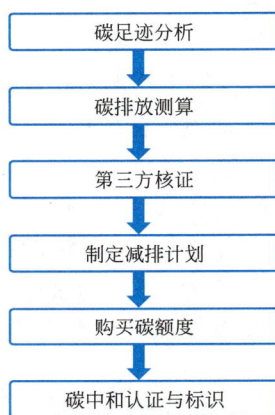

图 3-1 碳中和实施步骤

3.3.4 碳交易

碳交易是企业开展碳资产管理的重要一环。根据企业碳资产类型的不同，碳交易分为基于配额的碳交易和基于减排项目的碳交易。典型的基于配额的碳交易包括中国七省市的区域碳交易和 EU-ETS 碳交易，多数是为了满足控排企业的履约要求；典型的基于减排项目的碳交易主要包括 CDM、CCER、VER 项目的碳交易，可能用于满足控排企业的履约要求，也可能是为了满足自身社会责任和企业形象的发展需要。

中国企业参与的碳交易主要有三类：一是参与 CDM 项目；二是参与中国试点区域和全国碳市场碳交易；三是参与自愿减排项目碳交易。目前与中国企业密切相关的是第二类，下面介绍中国碳市场与企业的相关内容。

1. 中国碳市场交易原理

尽管每个试点碳排放交易体系的设计各有不同，但简单来说，中国碳市场交易原理大致如图 3-2 所示，图中箭头代表了碳交易中配额和抵消额度的走向。

从图 3-2 中可以看出，各级政府免费发放或者拍卖配额，控排企业在履约年度内测算企业拥有的配额量是否足够抵消本年度企业的排放量，如果配额量多余则可以出售，如果缺少则可以购买配额或者抵消机制下的信用额度，如 CCER。而对于投资企业，则可以通

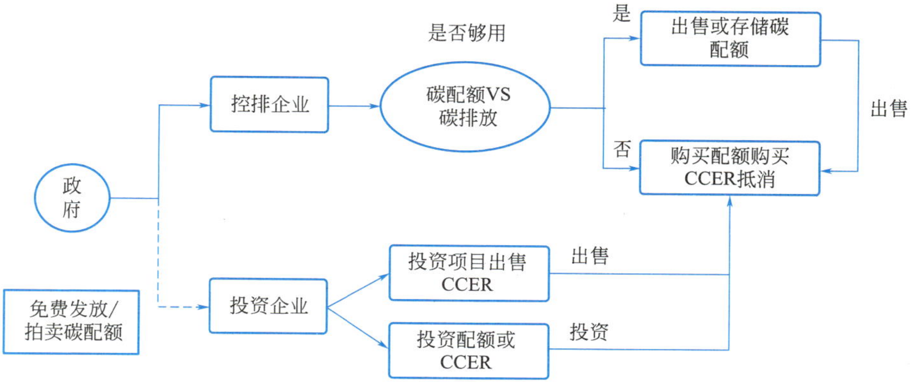

图 3-2　中国碳市场交易原理

过投资配额交易和 CCER 项目来实现在碳市场的投资。

2. 与企业密切相关的三个系统

中国碳市场碳交易核心要素及配套制度如图 3-3 所示，其中，MRV 制度、注册登记簿系统和交易系统是与企业密切相关的三个系统。MRV 制度用于确认企业的排放量，交易系统用于找到同等配额量，注册登记簿系统用于企业上缴配额完成履约。

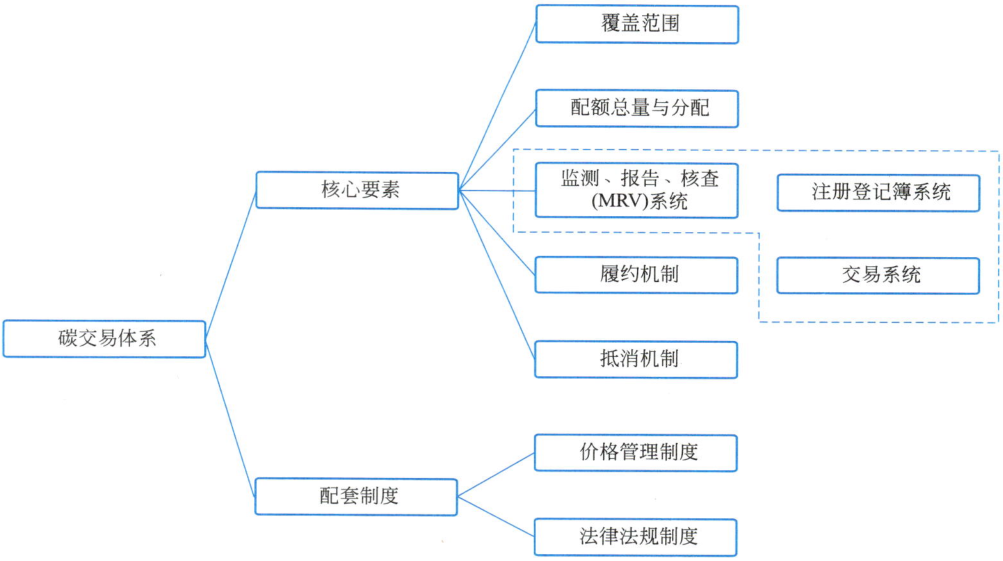

图 3-3　中国碳市场碳交易核心要素及配套制度

（1）MRV 制度

MRV 制度是碳交易的核心制度之一，是最终核实企业排放、确定配额总量和核定企业履约的基础。MRV 制度遵循"谁排放谁报告"的原则，由控排企业自行监测，自下而上向试点管理者报告，排放数据最终还会经过第三方核证机构核实。总结来说，MRV 制度分为两步，即企业自身监测和报告与第三方核查。

1）企业自身监测和报告的主要数据包括二氧化碳的直接排放量和间接排放量。从

53

2014年起，控排企业还需要报送新增设施排放情况及相对应的产值、产品量、面积等活动水平。二氧化碳直接排放量和间接排放量计算公式如下：

$$CO_2 直接排放量 = 年化石燃料消耗量 \times \frac{燃料低位热值}{1000} \times 单位热值含碳量 \times \frac{碳氧化率}{100} \times \frac{44}{12}$$
$$(3\text{-}3)$$

$$CO_2 间接排放量 = 电力消耗量 \times 国家公布的排放系数 \quad (3\text{-}4)$$

从公式（3-3）和公式（3-4）可以清楚地看出，企业需要监测的主要数据包括年化石燃料消耗量、燃料低位热值、单位热值含碳量、碳氧化率和电力消耗量等。企业温室气体数据的报送通过在相应数据填报系统填报数据来完成，在网上填报数据后还须在指定时间内提交纸质报告。

2）第三方核查。为了确认企业所提交数据的完整性和真实性，第三方审核机构将对企业提交的数据进行核查，一般包括以下步骤：文件评审、现场访问、核查报告编制、核查报告提交。核查的主要内容包括与上述监测数据相关的销售票据、报告及实测数据等，如购煤发票、电费发票、电表的校表记录、与热值等相关的实测报告。一般来说，企业履约时间周期如图3-4所示。

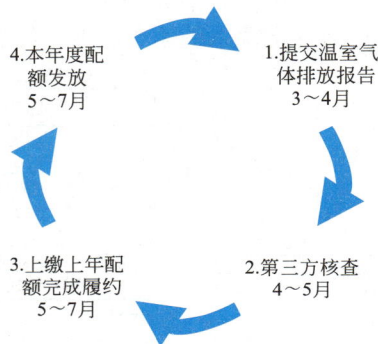

图3-4 企业履约时间周期

（2）交易系统

以湖北碳市场试点为例，介绍与企业相关的碳交易知识。企业通过"湖北碳排放权交易中心"交易系统来实现碳交易，湖北碳市场试点的碳交易方式有协商议价和定价转让两种，交易标的物包括湖北省温室气体排放份额和自愿减排项目的经核证减排量。湖北省碳排放权交易系统对所有企业和个人开放，是试点交易系统中开放程度最高的试点之一。此外，交易系统与注册登记簿系统是相连的，企业可以使用碳指标的唯一35位编码在交易系统与注册登记簿系统之间转入或者转出。

（3）注册登记簿系统

注册登记簿系统是企业实现配额获取和履约的平台，以深圳碳市场试点为例，企业履约通过"深圳市碳排放权注册登记簿"系统来实现。深圳市碳排放权注册登记簿主要包括：配额持有人相关信息、配额权属信息、签发时间和有效期限、权利及内容变化信息。注册登记簿工作原理如图3-5所示。

从图3-5中可以看出，企业通过注册登记簿获取配额，并将企业匹配好的配额量或者

54

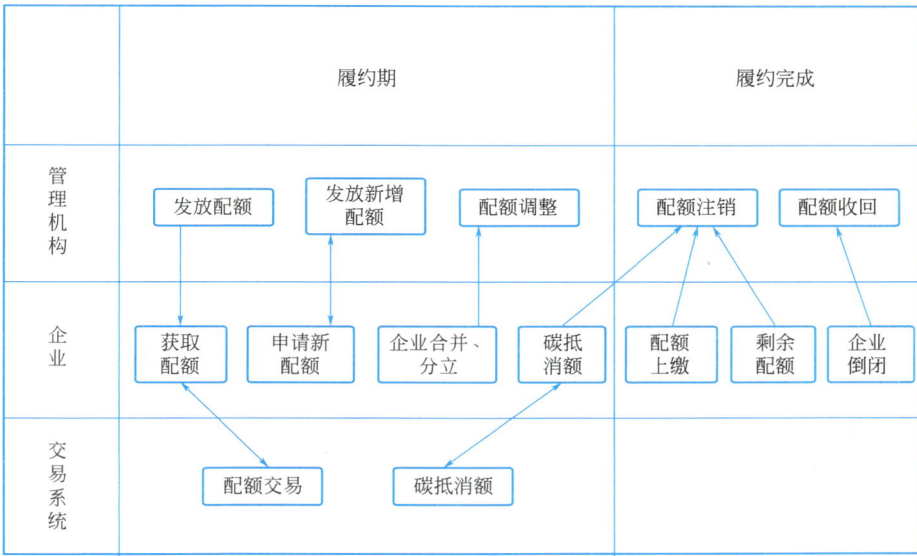

图 3-5　注册登记簿工作原理

碳抵消量进行上缴，从而完成履约过程。

深圳市以人大立法的形式通过了《深圳市碳排放权交易管理暂行办法》，是所有碳市场试点中法律要求最严的试点之一。为保证控排企业能够按期履约，深圳碳市场试点制定了一系列奖惩措施，对于按期完成履约的企业，在申报节能减排资助项目和申请金融机构减排资金方面予以政策扶持；对于未按期完成履约的企业，将通过信用曝光、财政限制、绩效考评、法律追责等方式进行处罚；对于未足额提交配额部分，将从其下一年度配额中直接扣除不足部分，并处超额排放量乘以履约当月之前连续六个月配额均价三倍的罚款。因此，已纳入管控行列的企业需要高度重视碳履约相关工作，以避免带来不必要的损失。

3. 中国碳市场抵消机制——温室气体自愿减排机制

在中国碳市场，最主要的抵消机制是温室气体自愿减排机制，所产生的减排信用额度是 CCER。CCER 具备良好的开发基础，自推出之初就受到了市场的热捧，备案项目数量和备案减排量屡创新高。

在碳交易体系中，对控排企业而言，由于 CCER 价格明显低于配额价格，因此足量使用 CCER 履约也是企业降低碳管控成本、使碳资产升值的有效措施，很多碳资产公司也已针对性推出了"配额-CCER 置换业务"，该业务目前非常成熟，已被多家控排企业采用。但不同碳市场试点对 CCER 限制使用比例、地区范围、时间、项目类型、技术类别等规定各有不同，并且各试点运行以来，过度开放的 CCER 导致其交易价格浮动异常，交易时间和交易量不具备明显特征，对碳交易机制产生一定负面影响。尽管 CCER 新项目审定核证工作于 2017 年 3 月已暂缓受理，但存量 CCER 的交易却从未停止。截至 2022 年 10 月，存量 CCER 累计成交量约 4.48 亿 t，累计成交额超过 60 亿元，每份 CCER 都经历了多次换手，碳交易市场相当活跃。

4. 碳税与碳交易

实际上，如果政府对每一个排放源的减排成本有充分了解，那么控制温室气体排放最有效的手段应该是直接管制，即直接对每个排放源发出指令，以实现全社会减排成本最小化。但在现实中，政府无法掌握这些信息，因此实践中最常用的间接政策手段包括碳税和碳交易，而二者又是依据截然不同的理论形成的。

（1）碳税。碳税是基于庇古福利经济分析理论提出的，其核心是庇古税，即对排污的企业征税，所征税额用于补贴第三方的损失，从而降低总排污量。该观点与污染者付税有很大的相同性。碳税属于价格干预，试图通过相对价格的改变来引导排污企业的行为，达到降低排放量的目的。例如，一家钢铁厂由于生产必须排出一定的废气，但废气的排出又造成了周围居民医疗费用的增加，政府则通过对钢厂征税对周围居民医疗费进行补贴。如果税收合适，则钢厂必然会降低排放量从而减少缴纳的税费。碳税最大的问题在于很难确定最优税率，税率太低不会带来实质的减排，税率太高会对实体经济造成影响。但是相对于碳交易制度，碳税的主要优势表现在以下3个方面：一是覆盖范围广；二是不需要建立额外的监督管理机制；三是政策稳定，企业更容易应对。

到目前为止，碳税在全球范围内的实践还比较少。2013年，财政部税务总局、原环境保护部向国务院提交了环境保护税修改稿，第一次将二氧化碳纳入环境税的征税范围，即通常所说的碳税制度。2016年12月25日，《中华人民共和国环境保护税法》通过，自2018年1月1日起实施，但由于争议较多，碳税并未作为环境保护税一个子税目开征。从长远来看，征收碳税在中国仍是大势所趋，碳税在2021年年末及2022年年初的政府文件中，更加频繁被提及。2022年1月21日，国家发展和改革委员会等七部门联合印发了《促进绿色消费实施方案》，提到"更好发挥税收对市场主体绿色低碳发展的促进作用"，再一次明确了国家将通过财税工具，促进绿色低碳发展的工作思路。

（2）碳交易。碳交易是基于科斯产权理论提出的，科斯产权理论的核心是产权理论，即将生产要素理解为权利，允许双方讨价还价和交易。碳交易属于数量干预的范畴，在规定排放配额的前提下，由价格机制来决定排放权在不同经济主体之间的分配。以钢厂为例，如果钢厂排放废气是它的权利，则居民就可以购买钢厂排放废气的权利，从而使钢厂废气排放降低。如果居民有权拒绝排放，则钢厂就可以购买排放权从而多排放废气。与碳税相比，碳交易的优势在于开始就设定了总量控制，因而减排效果更明显，而且大多能促进低碳新技术的开发和运用。从现实来说，碳交易是更为经济有效的控制温室气体的手段。

5. 碳会计

碳会计是以能源环境法律、法规为依据，通过货币、实物单位计量或用文字表达的形式，对企业履行低碳责任、节能降耗和污染减排进行确认、计量、报告，考核企业自然资源利用率，披露企业自然资本效率和社会效益的一门新兴会计科学。碳会计可被分为碳财务会计和碳管理会计。

碳会计在国外发达国家的研究已经相对成熟，但是在中国，学者们对低碳会计的研究还处于初期阶段，对于碳会计的基础知识没有统一、规范的认知，理论研究中也没有权威性的报告。碳会计是会计学的一个新兴分支，集会计、生态、环境、资源等多个领域，发展低碳会计需要跨学科领域的复合型人才，既要有熟练的会计处理才能，又要掌握一定的资源、环保知识，国内这类人才还相对缺乏。

随着我国碳交易工作的开展，与碳资产相关的开发、分配、持有、交易和履约均会影响企业的财务状况、经营成果和现金流量。为准确确认、计量和报告这些财务影响，则需要相应的会计法规提供指导。2019 年 12 月，财政部发布《碳排放权交易试点有关会计处理暂行规定》（下称《暂行规定》），于 2020 年 1 月 1 日起实施。《暂行规定》是由财政部颁布的首个直接针对碳交易业务的相关会计处理规范文件，为规范企业碳会计处理提供依据。目前，控排企业和碳资产公司大多以《暂行规定》为依据进行相关的财务处理。

3.3.5 碳信息披露

碳信息披露是指通过适当的方式，向公众披露企业碳资产信息，以督促企业自身加强掌控碳排放情况和挖掘碳减排潜力的能力，表明向公众承诺减排和承担企业社会责任的态度。企业向投资者和公众披露自己的碳资产，既是约束自己，更是获取社会认可和支持的有效途径，不仅可以提高企业形象和社会地位，也可以获得良好的经济效益，提升企业的碳资产价值空间。基于披露的对象不同，又可以简单分为基于组织层面的碳披露和基于产品或服务层面的碳标签。

1. 碳披露

碳披露是指在碳盘查的基础上，企业将自身的碳排放情况、碳减排计划、碳减排方案、执行情况等通过环境、社会和公司治理（简称 ESG）、社会责任或可持续发展报告向公众披露的行为。碳披露内容不仅包括企业社会责任报告中的内容，还包括了公司策略、管理方案、碳排放数据、风险与机遇分析等信息。

碳披露都是基于特定框架开展的，目前比较有代表性的碳信息披露框架有：气候披露准则理事会（CDSB）开展的碳信息披露项目（CDP）、加拿大特许会计师协会的《改进管理层讨论与分析：变化的披露》、气候风险披露倡议组织（CRDI）的《气候风险披露的全球框架》、气候披露准则委员会的《气候变化报告框架草案》和美国证券交易委员会的《与气候变化有关的信息披露指南》。其中，CDP 成立于 2000 年，是一个国际性的非营利组织，是目前全球最大、最权威的碳披露与环境信息披露机构之一，帮助全球各地的企业、政府和组织收集、整理和报告碳排放数据，以推动全球气候行动。CDP 采取问卷调查的方式，每年都会向大型企业发放调查问卷，调查这些公司在碳排放方面的表现，并对其表现进行指数评价。CDP 自 2008 年起每年对中国企业实施调查，并发布 CDP 中国报告。CDP 调查报告的主要内容一般包括应对气候变化与战略、风险与机遇和排放情况披露，具体如图 3-6 所示。

我国对企业重大碳信息披露的规定也越来越规范。2021 年 5 月，生态环境部发布《碳排放权交易管理规则（试行）》，明确在碳排放信息披露方面，交易机构应建立信息披露与管理制度，并报生态环境部备案。2021 年 11 月，生态环境部通过《企业环境信息依法披露管理办法》，指出企业是环境信息披露的责任主体，要求重点排污单位披露企业环境管理信息、污染物产生、治理与排放信息、碳排放信息等八类信息。为落实该办法、规范环境信息披露格式，2021 年 12 月，生态环境部制定了《企业环境信息依法披露格式准则》，指出纳入碳排放权交易市场配额管理的温室气体重点排放单位应当披露碳排放相关信息，依据温室气体排放核算与报告标准或技术规范，披露排放设施、核算方法等信息。截至 2023 年底，国家标准《组织碳排放管理信息披露要求与指南》仍在征求意见，该标

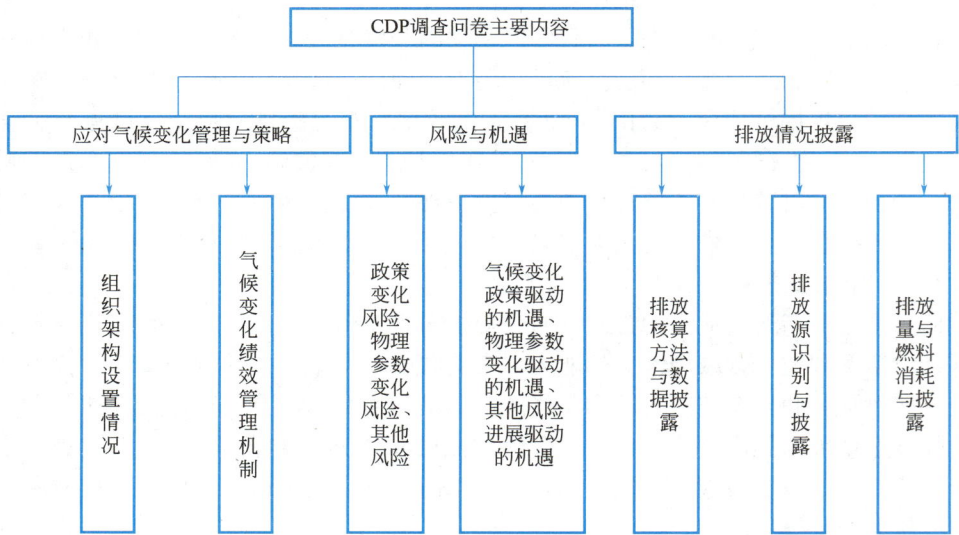

```
                    ┌─────────────────────────────┐
                    │     CDP调查问卷主要内容        │
                    └─────────────────────────────┘
```

图 3-6　CDP 调查报告主要内容

准主要参考了国内环境管理温室气体相关标准及国际上 ISO 环境管理标准，要求披露的内容有：组织概况、披露范围、碳排放管理、碳排放合规情况、碳排放量、碳减排情况、支持其他组织和个人实现碳减排、外部影响的说明等。

2. 碳标签

碳标签，又称碳足迹、碳标识，属于生态标签范畴，是把一个产品从原料采购、运输、生产到销售过程中所排放的温室气体排放量在产品标签上用量化的指数标示出来，以标签的形式告知消费者产品的碳信息。基于不同的表现形式，碳标签可以分为三种类型：仅表明该产品的碳排放水平低于标准值的碳标识标签、公布产品整个生命周期的具体碳排放量的碳得分标签，以及对该产品在同类产品中碳排放进行等级评价的碳等级标签。

对产品贴附碳标签，有助于企业了解自身产品碳排放现状，有效控排并采取减排措施，提升产品低碳属性；有助于消费者获取产品碳排放信息，展示产品绿色低碳信息透明度，引导并拓展低碳消费；有助于企业发展绿色低碳产品，打造绿色供应链，打破国外绿色贸易壁垒，提升产品竞争力；有助于企业获取政策激励和补贴，提升产品附加值和经济效益，树立企业社会责任形象。

碳标签是一项技术性很强的环境标识制度，涉及产品和服务碳足迹的计算标准和计算方法，一般来说企业很难自行计算。目前关于产品碳足迹核算最具参考性的指南主要有国际标准《产品与服务的生命周期温室气体排放评价规范》PAS 2050、《温室气体-产品碳足迹——量化要求及指南》ISO 14067：2018，以及欧盟产品环境足迹 PEF 等。其中，PAS 2050 由英国政府资助成立的非营利组织——碳信托及英国环境、食品与乡村事务部联合发起，由英国标准协会合作制定，是全球首个产品碳足迹方法标准，在全球被广泛用来评价其商品和服务的温室气体排放；ISO 14067：2018 由国际标准化组织发布，是国际社会广泛认可的产品碳足迹量化的通用标准，适用于产品碳足迹的具体计算，规定了量化和通报产品碳足迹的原则、要求和指南，与全生命周期评价标准（LCA）（《生命周期评价原则与框架》ISO 14044 和《生命周期评价指南与要求》ISO 14044 一致。

目前大多数发达国家推行的碳标签制度属于自愿型碳标签，仅在少数国家或地区实施，随着碳标签制度的成熟，未来碳标签将演变成强制性标准。碳标签主要针对出口产品，中国是全球最大的贸易出口国，中国的产品要想参与国际竞争就必须遵守国际规则。中国的出口贸易产品想要通过发达国家制定的"碳标准"绝非易事，因此中国碳标签体系建设愈发紧迫。

与欧美等发达国家相比，国内相关研究起步较晚，但在政府的良性引导与支持下，国内已有诸多机构开展了系列研究，推动碳标签制度在我国的试点。目前，国内正在逐步建立产品碳足迹相关制度标准，尚未发布国家层面针对产品碳足迹核算或碳标签的官方统一标准指南，部分地方省市及行业陆续发布出台的相关标准适用性有限，需根据情况参考。

3.4 "双碳"目标下企业碳资产管理方案制定

目前，企业进行碳资产管理的目标可以总结为以下几点：第一，有效应对碳排放各项工作的合规要求；第二，提高自身碳排放的控制和管理能力；第三，提升参与碳市场交易的能力。在"双碳"目标下，企业需要确定碳资产管理方案，以国家政策方针为指导，立足企业业务实际和绿色低碳发展需要，深入了解国际和国内碳市场发展趋势，制定适度超前、具有可操作性和可持续性的碳资产管理方案，提升企业的碳资产管理能力。目前，国家针对重点排放单位有碳排放配额总量设定、分配实施和清缴的工作要求，对于未被纳入重点排放单位的企业暂无相关要求。然而，考虑到我国已经确立了"双碳"目标，并高度重视环保工作，未来将有越来越多的企业被纳入重点排放单位。本节将以被纳入重点排放单位的企业为例，介绍企业碳资产管理方案的制定过程。

企业制定碳资产管理方案包括以下四个环节：企业碳资产管理顶层设计、落实"双碳"战略的管理机制、建立企业碳资产管理行动方案、碳资产管理评估和动态调整，下面将对这四个环节依次进行说明。

3.4.1 企业碳资产管理顶层设计

此环节的主要任务是在熟悉和了解国家有关政策的前提下进行企业内部信息收集与分析，制定碳资产管理目标，包括企业的碳排放履约合规、节能减排、技改项目的节能减排效应等。开展碳资产管理顶层设计的步骤如下：

（1）进行企业存量资产能耗和碳排放的测算，开展增量资产的碳排放趋势预测。

（2）对企业近几年内不同燃料类型、消耗燃料数量、不同技术等级的历史排放数据进行汇总，掌握企业历史数据趋势。

（3）根据企业近几年的碳排放量和产量，参考试点地区或全国碳市场对历史排放数据的核查规则，结合企业产能扩大方向、产品发展方向并参考企业的发展规模，进行碳预算，制定碳资产管理目标，以便最大限度地增加碳收益。

3.4.2 落实"双碳"战略的管理机制

此环节的主要任务是确认管理层级，明确组织管理和机构职责，建立适应企业管理架构的管理、决策和执行机制，以统筹协调企业碳管理的各个环节。碳资产管理机构主要是针对企业碳资产开发、碳市场分析、碳配额管理、排放报告编制、质量控制、审核风险控制、碳交易运作等活动进行实时跟踪、反馈企业管理过程信息、并提出相应解决方案的机构。此外，管理机构中也包括根据重点功能节点设置的数据分析、报告编制、审核质控、交易管理等子部门，这些部门与企业其他专业部门进行信息对接与方案评估改进，通过跨职能部门的沟通合作，提升综合管理能力以获得企业碳资产的最大潜力。企业碳资产管理机构组织结构如图 3-7 所示。

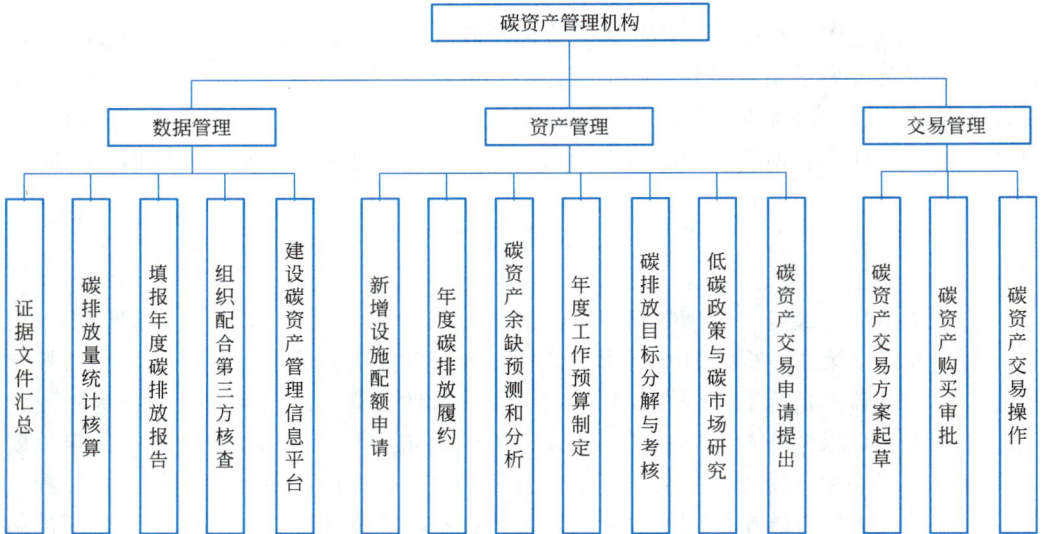

图 3-7　企业碳资产管理机构组织结构

3.4.3　建立企业碳资产管理行动方案

在管理机制明确后，企业需要制订最佳的碳资产管理方案，包括碳减排方案、碳履约方案和碳交易方案，以确保实现碳资产管理的战略目标。碳减排方案制定步骤如图 3-8 所示，碳履约方案制定步骤如图 3-9 所示。

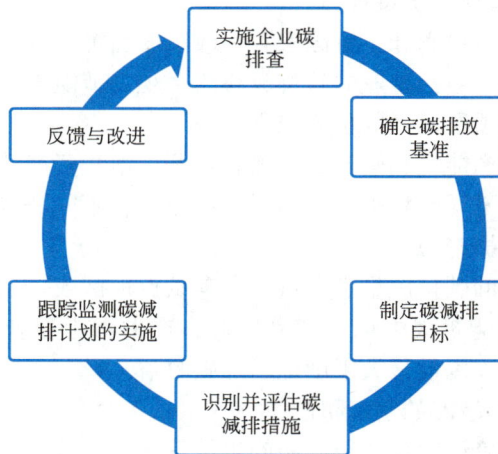

图 3-8　碳减排方案制定步骤

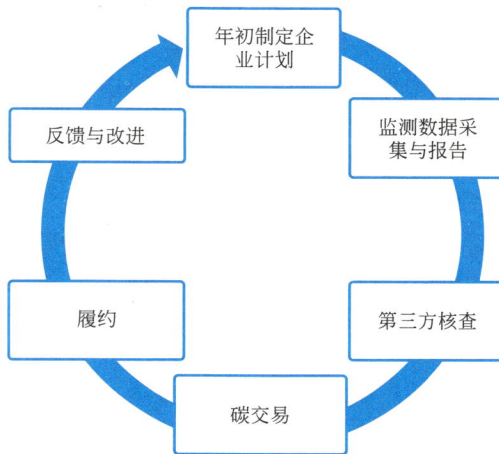

图 3-9　碳履约方案制定步骤

碳减排方案和碳履约方案制订的核心目标都是以最小的成本获得最大的利润。采用先进的碳减排技术，不仅是企业节能降耗增加利润的重要手段，同时也是获得更多碳资产盈余的保障。根据全国碳市场设计，目前大多数行业在对控排企业进行配额分配时，都是采用基准线法。因此，如果企业能耗值低于基准线值，则不仅意味着企业生产成本较低，而且因为碳减排强度低，企业在生产过程中会带来碳资产的额外收益。

除了要制订最优的碳减排方案、碳履约方案，碳交易方案的制订也十分必要。目前的碳配额均由政府免费发放，一般在当年的下半年会予以发放，而履约使用则是在第二年的6月份前后。因此，碳配额从发放到履约有至少半年的闲置期。合理制定碳交易方案可以有效利用配额使用的"季节性"，提升碳资产的价值。考虑到目前碳市场还不够成熟，为避免碳价波动带来的交易风险，建议初期采用如配额-CCER置换、保本型碳托管和碳质押/抵押等已被证实有效的保守稳健型碳交易策略。

3.4.4　碳资产管理评估和动态调整

碳资产管理在活跃碳交易、降低企业成本和实现碳资产保值和增值方面起着至关重要的作用。与传统资产管理相比，碳资产管理是一项新兴事物，发展时间较短，目前还处于探索阶段，其配套设施和平台仍需进一步完善和优化。在此背景下，应该构建一套严谨规范、科学合理的公司碳绩效评价指标体系，以客观全面地评估公司碳资产管理方案的实施效果。企业依据碳资产管理绩效评价指标体系，可对碳资产管理方案实施后的效果进行系统的打分评价。此外，根据绩效评估结果，企业可对得分不高或未得分指标进行分析，及时更新调整，找出合理的解决方案。可见，开展企业碳资产管理评估有助于企业积极有效地开展低碳工作，增强内部职工的低碳意识，紧随时代发展，积极转变传统理念和管理模式，促进公司实现真正意义上的可持续化、稳健化发展。

3.4.5　企业碳资产管理案例

电力行业长久以来都是碳排放的大户，所以电力行业成为首个纳入全国碳市场的行业，纳入重点排放单位2000多家，这些企业碳排放量超过45亿t CO_2，电力行业积极响应国家的减排要求，探索碳资产管理方式，相比于早期被动减排，电力企业越来越关注碳的价值，迫切希望做好碳资产管理。目前电力行业进行碳资产管理的方式主要有两种，其一是在公司内部建立专门的碳资产管理部门，其二是成立以盈利为目的的专业碳资产管理公司，第一种方式更为排放相对较少的中小企业所接受，而大型电力集团大多选择的是第二种方式，如国家电网成立国网英大碳资产管理（上海）有限公司、国家电投成立国家电投碳资产管理有限公司、华能集团成立华能碳资产经营有限公司等，越来越多大型电力企业开始布局碳管理业务。通过设立专业碳资产管理公司，大型发电公司可以有序地安排发电机组低碳改造、集团碳交易与履约等工作，并且可以借助碳市场获得额外的收入和融资，多家电力公司在 2021 年的公司年报中新增一项收益——碳排放权交易收入，大唐发电、华能国际、华电国际的碳排放权交易收入分别达到约 3.02 亿元、2.69 亿元和 1.4 亿元。

华能国际在众多进行碳资产管理的企业中，属于第一批被纳入全国碳排放权交易市场的电力行业企业，作为电力行业的龙头企业，华能国际的碳资产管理模式及途径都具有特殊性与典型性。因此，本节以华能国际为例，剖析华能国际碳资产管理的模式及途径。

1. 华能国际碳资产管理现状

华能国际是华能集团的核心企业，是中国影响力较大的上市发电公司之一，始终坚持为用户提供安全高效、清洁的电能及优质的能源服务，不仅在中国境内拥有大量业务，同时也积极开展境外新加坡、巴基斯坦业务。华能集团成立了华能碳资产经营有限公司专门进行碳资产管理，作为华能集团的子公司，其采用的碳资产管理方法与华能集团基本保持一致，华能国际的碳资产管理模式可以从企业战略、企业组织架构两方面进行介绍：

（1）企业战略

华能国际的碳资产管理主要体现在企业战略"三强三优铸三色"的"绿色"战略中，主要体现在助力"碳达峰、碳中和"，环境管理全面深化，降低能源消耗、控制污染排放初见成效；参与碳排放交易市场；绿色专利数量及占比显著提高；ESG 评级逐年提高；定期披露 ESG 报告、可持续发展报告等。华能国际在 2021 年 ESG 报告中披露，公司内部已印发《碳排放权交易管理暂行办法》，涵盖了管理机构及职责、碳排放统计与报送、交易准备、交易及履约、减排项目开发及交易、风险管理等内容。

（2）企业组织架构

由于华能集团已经成立了华能碳资产经营有限公司专门进行集团内部的碳资产管理，所以华能国际没有在公司内部设立专门的碳资产管理部门，而组织内部的"节能减排工作领导小组"承担了与碳资产管理部门相似的职能，具体工作包括低碳技术的创新、清洁能源开发和减排技术的研发等工作，致力于华能国际的低碳转型之路。

2. 华能国际碳资产管理途径

（1）参与碳交易市场、披露碳信息，发行碳中和债券

① 参与碳交易市场、在碳交易市场上披露碳信息。华能国际作为电力行业企业，属于首批被纳入试点范围的企业，很早就开始了在碳交易市场上的实践，在公司每年的年报中都对碳市场的履约情况进行了说明，基本都完成了履约目标。华能国际作为电力行业的龙头企业，十分注重碳信息的披露，2008 年开始出具社会责任报告，2009 年又发布了第一份可持续发展报告，2016 年又接着出具了第一份 ESG 报告，在此基础上还有每年定期发布的年度报告。华能国际的碳信息披露方式已经有了多种途径，各种报告使用者基本可

以从中获得所需求的信息。

② 发行碳中和债券。华能国际于 2021 年 2 月 7 日成功发行国内首批银行间市场碳中和债券"21 华能 GN001"，同年 4 月 14 日又完成了 2021 年度第二期碳中和债"21 华能 GN002"的发行，发行额为 25 亿元人民币。详细发行信息如表 3-2、表 3-3 所示。

"21 华能 GN001"发行信息　　　　　　　　　　表 3-2

产品全称	华能国际电力股份有限公司 2021 年度第一期绿色中期票据（碳中和债）		
产品简称	21 华能 GN001（碳中和债）	产品代码	132100012
发行（创设）机构名称	华能国际电力股份有限公司	发行（创设）总额（亿元）	10
发行（创设）价格（元/百元面值）	100	面值（元）	100
发行（创设）日	2021-02-07	登记日	2021-02-09
流通日	2021-02-10	流通结束日	2024-02-08
期限	3 年	到期（兑付）日	2024-02-09
产品评级	AAA	产品评级机构	联合资信
主体评级	AAA	主体评级机构	联合资信
计息方式	附息固定	票面年利率（%）	3.4500
付息频率	每年付息，到期还本付息	起息日	2021-02-09

"21 华能 GN002"发行信息　　　　　　　　　　表 3-3

产品全称	华能国际电力股份有限公司 2021 年度第二期绿色中期票据（碳中和债）		
产品简称	21 华能 GN002（碳中和债）	产品代码	132100035
发行（创设）机构名称	华能国际电力股份有限公司	发行（创设）总额（亿元）	25
发行（创设）价格（元/百元面值）	100	面值（元）	100
发行（创设）日	2021-04-14	登记日	2021-04-16
流通日	2021-04-19	流通结束日	2024-04-15
期限	3 年	到期（兑付）日	2024-04-16
产品评级	AAA/无	产品评级机构	联合资信/无
主体评级	AAA/无	主体评级机构	联合资信/无
计息方式	附息固定	票面年利率（%）	3.3500
付息频率	每年付息，到期还本付息	起息日	2021-04-16

两只债券票面金额合计 35 亿元人民币，募集资金将全部用于风力发电清洁能源项目的权益投资或归还公司清洁能源项目前期的银行借款，缓解华能国际的经济压力，加快公司的低碳转型。两期碳中和债券的发行表明了公司积极推进绿色金融发展的决心，以及低碳转型的努力尝试，其成功发行碳债券的同时也能为行业内其他企业提供相应的参考，产生更多创新型碳金融产品。

③ 加强节能减排技术研发，使用清洁能源。华能国际积极响应国家的环保政策和

"双碳"目标，严格按照国家标准进行生产，坚持绿色发展，着力构建清洁低碳安全的能效体系，狠抓能耗和污染物排放指标，在生产环节实施节能、减排统一管理，不断提高清洁能源装机占比。在节能减排能力方面，华能国际在年报中披露公司全部燃煤机组都实施了技术改造，均装有脱硫、脱硝和除尘装置，严格按照国家环保标准进行生产，并改进老旧设备降低能耗，节能减排指标均达到国家要求标准，获得了各地环保部门的认可；在清洁能源结构方面，截至 2021 年，华能国际低碳清洁能源装机容量总共有 26576 MW，占公司全部装机容量的 22.39%，其中天然气发电装机容量为 12243 MW，风电装机容量为 10535 MW，太阳能发电装机容量为 3311 MW，水电装机为 368 MW，生物质能源装机容量为 120 MW，预计未来还将不断增加清洁能源装机占比，减少碳排放，助力"双碳"目标的实现。表 3-4 列举了华能国际具有代表性的清洁能源装机项目。

华能国际清洁能源装机项目　　　　　　　　　　表 3-4

项目名	投产时间	装机容量（MW）	预计年发电量（亿 kWh）	预计节约标准煤炭（万 t）	预计减少二氧化碳排放（万 t）
华能山东半岛南 4 号海上风电项目	2021 年 12 月	30	8.21	24.73	64
华能浙江清港光伏电站	2021 年 12 月	13	1.5	4.5	11
农安生物质电厂 2 号扩建机组	2020 年 12 月	65	100.00	18.00	46
华能大丰海上风电场	2019 年 09 月	300	8.60	31.6	36
华能海口电厂智能光伏发电项目	2018 年 06 月	65	0.46	1.43	3.91

④ 保障利益相关者权益，识别防范碳风险。华能国际在实施碳资产管理的同时，也兼顾了各方利益相关者的利益，承担了企业应尽的社会责任，获得了社会投资者和公众的认可，形成了企业内的碳文化。根据华能国际在最新 ESG 报告中披露内容，其利益相关方主要包括投资者、客户、员工、供应商、社区、监管机构、同业，可进一步将其细分为直接利益相关者和间接利益相关者，直接利益相关者包括投资者、客户、员工、供应商；间接利益相关者包括社区、监管机构、同业。

华能国际对碳风险的应对是碳资产综合管理中重要的一环，只有准确识别并精准防控碳风险，才能保障企业平稳发展。根据华能国际每年在年报中披露所可能面对的风险，可以大致将碳风险分为政策、市场、企业内部三个方面，通过对市场情况和国家政策方向进行预测，企业可以及时调整经营策略。

3.5　企业碳资产管理信息平台建设

3.5.1　建设企业碳资产管理信息平台的必要性

目前，我国企业碳资产管理主要面临以下问题：

1. 碳数据安全难以保证

传统的碳资产管理缺乏数据管控的统一平台与封闭的网络架构，在文件的统计与传输过程中，数据的传输载体（如邮件系统）往往部署在互联网环境中，传输载体与存储载体容易受到黑客与病毒的威胁，存在巨大的安全隐患，容易出现数据泄密等相关问题，给企业造成利益与声誉上的损失。

2. 碳数据管理难度大

企业在进行碳资产管理时，需要对自身活动产生的内部排放量以及企业价值链上其他环节产生的外部排放量进行盘查。然而，传统的管理方式很难有效管理如此庞大的数据，很容易由于工作疏漏造成数据统计与计算上的错误，进而影响工作的正常开展，给企业带来碳资产信息化管理损失。此外，处理这些数据会消耗大量的人力成本，企业需要专职人员进行数据统计，子公司需要将下属企业的数据进行汇总，在最高层级合计所有的企业数据，工作量繁重，无法保证数据的时效性，造成数据呈现量大且分散、收集难度高、易遗漏、计算复杂易出错等特征。

3. 碳排放数据失真频发

碳市场是鼓励企业主动碳减排的核心工具之一，但碳数据造假正在阻碍碳市场的有效运行。伪造数据比开发减排项目效率更高效且成本更低，而碳数据失真将直接破坏碳市场的公平性，影响政府的公信力，使国家在国际谈判中处于不利地位，有损国家利益。造成数据失真的主要原因有碳核算结果精确度不高、人工核算难以做到客观真实，以及碳监管环节薄弱等。

因此，需要建立一套标准统一、信息共享、上下通达、智能化、自动化的管理体系，利用数字化技术避免碳资产管理中的人为错误和数据造假等问题。近年来，国内外涌现出许多碳资产管理公司，开发了形式多样的碳资产管理软件，用来取代低效率的手动碳排放量化与分析过程，可实现的功能包括碳排放活动数据的监测与记录、碳排放核算、碳排放报告的生成、碳排放情况的基本分析等。这些管理软件主要起到提供企业排放数据、摸底碳排放量的作用，以便企业进行碳排放数据管理。目前市场上可见的软件功能各不相同，尚未出现一套可以实现碳资产的全链条管理的完全成熟的软件或平台，即能实现从实时监测碳排放数据、报告和核查碳排放情况、配额分配和交易，到最终实现碳资产的优化资源配置、保值和增值，甚至与主管部门的管理平台相连接。随着碳排放权交易市场从区域性试点扩展为全国市场，企业对碳资产管理水平的要求日益提高。企业需要尽早加强碳资产管理能力建设，采用高效、信息化和规范化的手段，提升碳资产管理能力。

3.5.2 企业碳资产管理信息平台的功能

（1）碳资产管理信息化平台能够实现相关数据的精细化、集中化、专业化管理，满足国家碳排放数据报告与核查要求，降低数据收集、填报、报告编制等成本，提高管理效率。

（2）通过实时掌握企业的碳排放和碳减排相关数据，可为配额预测、申诉与变更提供数据支持，同时通过对平台数据进行深入挖掘分析，有助于集团企业合理制定交易策略，规避碳市场风险，使企业在碳市场中处于有利位置。

（3）碳排放和相关能耗数据能够反映企业碳排放和能耗特征，可为企业开展节能减排项目、挖掘碳减排潜力提供数据支撑。

（4）建立温室气体排放管理制度体系，一方面完善企业内部温室气体排放基础数据统计和信息集成、设立标准化的碳排放监测报告流程和碳资产管理办法，另一方面也可以帮助企业有效经营和管理企业碳资产、预防或降低政策风险冲击。

（5）通过建设碳资产管理信息化平台，可加快培育和提高企业的低碳意识，推进落实节能减碳措施，强化减排社会责任，提升企业社会形象，推动企业朝着高效、集约、低碳化方向发展。

3.5.3 企业碳资产管理信息平台的设计思路

在进行企业碳资产管理信息化平台设计时，首先应对企业及下属企业的信息化现状进行全面调查，利用现有信息化基础，围绕碳资产管理的工作需要，设计平台的逻辑架构与功能模块，并建设与平台相配套的管理制度。企业碳资产管理信息化平台设计路线图如图 3-10 所示。

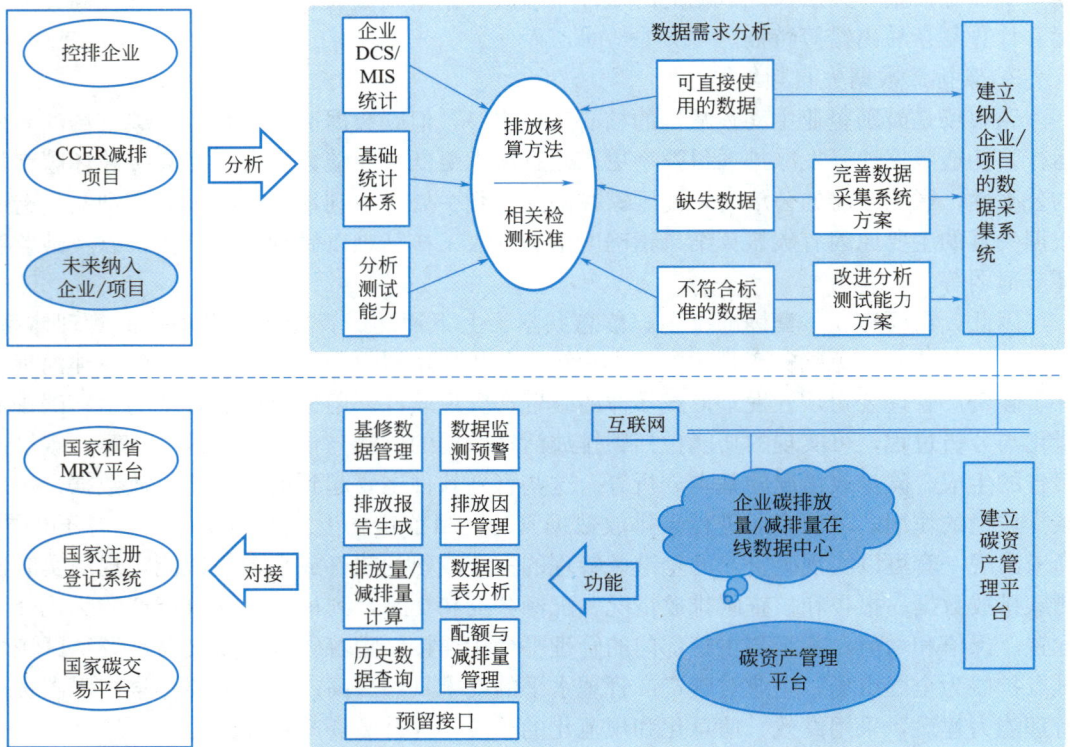

图 3-10 企业碳资产管理信息化平台设计路线图

1. 开展数据现状调查与需求分析

调研企业及其下属机构的数据现状，包括控排企业和温室气体减排项目的数据情况。根据全国碳市场碳排放核算、报告与核查以及温室气体自愿减排项目对数据来源、监测频次、数据质量的要求，提出相关企业和项目进行碳排放量或减排量核算所需的活动水平和排放因子数据需求，分析现有的分散控制系统（DCS）、能源统计系统、环保统计系统等数据统计和采集系统中数据是否能够满足相关要求，同时分析企业对原料、燃料、产品等物料的测试项目、频次、方法、标准是否满足相关要求。

2. 完善数据采集系统

将现有的 DCS、管理信息系统（MIS）等数据统计和采集系统中符合全国碳市场数据要求的相关数据进行提取，通过适当的技术手段传输和接入平台。对于缺失或不符合要求的数据提出替代解决方案，并通过补充安装相应的计量、监测装置以及数据采集装置，实现数据的自动采集与传输。对于企业各类物料的分析测试数据，满足全国碳市场相关要求的可直接采用；若不满足相关要求，则需对测试项目、频次、方法、标准等根据要求进行调整。

3. 设计平台的架构、用户界面和操作功能

根据企业开展碳资产管理工作的实际需求，建立从数据收集到碳资产保值增值的全链条管理目标，搭建平台的总体构架与主要功能模块，设计用户界面与各界面的操作逻辑，实现操作运营管理的流程化、规范化、简单化。

4. 建设平台软硬件系统

根据平台各项功能、存储和安全需求，开发平台软件系统；分析相关硬件需求，搭建平台硬件设施。在软件系统开发过程中，注重各功能模块之间的内在联系与操作逻辑，在确保逻辑准确清晰、操作流程合理的前提下，尽量做到操作界面的简洁友好，尽量提升平台的易用性，降低学习成本。在硬件建设方面，在确保数据和系统安全的前提下，充分利用现有设备，挖掘现有设备潜力，避免重复投资，必要时应增加相应的网络安全设备，确保数据安全。

5. 建设相应的碳资产管理制度体系

要充分发挥碳资产管理平台的作用，必须配置专业的平台管理人员，建设相应的碳资产管理制度体系，以制度来规范平台的管理与运营。组建专门的工作团队负责相关事宜，明确数据采集与预警监控、碳排放核算报告与核查、配额分配与履约、碳市场行情分析与交易策略制定、自愿减排量交易等各项分工，针对各项工作任务制定明确的操作规程，建立一套规范的企业碳资产管理制度体系，确保碳资产管理工作有章可循。

第4章 "双碳"目标下的绿色金融

4.1 绿色金融体系概述

4.1.1 绿色金融概念的演进

绿色金融的发展是实践在先理论在后，源于传统金融业务的绿色化转型。1974 年，德国政府主导成立了世界第一家政策性环保银行，命名为"生态银行"，专门为难以从传统渠道获得资金的环保项目提供优惠贷款，成为绿色信贷业务的主要发源地。此后，各国效仿德国经验，以传统业务绿色化转型作为发展绿色金融的突破口，通过设立"生态银行"来支持绿色产业发展。绿色金融领域的国际合作不断加强，由少数发达国家兴起和实施转向全球普遍参与。1997 年《京都议定书》的签署，使得绿色金融理念在世界范围内得以推广。2003 年，荷兰银行、巴克莱银行、花旗银行、西德意志银行等签署"赤道原则"，要求金融机构在向一个项目投资时，要对该项目可能对环境和社会的影响进行综合评估，并且利用金融杠杆促进该项目在环境保护以及社会和谐发展方面发挥积极作用，"赤道原则"的签署将绿色金融的实践上升到新高度。2016 年，在中国倡议下，绿色金融首次被列入 G20 峰会核心议题，并成立由中国人民银行与英格兰银行作为共同主席的 G20 绿色金融研究小组，受峰会议题成果影响，全球 30 多个国家开始制定绿色金融政策。

由于各国绿色金融发展阶段不同，绿色金融的内涵也不尽相同，国际上并没有统一的绿色金融定义。碳金融、气候金融、可持续金融等概念与绿色金融的内涵存在交叉重叠，共同服务于可持续发展目标。一般来说，可持续金融、绿色金融、气候金融、碳金融的涵盖范围依次缩小。不同组织对绿色金融的定义也有不同看法，归纳起来可以认为，绿色金融是以产生环境效益为导向的多元化投融资活动。

4.1.2 我国对绿色金融的定义

2015 年 9 月，中共中央、国务院印发了《生态文明体制改革总体方案》，首次明确推进建立我国绿色金融体系顶层设计。2016 年，中国人民银行、财政部、国家发展和改革委员会、原环境保护部等七部委联合发布《关于构建绿色金融体系的指导意见》，给出了绿色金融的官方定义：绿色金融是指支持环境改善、应对气候变化和资源节约高效利用的经济活动，即为环保、节能、清洁能源、绿色交通、绿色建筑等领域的项目提供的投融资、项目运营、风险管理等金融服务。

绿色金融的内涵可以归纳为以下 4 个方面：①绿色金融的目标是促进环境和资源的协调共进、实现社会的可持续发展，具体包括资源高效利用、环境改善、应对气候变化等；②绿色金融的本质是一种经济金融服务，主要支持绿色项目的投融资、项目运营和风险管理服务；③绿色金融通过金融体制和产品创新引导社会资源优化配置；④明确绿色项目类别，有利于对绿色金融产品贴标，有助于绿色企业和绿色投资者获得应有的"声誉效应"，激励更多的绿色投资。

4.1.3 我国绿色金融政策体系

绿色金融政策体系是指通过绿色信贷、绿色债券、绿色金融指数及相关产品、绿色发展基金、绿色保险、碳金融等金融工具和相关政策支持经济向可持续绿色发展转型的制度安排。绿色金融体系建设不仅能够促进绿色金融领域的发展，还可以推动产业升级，同时也有助于更有效地分配社会资源，为经济可持续增长和发展模式的转型创造有利条件。

近年来，我国积极推动国内绿色金融发展的顶层设计，制定并出台了一系列促进绿色金融发展的政策，逐步构建起我国绿色金融体系。党的十八大以来，中国人民银行倾力推动绿色金融发展，取得了积极成效，目前我国绿色金融发展走在国际第一方阵。党的二十大报告提出"完善支持绿色发展的财税、金融、投资、价格政策和标准体系"，凸显了金融在推动绿色转型发展方面的重要意义。为助力实现"碳达峰碳中和"战略目标，中国人民银行初步确立了"三大功能""五大支柱"的绿色金融发展政策思路。"三大功能"主要是充分发挥金融支持绿色发展的资源配置、风险管理和市场定价三大功能；"五大支柱"主要包括：一是完善绿色金融标准体系，为规范绿色金融业务、确保绿色金融实现商业可持续性、推动经济社会绿色发展提供重要保障；二是强化金融机构监管和信息披露要求，持续推动金融机构、证券发行人、公共部门分类提升环境信息披露的强制性和规范性；三是逐步完善激励约束机制，通过绿色金融业绩评价、贴息奖补等政策，引导金融机构增加绿色资产配置、强化环境风险管理，提升金融业支持绿色低碳发展的能力；四是不断丰富绿色金融产品和市场体系，鼓励产品创新、完善发行制度、规范交易流程、提升透明度；五是积极拓展绿色金融国际合作空间，积极利用各类多边平台及合作机制推动绿色金融合作和国际交流，提升国际社会对我国绿色金融政策、标准、产品、市场的认可和参与程度。

随着绿色发展的顶层设计逐渐确立，环境信息披露和环境压力测试等绿色金融基础设施也在逐步完善。中国的绿色金融体系已初步形成，绿色信贷、绿色证券、地方绿色金融等领域都取得了显著进展。绿色金融将成为我国应对气候变化、实现双碳目标的重要工具。

4.2 绿色金融产品

4.2.1 绿色信贷

1. 中国绿色信贷的提出

2007 年，中国最早明确提出银行贷款环境风险问题，原国家环境保护总局、中国人民银行、中国银行业监督管理委员会三部门为了遏制高耗能高污染产业的盲目扩张，联合下发《关于落实环保政策法规防范信贷风险的意见》，提出在信贷活动中，把符合环境检测标准、污染治理效果和生态保护作为信贷审批的重要前提，提高了企业贷款的准入门槛，将环保调控手段通过金融杠杆来实现。绿色信贷的本质在于正确处理金融业与可持续发展的关系。2012 年，中国银行业监督管理委员会发布了《绿色信贷指引》，绿色信贷真正在中国官方文件上出现，并有了明确的定义和要求。

2. 绿色信贷的含义

绿色信贷是指金融机构通过有效识别、计量、监测、控制信贷业务活动中的环境和社会风险，建立环境和社会风险管理体系，完善相关信贷政策制度和流程管理，充分发挥资源配置的功能，严格防范信贷资金流入污染行业，重点投向低碳经济、循环经济和生态经济等领域，以促进绿色产业、绿色经济的发展，推动经济和社会可持续发展的贷款行为。绿色信贷的实施主体主要是各类有权发放贷款的金融机构，我国该类机构特指持有银行监管部门发放的金融许可证，可以依法发放贷款的政策性银行、商业银行、农村合作银行和农村信用社、村镇银行、贷款公司、农村资金互助社和非银行金融机构等。

3. 绿色信贷的要求

中国银监会印发《绿色信贷指引》，对银行业金融机构有效开展绿色信贷、大力促进节能减排和环境保护提出了明确要求，具体包括以下六个方面：

（1）从三方面着力推进绿色信贷。银行业金融机构应加大对绿色经济、低碳经济、循环经济的支持；严密防范环境和社会风险；关注并提升银行业金融机构自身的环境和社会表现。

（2）有效控制环境和社会风险。银行业金融机构应重点关注客户及重要关联方在建设、生产、经营活动中可能给环境和社会带来的危害及相关风险，包括与耗能、污染、土地、健康、安全、移民安置、生态保护、气候变化等有关的环境与社会问题。

（3）加强绿色信贷的组织管理。银行业金融机构应树立绿色信贷理念，确定绿色信贷发展战略和目标，建立机制和流程，开展内控检查和考核评价，明确高层管理人员和机构管理部门责任并配备相应资源，从组织上确保绿色信贷的顺利实施。

（4）完善绿色信贷政策制度及能力建设。银行业金融机构应完善环境和社会风险管理政策、制度和流程，明确绿色信贷的支持方向和重点领域，推动绿色信贷创新，实行有差别、动态的授信政策，实施风险敞口管理制度，建立健全绿色信贷标识和统计制度，完善相关信贷管理系统。

（5）在授信流程中强化环境和社会风险管理。银行业金融机构应通过加强授信尽职调查、严格合规审查、制定合规风险审查清单、加强信贷资金拨付管理和贷后管理，从贷前、贷中和贷后三个方面加强对环境和社会风险的管理。

（6）完善内控管理与信息披露。银行业金融机构应至少每两年开展一次绿色信贷的全面评估工作，将绿色信贷执行情况纳入内控合规检查范围，建立绿色信贷考核评价和奖惩体系，公开绿色信贷战略、政策及绿色信贷发展情况。

4. 绿色信贷业务特点

绿色信贷业务具有独有的特征。第一，绿色信贷政策需要公众的监督，要求政府和银行不仅公开环境和社会影响的相关信息，还要提供多种条件，包括信息披露、必要经费以及真正平等对话的机制，确保绿色信贷的透明性和社会参与性。第二，绿色信贷提高了企业获得贷款的门槛，将符合环境检测标准、具有污染治理效果和积极参与生态保护作为贷款批准的重要前提，这有助于鼓励企业采取环保和可持续经营的措施。第三，绿色信贷涵盖的领域广泛，重点支持清洁能源、清洁交通、节能减排、环保服务、资源节约与循环利用等多个领域。第四，绿色信贷的客户群众多，涵盖政府部门、国有企业、民营企业和混合所有制企业等多元化的参与主体，这增加了业务的复杂性。最后，绿色信贷涉及领域专业性强、变化快，但商业银行在这些领域的技术识别能力有限，需要不断提高对这些行业和领域专业知识的认识，并积极创新各种绿色金融产品，以适应不断变化的需求。

4.2.2　绿色债券

1. 我国绿色债券的发展

2007 年，欧洲投资银行（EIB）发行了世界上第一笔气候意识债券，将募集的资金用于为可再生能源或能源效率类项目提供贷款，实现了债券投资价值和环境友好型企业价值的捆绑。2008 年，世界银行发行全球第一笔真正意义上的贴标绿色债券，明确规定所募集资金必须专项用于应对全球温室效应的绿色项目。此后，越来越多的机构加入到绿色债券发展中来。2015 年 12 月，中国人民银行在银行间市场推出绿色金融债券，发布《绿色债券支持项目目录（2015 年版）》，首次明确了绿色债券的定义与分类，并从项目界定、资金投向方面制定规范，标志着中国绿色债券正式启动。2016 年 1 月，浦发银行、兴业银行率先在银行间市场发放绿色金融债券，双碳目标的提出推动了绿色债券的快速发展。2022 年 7 月，经中国人民银行和中国证监会同意，绿色债券标准委员会向市场发布《中国绿色债券原则》，指出绿色债券募集资金应直接用于绿色项目的建设、运营、收购、补充项目配套营运资金或偿还绿色项目的有息债务。绿色项目认定范围应依据中国人民银行会同国家发展和改革委员会、中国证监会联合印发的《绿色债券支持项目目录（2021 年版）》。《绿色债券支持项目目录（2021 年版）》采纳国际通行的"无重大损害"原则，进一步对绿色债券界定标准问题进行了明确和细化，明确了节能环保领域、清洁生产产业、清洁能源产业、生态环境产业、基础设施绿色升级、绿色服务六个支持领域的项目。绿色债券顶层设计相关政策的持续完善，标志着我国建立了与国际接轨的绿色债券标准。

2. 绿色债券的定义与分类

绿色债券是指将募集资金专门用于支持符合规定条件的绿色产业、绿色项目或绿色经济活动，依照法定程序发行并按约定还本付息的有价证券，包括但不限于绿色金融债券、绿色企业债券、绿色公司债券、绿色债务融资工具和绿色资产支持证券。《中国绿色债券原则》中明确定义了四种绿色债券：

（1）普通绿色债券

普通绿色债券是指专门用于支持符合规定条件的绿色项目、依照法定程序发行并按约定还本付息的有价证券。普通绿色债券包含蓝色债券和碳中和债两个子品种：

1）蓝色债券

蓝色债券是募集资金投向可持续海洋经济领域、促进海洋资源的可持续利用、用于支持海洋保护和海洋资源可持续利用相关项目的有价证券。

目前，我国蓝色债券市场正处于起步探索的初期。2020 年 11 月，青岛水务集团有限公司成功发行我国境内市场首只贴标蓝色债券。截至 2022 年 4 月 30 日，我国境内市场已累计发行 14 只贴标蓝色债券，总规模达到 91 亿元，其中包括 4 只公司债和 10 只中期票据。这些蓝色债券的募集资金专门用于支持海水淡化、海上风电以及风电场相关系统与装备的制造与贸易等符合可持续发展目标的海洋经济领域，具备显著的环境效益。

2）碳中和债

碳中和债是募集资金专门用于具有碳减排效益的绿色项目、通过专项产品持续引导资金流向绿色低碳循环领域、助力实现碳中和愿景的有价证券。碳中和债的发行用途主要有3项：一是偿还部分拖欠贷款，即使用利息更低的新债偿还旧债，整体降低公司负债的利息水平；二是投资于碳中和项目建设，包括地铁、清洁能源等；三是作为公司的流动资金。碳中和债为可持续投资和碳减排项目提供了新的融资机会。2021年，我国共有302只碳中和债发行，规模达到2586.35亿元，占整体绿色债券发行规模的42.3%，发行主体仍以中央国有企业占比最大（73.00%），地方国有企业次之（21.01%）。可见，碳中和债在绿色债券市场不可或缺。

（2）碳收益绿色债券

碳收益绿色债券是指募集资金投向符合规定条件的绿色项目，且债券条款与水权、排污权、碳排放权等各类资源环境权益相挂钩的有价证券。例如产品定价按照固定利率加浮动利率确定，浮动利率挂钩所投碳资产相关收益。

（3）绿色项目收益债券

绿色项目收益债券是指募集资金用于绿色项目建设且以绿色项目产生的经营性现金流为主要偿债来源的有价证券。

（4）绿色资产支持证券

绿色资产支持证券是指募集资金用于绿色项目或以绿色项目产生的现金流为收益支持的结构化融资工具。

2022年，我国境内绿色资产支持证券新增发行规模为2142.55亿元，同比增长71.88%，占中国境内绿色债券新增发行数量的24.50%；发行数量124单（290只），同比增长51.22%，占中国境内绿色债券新增发行数量的23.80%。截至2022年底，中国境内绿色资产支持证券化产品存量规模约3000亿元。

2022年，绿色资产支持证券主体以国有企业为主，发行规模为1482.01亿元，占绿色资产支持证券发行规模的68.79%，其中，国有企业以中央国有企业为主，发行规模为1160.77亿元，地方国有企业发行规模为313.04亿元；以民营企业为主体的绿色资产支持证券发行规模为477亿元，占绿色资产支持证券发行规模的22.26%。此外，2022年绿色资产支持债券原始权益人共73家，其中，国家电力投资集团发行规模最大，为698亿元，比亚迪汽车金融有限公司以195亿元发行规模位居第二，其他原始权益人发行规模均不超过100亿元。

2022年，绿色资产支持证券主体集中在金融行业，发行规模为792.26亿元，占绿色资产支持证券发行规模的36.98%；发行数量为64只，占绿色资产支持证券发行数量的51.61%。其次为公用事业行业，发行规模为791.90亿元，占绿色资产支持证券发行规模的36.96%；发行数量为26只，占绿色资产支持证券发行数量的20.97%。此外，绿色资产支持证券发行主体覆盖行业还包括工业、房地产、信息技术、可选消费、能源和材料等。

3. 绿色债券的交易与管理

（1）募集资金用途

绿色债券的募集资金必须全部用于支持符合规定条件的绿色产业、绿色经济活动等项目。境外发行人合格绿色项目需满足《可持续金融共同分类目录报告-减缓气候变化》《可持续金融分类方案-气候授权法案》等相关要求。

（2）项目评估与遴选

要求发行人在募集说明书等相关文件中披露绿色项目的具体信息，如遴选的分类标准、技术标准或规范及其环境效益测算标准和重要前提条件等；遴选流程制定依据、职责划分、具体实施过程等决策流程，保证所选绿色项目合法合规，手续真实、准确、完整，不存在虚假记载、误导性陈述或重大遗漏。此外，建议发行人聘请独立第三方评估认证机构对绿色债券进行评估认证，鼓励在评估结论中披露债券的绿色程度及评价方法。

（3）募集资金管理

绿色债券募集资金管理要求包括但不限于：①发行人应设立募集资金监管账户（如企业）或建立专项台账（如银行），对募集资金的到账、拨付和收回进行管理，以确保资金严格按照发行文件中规定的用途使用，实现全流程可追踪。②在不影响募集资金使用计划正常进行的情况下，发行人经公司董事会或内设有权机构批准，可以将暂时闲置募集资金进行投资期限小于 12 个月的现金管理，投资于安全性高和流动性好的产品，如投资国债、政策性银行金融债、地方政府债等。③若出现募集资金用途变更，变更后募集资金必须仍在绿色项目范畴内使用。

（4）存续期信息披露

绿色债券在其存续期间需要持续进行充分的信息披露，披露要求包括但不限于：①发行人或资金监管机构应及时记录、保存和更新有关募集资金使用情况的信息，直至募集资金全部投放完毕，并在发生重大事项时及时进行更新。发行人应每年在定期报告或专项报告中披露上一年度的募集资金使用情况。披露内容应包括募集资金的整体使用情况、绿色项目的进展情况、预期或实际环境效益等，并对这些内容进行详细的分析和展示。相关的工作底稿和材料应在绿色债券的存续期结束后继续保存至少两年。②鼓励发行人按照半年或季度的频率对绿色债券的募集资金使用情况进行披露。这些半年或季度报告可以重点关注报告期内的募集资金使用情况，并对期末尚未投放的项目余额和数量进行简要分析。③鼓励发行人定期向市场披露第三方评估认证机构出具的存续期评估认证报告，对绿色债券支持的绿色项目进展、预期或实际环境效益等实施持续跟踪评估认证。

4.2.3　绿色保险

1. 绿色保险的定义

绿色保险是为了解决因经济社会活动中的环境问题衍生的环境风险而提供的一种保险制度安排和长期治理机制，包括与农业、其他社会生产领域相关的通过创新保险模式来实现环境改善的保险，是一种以环境保护为目的、协调各生产领域的险种。广义上说，绿色保险是指与环境风险管理有关的各种保险安排，其实质是将保险作为一种可持续发展的工具，以应对与环境有关的一系列问题，包括气候变化、污染和环境变化等。绿色保险包括环境污染强制责任险、与气候变化相关的巨灾保险、环保技术装备保险、环保类消费品的产品质量安全责任保险等产品。狭义上说，绿色保险是指环境污染强制责任保险，是以企业发生的污染事故对第三者造成的损害依法应负赔偿责任为标的的保险。

2. 绿色保险制度的发展

20 世纪 60 年代，美国就实行了绿色保险制度，最初为强制性环境责任保险类型。1990 年，德国通过《环境责任法》，开始实施强制环境损害责任保险，要求其国内所有工商企业必须投保，以使受害人能及时得到损害赔偿。日本的环境污染责任险采用自愿为主、强制投保为辅的方式进行。

我国环境污染责任保险始于 1991 年，在大连、沈阳、长春等城市率先尝试，但由于经营主体单一、费率水平高、赔付较少、保险规模小等原因，并不景气，基本处于停滞状态。直至 2006 年《国务院关于保险业改革发展的若干意见》出台，该意见明确提出，要采取市场运作、政策引导、政府推动、立法强制等方式，发展环境污染责任等保险业务。在此基础上，2007 年，原国家环保局与原中国保监会联合下发《关于环境污染责任保险工作的指导意见》，在湖南等 10 个省市的重点行业和区域开展环境责任保险试点。在试点工作的基础上，2013 年，原环境保护部和原中国保险监督管理委员会联合发布《关于开展强制性环境责任保险试点工作的指导意见》，内容涵盖充分认识环境污染强制责任保险工作的重要意义、明确环境污染强制责任保险的试点企业范围、合理设计环境污染强制责任保险条款和保险费率、健全环境风险评估和投保程序、建立健全环境风险防范和污染事故理赔机制、强化信息公开、完善促进企业投保的保障措施 7 部分，标志着我国环境污染责任保险发展的法律和政策体系逐步走向成熟。

3. 我国绿色保险产品的分类

2023 年 9 月，中国保险行业协会在北京发布的《绿色保险分类指引（2023 年版）》是全球首个全面覆盖绿色保险产品、保险资金绿色投资、保险公司绿色运营的行业自律规范。在绿色保险产品方面，结合服务领域（场景），明确产品类别，通过对保险标的和责任范围的界定，进一步细化产品分类，并以具体产品为示例，引导保险公司持续深化供给侧结构性改革，健全完善绿色保险产品体系；在保险资金绿色投资和保险公司绿色运营方面，指引在相应业务分类的基础上，确定量化指标和数据统计规则，为保险公司衡量绿色投资和绿色运营情况、提升发展质效提供了工具。

（1）绿色保险产品分类指引

绿色保险产品是指保险业在环境资源保护与社会治理、绿色产业运行和绿色生活消费等方面提供风险保障的保险产品。绿色保险产品依次按照领域（场景）、保险类别、细分保险类别、示例产品逐级分为四级目录。

一级目录为绿色保险产品具体服务领域（场景），包括助力应对极端天气气候事件、助力绿色产业发展、助力低碳转型经济活动、助力支持环境改善、助力生物多样性保护、助力金融市场建设、助力绿色低碳安全社会治理、助力绿色低碳交流与合作、助力绿色低碳生活方式、其他。

二级目录为领域（场景）对应的重点保险类别，包括气象灾害类保险、清洁能源类保险、产业优化升级类保险、绿色交通类保险、绿色建筑类保险、绿色低碳科技类保险、低碳转型类保险、环境减污类保险、生态环境类保险、绿色融资类保险、碳市场类保险、绿色低碳社会类保险、绿色低碳贸易类保险、绿色低碳活动类保险、绿色生活类保险、其他。

三级目录为对应保险类别的细分保险类别，包括气象灾巨灾保险、公共基础设施灾毁保险、农业气象指数保险、其他气象灾害保险、太阳能保险、风能保险、水电保险、核能保险、储能保险、氢能保险、电网保险、其他清洁能源保险、绿色制造体系保险、循环经济保险、其他产业优化升级保险、新能源汽车产业保险、轨道交通保险、新能源船舶、航空器保险、绿色高效交通运输体系保险、绿色交通基础设施保险、其他绿色交通保险、绿色建筑保险、其他绿色建筑保险、绿色环保装备保险、绿色低碳材料保险、绿色低碳科技保险、其他绿色低碳科技保险、化石能源低碳转型保险、工业领域低碳转型保险、建筑领域低碳转型保险、其他低碳转型保险、环境污染责任保险、船舶污染责任保险、石油污染保险、危险品责任保险、环保基础设施保险、其他环境减污保险、生态种植业保险、生态林业保险、绿色畜牧业保险、绿色渔业保险、生态功能区保险、野生动物保险、生态修复保险、园林绿化保险、其他生态环境保险、绿色贷款保险、其他绿色融资保险、碳交易保险、碳汇保险、其他碳市场保险、绿色低碳治理安全生产责任保险、绿色低碳治理公共安全责任保险、绿色低碳治理重要基础设施保险、绿色服务保险、其他绿色低碳社会治理保险、绿色外贸保险、绿色"一带一路"保险、绿色内贸保险、其他绿色低碳贸易保险、绿色低碳会展保险、绿色低碳赛事保险、其他绿色低碳活动保险、新能源汽车保险、非机动车保险、住宅全装修质量保险、其他绿色生活保险、企业可持续发展保险和其他绿色保险。针对每一种细分保险类别，明确其保险标的和责任范围。

四级目录包括城乡居民住宅台风洪水巨灾财产损失保险、区域性巨灾保险、巨灾指数保险、巨灾救助费用补偿保险、自然灾害救助保险等。

（2）保险资金绿色投资分类指引

保险资金绿色投资是指保险资金运用践行了绿色的"投资理念"，或投向了绿色"投资标的范围"。绿色的"投资理念"为完整、准确、全面贯彻新发展理念，积极响应国家绿色低碳发展目标和规划以及相关环保法律法规、产业政策、行业准入政策等规定，促进经济社会发展全面绿色转型。绿色"投资标的范围"为聚焦于积极支持清洁能源体系建设，支持重点行业和领域节能、减污、降碳、增绿、防灾，实施清洁生产，促进绿色低碳技术推广应用，重点加大对节能减碳产业、环境保护产业、资源循环利用产业、清洁能源产业、生态保护修复和利用、基础设施绿色升级，以及绿色服务等重点绿色产业领域的资金支持。

保险资金绿色投资分类按照保险资金投向资产范围确定，包括股票、债券、公募基金、私募股权基金、组合类保险资管产品、直接股权投资、债权投资计划、股权投资计划、信托计划、资产证券化产品、不动产及监管部门认可的其他产品。

（3）保险公司绿色运营分类指引

保险公司绿色运营是指保险公司在日常经营活动中，为适应经济社会可持续发展的要求，把节约资源、保护和改善生态与环境、有益于消费者和公众身心健康等理念与实践贯穿于包括办公、采购、消费、建筑、设备、出行等在内的经营全过程、全领域，以实现行业的绿色发展和可持续增长，达到经济效益、社会效益和环境效益的有机统一。

根据保险公司运营相关行为发生的场景定义绿色运营维度，主要通过绿色运营降低对资源的消耗，分为职场类绿色运营管理、硬件设施类运营管理和因公出行类绿色运营三类：①职场类绿色运营管理包括绿色办公管理、绿色采购管理及绿色业务流程管理。其中绿色办公管理主要关注人均资源消耗、无纸化和线上化办公覆盖率等；绿色采购管理主要通过对供应商的绿色培训以及践行循环经济等方式降低上下游的资源消耗；绿色业务流程管理主要关注保险价值链的一般流程中无纸化和线上化的程度。②硬件设施类运营管理包括绿色建筑、绿色数据中心的办公硬件管理，主要关注保险公司办公场所中绿色建筑的数量、面积以及数据中心的能耗指标等。③因公出行类绿色运营主要关注保险公司车队的新能源车比例以及因公出行中的绿色交通工具使用情况等。

4.2.4　绿色基金

1. 绿色基金的定义

绿色基金是指响应政府绿色发展战略，履行绿色社会责任，能直接或间接产生环境效益，以绿色经济、绿色事业为资金投放方向或以绿色、可持续发展为价值取向的投资基金或公益基金。绿色基金是绿色金融领域的关键组成部分，是专门为节能减排战略、低碳经济发展、环境优化改造项目建立的专项投资基金，其目的为通过资本投入促进节能减排事业发展。

2. 绿色基金的发展

绿色基金起步于20世纪70年代，西方国家开始关注环境保护与可持续发展，一些环保组织和基金会开始成立，主要投资于环保产业和项目；20世纪90年代，随着全球环保意识的提高和可持续发展观念的普及，相关国际组织纷纷发起各种绿色基金以实现其特定目标或计划，多数取得了不错的效果。例如：全球能效和可再生能源基金（GEEREF）由欧盟委员会、德国和挪威于2008年共同成立，作为母基金向欧盟以外的、拥有环境及经济可持续性项目的绿色基金提供资金支持。美国、日本和欧洲通过绿色基金的投资在取得良好经济效益的同时，也推动了生态环境的改善。

《关于构建绿色金融体系的指导意见》提出设立绿色发展基金，通过政府和社会资本合作（PPP）模式动员社会资本。2016年，中央财政整合节能环保等专项资金首次设立国家绿色发展基金，自此，中国开始重视绿色基金的发展并在各地区迅速推行。

3. 绿色基金的分类与运行模式

绿色基金的种类很多，从政府资金参与程度角度，绿色基金可分为政府性环境保护基金、PPP绿色基金、纯市场的绿色基金；从投资标的来看，绿色基金可分为绿色产业投资基金、绿色债权基金、绿色股票基金、绿色混合型基金等。不同类型的绿色基金，其目的、资金来源、投资、运行机制和组织形式都有所区别，如表4-1所示。根据发起设立方式，我国绿色产业基金主要有四类：各级政府发起的绿色产业引导基金、地方政府或建设单位发起的PPP绿色项目基金、大型企业集团发起的产业发展绿色基金、金融机构或私人发起的绿色私募股权投资（PE）或创业投资（VC）基金等，其资金主要投向如表4-2所示。

不同基金的运作模式　　　　　　　　　　　　　　　　　　　表4-1

基金	运作模式
政府发起的绿色产业引导基金	重在引导和撬动社会资本，投向并孵化对绿色发展有重要意义的行业、项目和技术。目前国家绿色发展基金已经设立，基金旨在通过市场化方式，引导社会资本支持环境保护和污染防治、生态修复和国土空间绿化、能源资源节约利用、绿色交通和清洁能源等领域。除国家绿色发展基金外，在地方层面，各地也纷纷筹备或已设立绿色发展基金，但在募集与投资方面，都尚待进一步拓展
PPP绿色项目基金	此类基金主要投资于若干或单一环保类基建项目。从国际经验来看，环保类基础设施建设的持续性大规模融资需求无法单独依靠政府资金解决，引导和利用社会资本参与项目投资、建设、运营、退出被证明是一种行之有效的项目融资方式，并已在国内外得到广泛应用和推广。将PPP模式应用到绿色产业中，一方面保持了政府的引导作用，另一方面通过政府的参与为项目隐性增信，更容易吸引社会资金参与绿色基金。目前污水处理、垃圾焚烧、生态修复项目因为市场化程度较高、现金流稳定、操作相对成熟等特点，在实践过程中成为各地方PPP绿色金融推行的重点领域

基金	运作模式
产业发展绿色基金	该类基金主要由大型企业集团设立,通常以产业发展为目的,投资行为与业务发展紧密联系,选择符合企业战略方向的绿色项目进行投资孵化或并购。同时,作为企业承担和履行社会责任的重要体现,有助于提升其社会声誉。由于具有较好的产业整合平台以及强大的资本运作能力,其投资的绿色产业项目退出渠道也更为通畅。如 2020 年 4 月,光大控股发起的"光大'一带一路'绿色股权基金",目标规模 200 亿元,首期 100 亿元人民币,主要投向绿色环境、绿色能源、绿色制造和绿色生活四个领域
绿色 PE/VC 基金	该类基金主要是由金融机构或私人发起设立,采取完全市场化的募投管理运作模式,与一般的私募股权基金并无差别,其目的是投资于有良好市场前景的绿色产业项目,目前在基金业协会备案的大多数绿色股权基金均属于此类。如红杉中国携手远景科技集团成立的碳中和技术基金,总规模 100 亿,将重点投资和培育全球碳中和领域的领先科技企业

绿色产业基金的四种模式　　　　　　　　　　　　　　表 4-2

基金类型	发起主体	基金投向
绿色产业引导基金	各级政府	偏公益性行业,具有长远意义、重大意义的关键技术、重要领域,投资回报期长,风险较大
PPP 绿色项目基金	地方政府或建设单位	公益性强、投入期限长、投资回报率偏低,但现金流相对稳定
产业发展绿色基金	大型企业集团	与企业业务具有一定协同性的绿色产业。侧重生态发展和经济收益的结合,布局绿色产业的同时,履行社会责任
绿色 PE/VC 基金	金融机构或私人	市场化项目,行业前景好,投资回报较好的绿色股权项目

4.3　绿色金融标准体系

绿色金融标准体系是促进绿色金融规范、有序发展的重要工具。当前,国际组织、大型金融机构制定的绿色金融标准占据主流地位,我国相关标准体系迅速发展,对融入国际绿色标准、参与国际标准制定有着重大意义。

1. 国际绿色金融标准起步早、市场认可度高

现阶段,国际上广泛认可的绿色金融标准主要有赤道原则（EPs）、负责任银行原则（PRB）、气候变化相关财务信息披露指南（TCFD）、"一带一路"绿色投资原则、气候与环境信息披露指引等。

国际组织和金融机构是绿色金融标准制定的参与主体,目前国际绿色金融标准实践已全面展开。以赤道原则为例,自 2003 年公布实施以来,加入的金融机构数量不断增长,截至 2022 年 7 月,自愿采纳赤道原则的金融机构达到 138 家,涉及全球 38 个国家。同时,赤道原则协会基于实践中的反馈对赤道原则不断完善。

国际绿色金融标准覆盖的绿色产业范围持续扩大,国际绿色金融产品、服务的标准体

系建设也进入快车道，如表4-3所示。2020年以来，全球碳达峰、碳中和步伐明显加快，全球绿色投融资需求大幅增长将丰富绿色金融产品、服务体系，进一步提高对ESG信息披露、环境风险评估、绿色项目认证评级标准等方面的要求，未来针对不同参与主体、应用场景的国际绿色金融标准或将进一步丰富。中国和欧盟等已开展相关合作，于2019年10月发起建立"国际可持续金融平台（IPSF）"，于2021年11月发布《可持续金融共同分类目录报告——气候变化减缓》，推动中欧绿色产业分类目录互通。在此背景下，预计未来国际绿色金融标准将在更大范围、更深层次上趋同，涉及信息披露框架、环境风险评价等方面。

主要国家绿色金融倡议 表4-3

名称	发起方	主要内容
赤道原则	国际金融公司、荷兰银行	金融机构应按照潜在环境社会风险和影响程度对融资项目划分不同风险级别，并开展不同程度的尽职调查和审查，要求借款企业针对风险点编制《行动计划》并写入借款合同。在放款后，对项目建设和运营实施持续性监管，定期披露相关信息
负责任银行原则	联合国环境规划署金融倡议牵头，中国工商银行、花旗银行、巴克莱银行等30家银行参与	鼓励银行在最重要、最具实质性的领域设定目标，在战略、投资组合和交易层面以及所有业务领域融入可持续发展元素
气候变化相关财务信息披露指南	金融稳定理事会（FSB）	TCFD建议披露的框架围绕治理、战略、风险管理和目标四个核心要素，要求披露机构气候相关的风险与机遇治理，分析其对机构业务、战略和财务规划的实际和潜在重大影响
"一带一路"绿色投资原则	中国金融学会绿色金融专业委员会与"伦敦金融城绿色金融倡议"	在现有责任投资倡议基础上，将低碳和可持续发展议题纳入"一带一路"倡议，以提升投资环境和社会风险管理水平，推动"一带一路"投资绿色化

2. 我国绿色金融标准建设自上而下、快速起步

近年来，我国绿色金融标准化建设进展迅速。自2017年5月以来，中国人民银行已将绿色金融标准化列为"十三五"时期金融业标准化体系建设的重要工程。2018年9月，在中国人民银行指导下，全国金融标准化技术委员会绿色金融标准工作组正式成立，从六个方面着手建立我国绿色金融标准框架体系。同时，中国银行保险监督管理委员会、中国证券监督管理委员会、国家发展和改革委员会等部门也出台了一系列相关政策和标准。

从顶层设计来看，《绿色产业指导目录（2019年版）》界定了我国绿色经济活动的范围；《绿色债券支持项目目录（2021年版）》更加准确科学地界定了绿色项目类别，为绿色证券发展建立了基本框架；《金融机构环境信息披露指南》和《环境权益融资工具》作为我国首批绿色金融标准，填补了我国在相关领域的空白；2022年7月出台的《中国绿色债券原则》，标志着国内初步统一、与国际接轨的绿色债券标准正式实施。

从地方绿色金融标准建设来看，浙江省湖州市作为"两山"理念发源地、绿色金融改革创新试验区，出台了三项地方绿色金融标准。深圳、上海等地区发布了地方绿色金融条

例、规定，研究制定补充性绿色金融地方性标准。

总体来看，我国自上而下的绿色金融标准制定处于快速起步阶段，重点聚焦绿色产业范围、绿色项目认定，而对 ESG 信息披露、环境风险评估、绿色项目认定评级等方面的标准制定仍有待完善。

4.4　绿色金融指数

建立一个科学、合理和透明的绿色金融指数体系具有重要意义，该体系能够全面反映绿色金融市场整体和各个局部的发展趋势，提高国际比较的可行性，同时也有助于明确绿色金融的发展目标。此外，绿色金融指数还为政府和监管机构提供了科学依据，以支持决策制定。与此同时，建立绿色金融指数还为更广泛的金融产品开发提供了基础。因此，探索和构建绿色金融指数及相应的指数体系是将理论研究与实践有机结合的关键环节。

4.4.1　绿色金融指数的体系框架

绿色金融是一种金融理念，旨在将可持续发展原则融入市场主体的经营管理、投资决策和市场监管中。通过开发和应用金融产品和服务，绿色金融引导资源流向与绿色环保和可持续发展相关的产业，是金融市场在绿色经济领域的应用和延伸。

绿色金融指数体系主要包括三个主要类别，即市场主体绿色绩效指数、绿色金融产品指数和绿色金融市场发展指数。市场主体绿色绩效指数构成了绿色产品指数的基础，它反映了市场对绿色理念的认可程度。联合国责任投资原则组织提出的环境、社会和治理框架被广泛用于评估绿色绩效，支持全球范围内的社会责任投资。绿色金融产品指数包括绿色股票、债券和综合指数，主要在欧美市场得到发展，并衍生出指数基金等金融产品。而绿色金融市场发展指数则通过分析绿色金融市场中资金配置效果和市场流动性，反映了整体市场的发展状况。

绿色金融体系涵盖了企业、投资者以及中介机构等市场主体，由各类金融产品与服务构成的客体，以及市场环境三个维度，而作为反映特定市场状况的量化指标，绿色金融的指数及指数体系也可以相应地从上述三个维度入手，进行分析与归纳。

4.4.2　主体维度：市场主体绿色绩效指数

绿色金融市场的主体包括融资企业和投资者，是绿色理念、绿色发展目标的践行者。相关主体在经营和投资行为中，对资源节约、环境保护及可持续发展的关注，是绿色金融市场区别于普通金融市场的基本特征。

市场主体绿色绩效指数是对相关企业生产、经营过程中造成的环境影响的量化度量，不仅能够反映绿色理念在企业间的认知与落实情况，还可以为绿色金融产品开发提供依据，是绿色金融健康、有序、规模化和多元化发展的重要支持。

在市场主体绿色绩效指数体系中，ESG 框架影响最为广泛。联合国责任投资原则组织鼓励投资者将社会责任因素融入投资决策中，侧重从环境友好（E）、维护社会正义（S）和加强公司治理（G）三个维度出发来评估投资决策，ESG 框架主要内容如表 4-4 所示。这三个维度的评估有助于更全面地考察企业的绩效，涵盖了环境、社会和治理方面的关键因素，为可持续投资提供了更全面的视角。

环境因素	社会因素	公司治理因素
减缓和适应气候变化	劳动力多元化与平等	现代企业治理机构
控制危险品有毒物质、核废物	保护人权	劳资关系维护
提高资源利用效率	消费者权益保护	股东权利保护
提高环境可持续性	动物权利保护	会计准则

责任投资在我国的发展尚处在起步阶段，尽管有个别基金和集合资产管理宣称在投资过程中考虑 ESG，近期也推出了中证 ESG 指数、上证 180 公司治理指数等涉及 ESG 的指数，但整体而言，ESG 理念在中国尚未形成具有重要影响力的体系。其中一个重要原因是缺乏对企业环境表现的监测和信息披露机制，这限制了 ESG 体系的发展和应用，同时也限制了在 ESG 框架下进一步开发绿色金融产品指数。

市场主体绿色绩效指数在绿色金融市场中扮演着基础性的重要角色，被用来评判企业、项目和产品是否符合"绿色"标准，也是开发绿色股票和债券指数时进行标的资产筛选的重要依据。这种指数有助于为投资者提供更全面的信息，使其能够做出更明智的投资决策，同时也推动了绿色金融产品和市场的发展。因此，加强企业绿色绩效评估和信息披露机制，对中国 ESG 体系的进一步发展至关重要。

4.4.3 客体维度：绿色金融产品指数

在客体维度上，绿色金融产品指数主要用于反映特定产品的市场价格表现，如股票指数、债券指数等，通常采用加权平均的方式计算，是金融市场中最常见的指数类型。由于绿色金融产品指数直接反映了标的资产的市场价格变化，因此也成为各种主题投资基金配置投资组合的工具，具备分散风险、降低成本和提高投资组合透明度等优点。

在绿色金融市场中，产品指数主要包括绿色股票指数、绿色债券指数、综合指数以及碳排放价格指数等。其中，绿色股票指数和绿色债券指数通常通过从传统股票或债券指数中筛选符合特定绿色产业或达到一定绿色标准的子样本，然后计算其加权平均价格指数；或者保持原有总体样本不变，但根据各企业的绿色绩效进行权重调整，以提高在指数计算和资产配置中具有较好环境表现的标的的权重。

在绿色金融产品指数的开发和绿色指数基金产品方面，欧美市场已经进行了大量实践，取得了一定成效，包括指数编制机构推出的大类绿色产品指数，以及资产管理机构制定的指数。我国金融机构已推出了 17 个绿色股票指数，包括上证碳效率 180 指数、中证 ECPI-ESG 可持续发展 40 指数等综合性绿色股票指数，以及节能环保、新能源、新能源汽车等环保产业指数等。绿色债券指数主要包括中央结算公司与中节能咨询有限公司合作编制的中债-中国绿色债券系列指数，以及中央国债登记结算有限责任公司与气候债券倡议组织和中节能公司合作编制的中债-中国气候相关债券指数。

4.4.4 市场维度：绿色金融市场发展指数

对绿色金融市场及其发展环境进行全面、系统的评价对于全面了解绿色金融发展的时空阶段、跟踪和评价绿色金融政策的综合效果，以及宏观分析和政策制定具有重要的参考价值。然而，由于绿色金融相关统计数据的透明度和可获得性有限，绿色金融市场发展指数等定量分析的研究成果相对有限。

对市场总体发展情况的评估可以从两个角度入手：一是评估绿色金融实现资金配置目标的效果；二是评估绿色金融市场环境。激励更多社会资本投入绿色产业是绿色金融体系的主要目标，债务融资工具（如绿色信贷、绿色债券）和权益融资工具（如绿色股票、绿色发展基金）的发行总规模，在一定程度上反映了绿色金融市场引导资金的效果。此外，绿色保险投保金额和碳排放交易价格等指标也反映了绿色金融市场在相关领域资源配置的规模。

市场流动性是反映市场环境的重要指标，代表市场对绿色金融产品的接受程度。基于绿色信贷、债券、股票等基础资产，衍生出的绿色资产支持证券、绿色指数投资产品、绿色主题投资基金等产品和服务，主要功能便是提高市场总体的流动性。因此，依据这些衍生产品发行规模、资产规模构建指数，也可以从另一个方面体现出绿色金融市场的发展情况。

由于不同的产品在功能、风险结构和权责特征方面存在差异，简单加和缺乏明确的经济意义，因此需要通过指数化、标准化以及赋权方法来构建综合指数。具体的方法选择取决于指数的应用场景，在进行跨地区和跨市场的对比时，通常将绝对量折算成相对指标，然后进行标准化，并通过熵权法、主观赋权法等方法来设定权重，从而计算综合指数；而在跨期分析时，可以直接指数化，然后使用主观赋权方法计算综合指数，而不需要折算成占比指标，此方法有助于更准确地评估绿色金融市场的整体发展情况。

4.5 绿色评级

绿色评级是绿色金融的重要组成部分，制定合理的绿色评级标准，有助于促进绿色金融市场规模化、规范化和健康化发展。

4.5.1 企业主体绿色评级

企业主体绿色评级是一种体现企业社会责任的机制，有助于塑造绿色企业的品牌形象，提高其竞争力。其次，通过绿色评级，企业可以拓展融资渠道，包括绿色债券和绿色信贷，这有助于企业筹集资金用于可持续发展项目。此外，绿色评级还有助于非绿色企业发现环保问题并及时进行整改，推动更多企业朝着绿色方向发展。最重要的是，企业主体评级可以与日常环境监管结合，协助环保监管部门更全面地了解企业的环境状况，从被动的管理转向主动的环境提升。"联合赤道"是联合信用管理有限公司的控股子公司，是国内信用评级领域的领军机构，业务范围主要包括推动环境信用体系的建设、开展绿色金融的第三方认证服务、进行环境影响评价和环保咨询。"联合赤道"是国内唯一拥有环境影响评价资质的绿色金融第三方评估认证机构，发布了《企业主体绿色评级方法体系》和《绿色债券评估认证方法体系》两项重要研究成果。这些成果构成了国内绿色金融领域的首个绿色程度评估认证方法体系，主要用于提供绿色债券的第三方评估认证、企业主体的绿色评级以及其他绿色金融咨询服务。这一机制有助于加强企业的环境责任意识，推动更多企业朝着绿色和可持续方向前进，同时也为投资者和金融机构提供了更多的信息和保障。

《企业主体绿色评级标准体系》界定了绿色企业的范围，制定了绿色企业的入围准则及企业环境表现评价指标体系。企业主体绿色评级依据企业主营业务环境改善贡献度，确定其绿色等级的可入围级别，综合企业环境改善贡献度和环境表现确定企业最终绿色等级。这一评级体系有助于明确企业在可持续发展和环保方面的表现，为绿色企业提供了相应的认可，同时也促使企业不断改善其环境绩效，以提高其绿色等级。

"联合赤道"围绕企业主体的环境正负外部性开展企业主体绿色评级相关研究工作，科学构建企业主体绿色评级标准体系，表4-5列出了企业主体绿色评级相关步骤。"联合赤道"企业主体绿色评级在污染影响、生态影响和资源可持续利用等绿色因素方面对被评价主体进行一致可比的有效评价，全面评估企业主体的环境正负外部性。评估人员进行企业主体绿色评级时，首先确定企业主营业务，判定企业主营业务所属行业环境改善贡献度；之后，根据企业环境表现评价指标体系，评估人员计算企业合规、合法、诚信经营得分；最后，综合企业环境改善贡献度和环境表现，将企业的绿色等级由高到低依次评为深绿、中绿、浅绿。非绿色企业根据其环境表现得分，由高到低依次评为蓝色、黄色、红色。黑色等级代表企业环境表现差或符合"一票否决制"规则情形。企业主体绿色评级分类如表4-6所示。

企业主体绿色评级相关步骤　　　　　　　　　　表4-5

序号	工作安排	时间安排/日	完成工作	备注
1	签订协议	T	成立评价小组；制订工作计划	T 为协议签订时间
2	评价准备	$T+2$	开展前期研究；提供资料清单	委托人按照资料清单提供相关资料
3	尽职调查	$T+5$	评价小组制订尽职调查工作计划，开展实地调查	尽职调查周期一般为2～3个工作日
4	初评阶段	$T+10$	评价小组整理资料和相关数据，完成评价工作初稿，给出初评等级	实地尽调完成后，一般5个工作日给出初评等级
5	评定阶段	$T+13$	报告初稿经过三级审核形成评级报告终稿。确定最终给出的绿色等级	内部三级审核周期为3个工作日
6	正式报告	$T+15$	向委托人出具企业绿色评级报告并颁发绿色企业认证证书	大约15个工作日出具企业绿色评价报告并为绿色企业颁发绿色企业认证证书

企业主体绿色评级分类　　　　　　　　　　表4-6

颜色等级		符号	释义
绿色	深绿	AAA	企业环境改善贡献度很大，环境表现良好
			企业环境改善贡献度较大，环境表现优秀
	中绿	AA	企业环境改善贡献度很大，环境表现一般
			企业环境改善贡献度较大，环境表现良好
			企业环境改善贡献度一般，环境表现优秀
	浅绿	A	企业环境改善贡献度一般，企业环境表现良好或一般
			企业环境改善贡献度较大，企业环境表现一般
非绿色	蓝色	B	企业环境表现优秀
	黄色	C	企业环境表现良好
	红色	D	企业环境表现一般
黑色			企业环境表现差

4.5.2　绿色债券评级体系

绿色债券评级体系伴随绿色债券而诞生，包括绿色债券评估和绿色债券信用评级两个方面。绿色债券评估旨在解决绿色债券的绿色属性认定问题，用于度量债券筹集资金的"绿色"程度。而绿色债券信用评级则考虑环境因素后对债券进行信用评级，用以衡量投资者在投资绿色债券时所面临的信用风险程度。

目前，国内的绿色债券评级体系尚不够完善。尽管在评估方法上已经相对成熟，但在绿色债券信用评级方面还存在不足之处。这主要源于市场缺乏独立的绿色债券信用评级模型，因此仍然需要依赖通用的债券信用评级模型来进行评级。绿色债券信用评级模型是基于债券发行人的经营和财务状况，同时考虑债券资金用途的绿色因素构建的信用评级模型。这一模型是确定绿色债券信用等级的基础，也是区分绿色债券信用等级和普通债券信用等级的基础。因此，建立独立的绿色债券信用评级模型至关重要，这将有助于促进绿色债券市场的发展。

绿色债券信用评级模型应当具备客观性、可比性和可推广性。客观性主要针对评级模型的量化指标方面；可比性主要指评级模型得出的结果能在绿色债券与普通债券之间进行无差别对比；可推广性则表明评级模型需要具有一定的灵活性，以适应不同类型的绿色债券和发行人，从而确保能得到广泛应用。

4.5.3　企业及上市公司环境动态绩效评价

公众环境研究中心积极响应 2013 年原环境保护部、国家发展和改革委员会、中国人民银行、中国银监会发布的《企业环境信用评价办法（试行）》号召，依据《中华人民共和国环境保护法》《企业信息公示暂行条例》等法律和法规，结合蔚蓝地图数据库，研发了一套动态环境信用评价体系。

动态环境信用评价体系根据各级环保部门公开的环境监管信息，其中包括企业的环境违法行为、行政处罚情况、处罚决定、整改要求及期限等，采用了实时动态记分制。蔚蓝地图环境数据库及时收录了参评企业的环境行为信息，并根据特定的计分标准和评价方法计算评分结果，同时结合城市污染源监管信息公开指数对得分进行调整。对于那些已经整改到位并向社会公众提供整改说明的企业，其积极的环境行为表现也会在企业环境信用风险评估中得到充分考虑，以确定最终的环境信用风险系数。

环境信用评价模型的数据基础包括超过 990 万家企业和逾 20 亿条企业环境数据，其中，针对有环境监管记录的 210 万家企业进行了风险评价。评价系统所采用的数据覆盖了污染防治、环境管理、社会监督等方面。数据来源于各级环保、水利、住建等部门的监管记录，企业自行在线监测数据，官方核实的公众举报数据，以及各级政府的信用信息披露数据等。该评价系统有助于更准确地评估企业的环境信用风险，为环保监管和社会监督提供重要的数据支持。

企业动态环境信用分值是根据企业的环境监管记录统计分析获得的，是以环境合规为主、结合环境管理能力和节能减排表现等信息，对企业进行的量化环境信用评分。企业动态环境信用原始分值为零分，当企业发生环境违规问题时，根据违规情节严重程度扣减相应分值，根据违规问题整改进展等情况，扣减的信用可以得到相应修复。此外，当企业存在政府相关部门认定的良好环境表现的情况时，如政府环境信用等级为绿色，或者重污染环境绩效评级为 A 级或绩效引领性企业时，可获得正向激励分值。企业环境信用风险实行量化得分制，根据分值划分为低、较低、较高和高四个等级，分别用绿色、蓝色、黄色和红色标示。

自 2021 年起，公众环境研究中心在原企业动态环境信用评价的基础上开发了上市公司环境绩效评价，并与澎湃新闻联合发布中国上市公司环境绩效动态榜单，旨在基于环境大数据，研判环境风险和机遇，发现绿色投资机会，推动企业践行环境责任，完善环境治理，以市场动力促进企业绿色转型和低碳发展。

上市公司环境绩效榜单为实时动态榜单，评价对象为全部 A 股上市公司。评价的数据包括上市公司自身及其关联企业环境监管记录情况、相关环境信息披露情况，上市公司绩效分值基于纳入计算的关联企业动态环境信用分值及其持股比例加权计算而得。排行榜除对所有上述上市公司进行大排名外，还根据中国证监会发布的上市公司行业清单，对各行业分类评价，形成行业分榜单。

4.6 碳 金 融

碳金融作为绿色金融的一个分支，聚焦于碳排放的管理与交易。随着碳市场的逐步成熟，碳金融逐渐发展成一个独立的体系。碳金融泛指服务于限制温室气体排放等技术和项目的直接投融资、碳权交易和银行贷款等金融活动。可以定义为：运用金融资本去驱动环境权益的改良，以法律法规作支撑，利用金融手段和方式在市场化的平台上使得相关碳金融产品及其衍生品得以交易或者流通，最终实现低碳发展、绿色发展、可持续发展的目的。

碳金融产品和工具的运用，为企业提供了管理碳资产、降低碳风险的途径，同时也为投资者提供了参与碳市场的机会。国外碳市场起步较早，随着金融理论的不断创新和发展，金融产品和工具的种类也呈现多样化发展趋势。

碳金融产品分为碳市场交易工具、碳市场融资工具、碳市场支持工具三类。其中，碳市场交易工具包括但不限于碳远期、碳期货、碳期权、碳掉期、碳借贷等；碳市场融资工具是以碳资产为标的进行各类资金融通的碳金融产品，包括但不限于碳债券、碳资产抵质押融资、碳资产回购、碳资产托管等；碳市场支持工具是为碳资产的开发管理和市场交易等活动提供量化服务、风险管理及产品开发的金融产品，包括但不限于碳指数、碳保险、碳基金等。

4.6.1 碳市场交易工具

1. 碳远期

碳远期是交易双方约定未来某一时刻以确定的价格买入或者卖出相应的以碳配额或碳信用为标的的远期合约。原始的 CDM 交易实际上属于一种远期交易，买卖双方通过签订减排量购买协议约定在未来的某段时间内，以某一特定的价格对项目产生的特定数量的减排量进行的交易。碳远期的意义在于保值，帮助碳排放权买卖双方提前锁定碳收益或碳成本。目前我国上海、广东、湖北均推出了碳远期交易，如表 4-7 所示。

我国开展碳远期交易产品类型 表 4-7

	上海碳远期	广东碳远期	湖北碳远期
交易平台	上海环境能源交易所	场外交易场内结算	湖北碳排放权交易所

	上海碳远期	广东碳远期	湖北碳远期
合约规范	标准化合约交易场所统一制定:数量、交货时间	交易双方协商确定:交易品种、交易价格、数量、交货时间	标准化合约交易场所统一制定:数量、交货时间
交易品种	上海碳配额	广东碳配额或 CCER	湖北碳配额
履约方式	实物交割;现金交割;对冲平仓	实物交割	实物交割;对冲平仓
价格形成	询价交易	交易双方协商	协商议价

2. 碳期货

碳期货是期货交易场所统一制定的、规定在将来某一特定的时间和地点交割一定数量的碳配额或碳信用的标准化合约。碳期货是以碳排放权现货为标的资产的期货合约,与碳现货相对,虽然二者都是对标的物二氧化碳排放量进行买卖,但碳期货是在将来进行交收或交割的标的物,买卖碳期货的合同或协议称为碳期货合约。相对碳远期而言,碳期货合约在标的数量、交收日期方面更加标准化,交收日期可以是一星期之后、一个月之后、三个月之后,甚至一年之后。买卖碳期货的场所称为碳期货市场。

欧盟碳市场中流动性最强、市场份额最大的交易产品就是碳期货,其与碳现货共同成为市场参与者进行套期保值、建立投资组合的关键金融工具。碳期货具备传统期货"规避风险"和"价格发现"的两大核心功能,既为控排企业提供规避价格风险的手段,又有利于全国碳市场形成具有预期性的、合理的碳价,增加市场透明度,提高资源配置效率。

我国的碳期货市场潜力巨大,在未来碳市场运行平稳的前提下,碳期货等金融衍生产品将纳入交易。2021 年 4 月 19 日,广州期货交易所正式揭牌。2023 年 2 月,广州市发展和改革委员会发布《中共广州市委 广州市人民政府关于完整准确全面贯彻新发展理念推进碳达峰碳中和工作的实施意见》,将依托广州碳排放权交易中心,推动粤港澳大湾区碳排放权交易市场建设。加强碳排放权交易、用能权交易、电力交易衔接协调,继续深化碳普惠制试点工作,大力支持广州期货交易所推进碳排放权期货市场建设。

3. 碳期权

碳期权是期货交易场所统一制定的、规定买方有权在将来某一时间以特定价格买入或者卖出碳配额或碳信用(包括碳期货合约)的标准化合约。也可以说,碳期权是交易双方在将来某特定时期或确定的时间,以特定的价格出售或者购买一定量温室气体排放权指标的权利。碳期权的持有者可以实施该权利,也可以放弃该权利。碳期权可分为看涨期权(认购期权)和看跌期权(认沽期权)两种。其中,买入看涨期权指期权的购买者预计碳排放权未来价格将上涨,于是缴纳期权费,买入看涨期权,拥有在期权合约有效期内或特定到期日按执行价格买进一定数量碳排放指标的权利,其对手方即卖出看涨期权;买入看跌期权指期权的购买者预计碳排放权未来价格将下跌,于是缴纳期权费,买入看跌期权,拥有在期权合约有效期内或特定到期日按执行价卖出一定数量碳标的权利,其对手方即卖出看跌期权。

碳期权交易是一种买卖碳期权合约权利的交易。碳期权的标的物既可以是碳排放权配额,也可以是期货。碳期权的买方在支付权利金后便取得履行或不履行买卖期权合约的选择权，而不必承担义务；碳期权的卖方在收取买方的期权金之后，在期权合约规定的特定时间内，只要期权买方要求执行期权，期权卖方必须按照事先确定的执行价格向买方卖出一定数量的碳期货合约。表4-8介绍了部分碳期权产品。

碳期权产品 表 4-8

产品名称	产品说明
排放配额期权 （EUA Options）	排放配额期权以欧盟碳排放体系下 EUA 期货合约为标的，持有者可在到期日或者之前履行该权利
经核证减排量期权 （CER Options）	通过清洁生产机制产生的 CER 的看涨期权或看跌期权。由于国际碳减排单位一致且认证标准及配额管理规范相同，市场衍生出了 CER 和 EUA 期货的价差期权
减排单位期权 （ERU Options）	在联合履约的机制下，以发达国家之间项目开发产生减排单位期货为标的的期权合约
区域温室气体排放配额期权 （RGGI Options）	美国区域温室气体应对行动计划下，以 CO_2 排放配额期货合约为标的的期权合约。RGGI 期权合约为美式期权，期权将在 RGGI 期货合约到期前第三个交易日期满。最小波动值为每排放配额 0.01 美元。RGGI 期权合约于 2008 年开始在纽约商品交易所场内进行交易
碳金融期权合约 （CFI Options）	以 CFI 期货为标的的期权合约。碳排放权金融工具-美国期权以届满期开始于 2013 年的温室气体排放期货合约为标的，该温室气体排放限额必须符合一个潜在准予的美国温室气体总量控制和排放交易项目
加利福尼亚限额期权 （CCA Options）	以加利福尼亚州政府限定碳配额 CCA 期货合约为标的的期权
核发碳抵换额度期权 （CCAR-CRT Options）	以 CRT 期货合约为标的的期权。气候储备是由气候行动储备宣布基于项目的排放减少和加利福尼亚气候行动登记的抵消项目减量额度。

4. 碳掉期

碳掉期（又称"碳互换"）是交易双方以碳资产为标的，在未来的一定时期内交换现金流或现金流与碳资产的合约，包括期限互换和品种互换。期限互换是交易双方以碳资产为标的，通过固定价格确定交易，并约定未来某个时间以当时的市场价格完成与固定价格交易对应的反向交易，最终对两次交易的差价进行结算的交易合约。品种互换（碳置换）是交易双方约定在未来确定的期限内，相互交换定量碳配额和碳信用及其差价的交易合约。例如，交易双方依据预先约定的协议，在未来确定期限内相互交换配额和 CCER 的交易，主要是因为配额和减排量在履约功能上同质，而 CCER 的使用量有限，同时两者之间的价格差较大，因此产生了互换的需求。目前中国的碳掉期主要有两种模式：一是由控排企业在当期卖出碳配额，换取远期交付的等量 CCER 和现金；二是由项目业主在当期出售 CCER，换取远期交付的不等量碳配额。

碳掉期是以固定价格确定交易，并约定未来某个时间以当时的市场价完成与固定价交易对应的反向交易，最终只需对两次交易的差价进行现金结算。碳掉期是控排企业降低所持有碳资产的利率波动风险、开展套期保值的有效手段，同时也可以为企业管理碳资产间接创造流动性。2015 年 6 月 15 日，中信证券股份有限公司、北京京能源创碳资产管理有限公司、北京环境交易所正式签署了国内首笔碳排放权场外掉期合约，交易量为 1 万 tCO_2。

5. 碳借贷

碳借贷是交易双方达成一致协议，其中一方（贷方）同意向另一方（借方）借出碳资产，借方以担保品附加借贷费作为交换，碳资产的所有权不发生转移。目前常见的有碳配额借贷，也称借碳。企业或组织在减排行动中超额达成减排目标后，将所剩余的减排量以一定价格售出，由购买方以取得减排权利和信用作为补偿。碳借贷的基本原理是通过将减排权利产生的收益进行分配，推动企业或组织加大减排力度，促进低碳经济发展。同时，它也是一种市场化手段，可以提高企业的竞争力和融资能力。

碳借贷的实现需要建立一个可靠的减排量监测和核算机制，确保减排量的真实性和可信度。另外，还需建立一个透明的市场交易平台，提高碳借贷的可操作性和市场流动性。碳借贷已经成为全球气候治理的重要工具之一，在国际社会中备受关注。在我国，碳借贷也已经被纳入碳交易市场体系，成为推动中国低碳经济发展的有力手段之一。

4.6.2 碳市场融资工具

1. 碳债券

碳债券是由政府、企业为筹集低碳经济项目资金而向投资者发行的、承诺在到期日偿还债券面值和支付利息的信用凭证。碳债券符合现行金融体系的运作要求，可以满足交易双方的投融资需求、政府大力推动低碳经济的导向性需求、项目投资者弥补低于传统市场平均水平回报率的需求、债券购买者主动承担应对全球环境变化责任的需求。碳债券的核心特点是将低碳项目的减排收入与债券利率水平挂钩，通过碳资产与金融产品的交接，降低融资成本，实现融资工具的创新。

2. 碳资产抵押/质押融资

质押是指债务人或者第三人将其动产或权利移交债权人占有，将该动产或权利作为债权的担保。抵押是指抵押人和债权人以书面形式订立约定，不转移抵押财产的占有，将该财产作为债权的担保。二者的根本区别在于是否转移担保财产的占有。抵押不转移对抵押物的占管形态，仍由抵押人负责抵押物的保管；质押改变了质押物的占管形态，由质权人负责对质押物进行保管。碳资产作为一种可以在碳市场流通的无形资产，其最终转让的是温室气体排放的权利，非常适合成为质押贷款的标的物，当债务人无法偿还债权人贷款时，债权人对被质押的碳资产拥有自由处置的权利。

碳排放权抵押/质押是指为担保债务的履行，符合条件的配额合法所有人（简称出质人）以其所有的配额抵押给符合条件的抵押权人，并通过交易所办理登记的行为，即控排企业将碳排放权作为抵押物或质押物进行融资。对许多企业来说，资金紧张是低碳转型中最重要的问题。碳排放权质押融资模式的出现，不仅可以解决企业的融资难题，还能活跃碳交易市场，对碳减排参与者及碳交易市场建设均有好处。同时，该融资模式还支持企业根据自身生产运营及低碳减排的实际情况，灵活设置相关贷款额度和置换日期，推动了实体经济中碳交易市场与金融资本的衔接，带来了经济与环境的双重效益。

3. 碳资产回购

碳资产回购交易是企业以一定价格向交易对手方售出碳资产，并在未来按约定价格从对手方手中购回碳资产的交易模式。该业务属于场内业务，具备风险可控、期限灵活、流程简洁等特点，是企业盘活存量碳资产的重要方式。碳资产回购交易业务具有帮助企业拓宽低碳融资渠道、有效降低资金成本、提高资金使用灵活性等优势。

4. 碳资产托管

碳资产托管是资产管理业务在碳市场的创新应用，狭义的碳资产托管主要指配额托管，即控排企业委托托管机构代为持有碳资产，以托管机构名义对碳资产进行集中管理和交易，以实现碳资产的保值增值；广义的碳资产托管则指将企业所有与碳排放相关的管理工作委托给专业机构策划实施，包括但不限于 CCER 开发、碳资产账户管理、碳交易委托与执行、低碳项目投融资、相关碳金融咨询服务等。

目前我国开展的碳资产托管业务主要为碳配额托管。由交易所认可的机构接受控排企业的配额委托管理，与其约定收益分享机制，并在托管期代为交易，至托管期结束再将一定数额的配额返还给控排企业以实现履约。对于控排企业，配额托管有利于其剥离非主营业务，提高业务专注度，同时提升碳资产管理能力，不仅可以完成履约，还可以取得额外收益；对于托管机构，可以低成本获得大量配额从而交易获利；对于碳排放权交易所，则可以获得碳配额流动性释放带来的收益；对于碳市场，通过托管机构把控排企业闲置在手中的配额集中起来拿到碳市场进行交易，可活跃碳市场。

4.6.3　碳市场支持工具

1. 碳指数

碳指数通常反映碳市场总体价格或某类碳资产价格变动及走势，是重要的碳价观察工具，也是开发碳指数交易产品的基础。我国当前已有北京绿色交易所推出的观测性指数"中碳指数体系"，以及复旦大学以第三方身份构建的预测性指数"复旦碳价指数"。此外，广州碳排放权交易中心也推出了根据纳入碳市场的上市公司表现构建的"中国碳市场 100 指数"。

2. 碳保险

对于碳保险的界定，学术界至今并未形成统一的认识。有学者认为，碳保险等同于低碳保险；也有学者认为，碳保险包括环境污染责任险；中央财经大学绿色金融国际研究院学者认为："碳保险可以被界定为与碳信用、碳配额交易直接相关的金融产品，以《联合国气候变化框架公约》和《京都议定书》为前提，以碳排放权为基础，或是保护在非京都规则中模拟京都规则而产生的碳金融活动的保险，主要承保碳融资风险和碳交付风险"。

3. 碳基金

碳基金是由政府、金融机构、企业或个人投资设立的，通过在全球范围购买 CCER，投资于温室气体减排项目或投资于低碳发展相关活动，从而获取回报的投资工具。根据碳基金的不同用途和投资方向，碳基金可以分为碳交易基金、碳减排项目基金、碳中和基金、碳金融创新基金、碳市场发展基金、碳技术创新基金等。这些碳基金通过投资和支持不同类型的碳减排项目和碳市场发展，推动低碳经济的发展和全球减排目标的实现。

第 5 章　碳排放核算方法

碳排放是全球温室气体排放的一个总称，碳排放核算是指对人为活动产生的不同种类温室气体排放总量进行的核算，可以用来评估行业和企业碳排放现状，为制定低碳发展战略提供基础数据支撑。

5.1　碳排放核算方法学体系的建立

5.1.1　国际碳排放核算的进展

《联合国气候变化框架公约》生效后，碳排放核算成为全球关注的热点问题，各个层次的核算方法和研究成果层出不穷。联合国政府间气候变化专门委员会（IPCC）、世界资源研究所（WRI）、世界可持续发展工商理事会（WBCSD）、国际标准化组织（ISO）、英国标准协会（BSI）等众多机构围绕国家、省市企业/组织及产品各层面的碳排放核算陆续发布了一系列指南、标准等，如表 5-1 所示。

主要的温室气体核算相关标准、指南　　　　　　　　　　　　表 5-1

文件名称	发布时间(年)	发布组织	适用范围
《IPCC 国家温室气体清单指南》	1995	联合国政府间气候变化专门委员会(IPCC)	国家层面
《IPCC 1996 年国家温室气体清单指南修订本》	1996		
《IPCC 2006 年国家温室气体清单指南》	2006		
《IPCC 2006 年国家温室气体清单指南(2019 修订版)》	2019		
《城市温室气体核算国际标准》	2014	世界资源研究所(WRI)、C40 城市气候领袖群(C40)和国际地方环境行动理事会(ICLEI)	省市层面
《温室气体核算体系:企业核算与报告标准(修订版)》	2012	世界资源研究所(WRI)和世界可持续发展工商理事会(WBCSD)	企业(组织)层面
《温室气体核算体系:企业价值链(范围三)核算与报告标准》	2013		
《温室气体 第 1 部分:组织层次上对温室气体排放和清除的量化与报告的规范及指南》	2018	国际标准化组织(ISO)	
《温室气体 第 2 部分:项目层次上对温室气体减排或清除增加的量化、监测和报告的规范及指南》	2019		
《温室气体核算:产品寿命周期核算与报告标准》	2011	世界资源研究所(WRI)和世界可持续发展工商理事会(WBCSD)	产品层面
《ISO 14067:2018 温室气体 产品碳足迹 量化要求与指南》	2018	国际标准化组织(ISO)	
《PAS 2050:2008 商品和服务在生命周期内的温室气体排放评价规范》	2008	英国标准协会(BSI)	

目前，已初步形成了较为完善的碳排放核算方法学体系，其中最具代表性的是由 IPCC 制定的《IPCC 2006 年国家温室气体清单指南》，其已成为各种核算方法的基石。2019 年，IPCC 第四十九次全会通过了《IPCC 2006 年国家温室气体清单指南（2019 修订版）》。

5.1.2　国内碳排放核算的进展

2003 年，我国成立新一届国家气候变化对策协调小组，负责组织协调全球气候变化谈判和政府间气候变化专门委员会工作。我国碳排放核算发展进程如表 5-2 所示。我国的温室气体排放源包括能源活动、工业生产过程、农业活动、土地利用、土地利用变化与林业、废弃物处置等领域。

我国碳排放核算发展进程　　　　　　　　　　　　　　　表 5-2

时间(年)	政策与行动
2003	成立新一届国家气候变化对策协调小组
2004	向联合国提交 1994 年国家温室气体清单
2009	开始每年印发《中国应对气候变化的政策与行动年度报告》
2010	国家发展改革委办公厅下发《关于启动省级温室气体清单编制工作有关事项的通知》
2011	国家发展改革委印发《省级温室气体清单编制指南(试行)》
2012	向联合国提交 2005 年国家温室气体清单
2013～2015	国家发展改革委陆续组织编制火电、电网、钢铁等 24 个高碳排放行业企业的温室气体核算指南
2017	国家发展改革委印发《关于做好 2016、2017 年度碳排放报告与核查及排放监测计划制定工作的通知》
2018	浙江省发布《浙江省温室气体清单编制指南(2018 修订版)》
2019	向联合国提交 2012 年国家温室气体清单 国家住建部正式发布《建筑碳排放计量标准》
2020	广东省发布《广东省市县(区)温室气体清单编制指南(试行)》 山西省发布《山西省市(县)级温室气体清单编制规范(征求意见稿)》
2021	生态环境部发布《企业温室气体排放报告核查指南(试行)》 重庆发布《重庆市县温室气体清单编制指南(试行)》 北京市市场监督管理局发布《电子信息产品碳足迹核算指南》
2023	生态环境部发布《关于做好 2023—2025 年部分重点行业企业温室气体排放报告与核查工作的通知》

目前，中国尚未出台统一的关于市县（区）层面的温室气体核算指南，但有部分省市已经陆续开展了相关编制工作。针对重点排放企业碳核算已经初步建立了监测、报告与核查体系，但尚未统一出台针对企业产品层面的碳核算指南，仅在少数领域发布了产品碳排放核算标准或指南。目前，中国主要还是根据国际标准，基于生命周期方法对产品层面的碳排放进行核算，并且很多企业尚缺乏产品碳足迹核算意识。

总的来说，中国碳排放核算总体处于起步探索阶段，基础统计数据缺乏，核算方法相对落后，客观上制约了中国碳减排工作的开展。因而，我国需要加快建设基础数据库并提高数据质量，更新碳核算方法，尽快与国际接轨，同时也要加强核算标准与核查机制建设，提高碳核算质量。

5.1.3　碳排放核算方法学体系的基本框架

前已述及，人类活动产生的碳排放包括能源活动、工业、农业、林业和土地利用、废弃物处置等多个方面。从空间尺度看，碳排放核算既有全球、国家、区域等宏观层面的核算，也有城市、园区、社区等中观层面的核算，还有企业、项目、产品、家庭等微观层面的核算。从核算范围看，碳排放既有直接排放，也有能源间接排放、其他间接排放。从排放责任分担原则看，随着"消费者付费"观念的深入，贸易隐含排放以及全球产业链中的碳排放核算受到更多重视。

针对差异化的核算需求，出现了各种相关标准、技术规范、操作指南以及基础统计制度和 MRV 制度，使得碳排放核算方法学体系日益丰富和完善。虽然针对不同核算对象，核算要求各有不同，但总体来说，核算范围、核算内容、核算方法以及数据来源及其统计方法共同构成了碳排放核算方法学体系的 4 大基本要素。碳排放核算方法学体系基本框架如图 5-1 所示，虚线框表示核算内容，实线框表示核算方法及所需数据，领土边界核算、生产侧核算及消费侧核算是碳排放核算方法学体系中的 3 个基本方法。

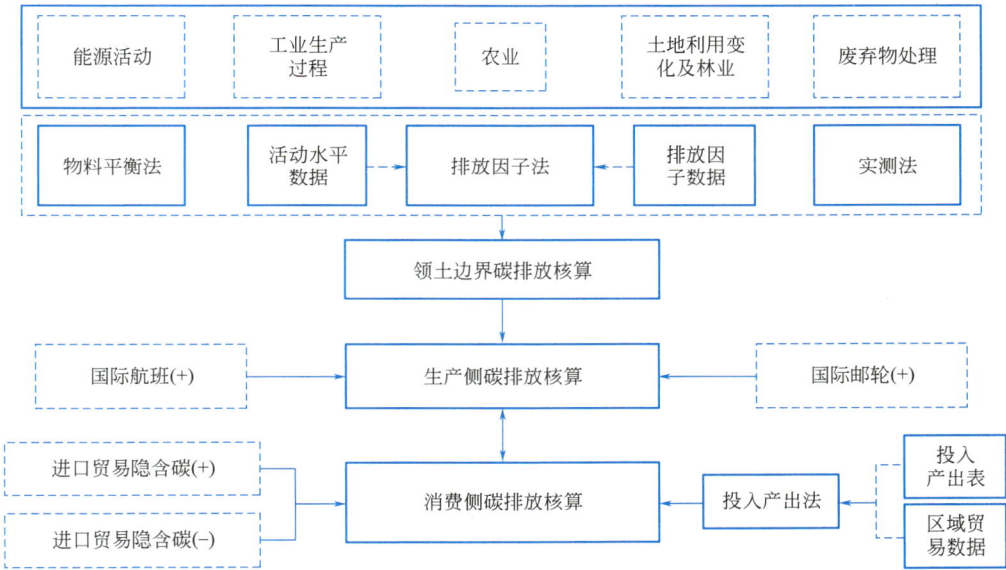

图 5-1　碳排放核算方法学体系基本框架

5.2　碳排放核算边界与范围

为了清晰地界定排放源，需要界定核算对象的核算边界，碳排放核算边界常见的分类方法如下。

5.2.1　直接排放和间接排放

直接排放是指来源于核算范围内产生的全部温室气体排放，包括化石燃料燃烧、工业生产过程以及内部固体废弃物处理产生的温室气体排放。间接排放是指由核算范围内活动引起的、来源于核算范围外的温室气体排放，例如处于核算范围外部但是在核算范围内消费的一次能源生产设施、用电设施等排放源产生的温室气体排放。该分类方法严格按照排放源的地域分类，在全国不同层级（如省级、市级和企业）的碳排放核算中普遍适用。

5.2.2　碳排放核算范围

核算范围的概念是由世界资源研究所首次提出的，其目的是通过划分排放源的范围来避免重复计算。目前，这种划分方式在各个领域的碳核算中均得到了普遍运用。碳排放核算范围如表 5-3 所示。

碳排放核算范围　　　　　　　　　　　　　　　　　　　表 5-3

定义	空间边界	构成
范围 1	边界内直接排放	能源消费性排放； 工业过程排放； 农业排放； 林业及土地利用排放； 垃圾处理排放等
范围 2	边界内二次能源排放	边界外电厂的二次能源（包括电力、热力、蒸汽等）消费性排放等
范围 3	边界外其他所有间接排放	国际航班、邮轮的能源消费性排放等； 进口商品和服务等

1. 范围 1：直接排放

范围 1 是指边界内产生的全部直接排放，主要包括边界内的工业、运输和建筑等能源活动、工业生产、林业和土地利用以及固体废物处置所产生的排放。从生产和消费的角度看，范围 1 排放可分为在边界内生产和消费的碳排放、在边界内生产而在边界外消费的碳排放。

2. 范围 2：能源间接排放

范围 2 是指发生在边界外的、与能源消耗相关的间接排放，主要包括为满足边界内消费而外购的电力、供热、制冷等二次能源生产所产生的排放。

3. 范围 3：其他间接排放

范围 3 是指由该边界内部活动引起、产生于边界之外、未被范围 2 包括的其他间接排放。比如，从边界外购买的所有物品在其生产、运输、使用和废弃物处理环节产生的排放。主要包括边界间的交通排放（如国家碳排放核算中的国际航班、邮轮所引起的排放）和边界间贸易进口隐含的排放。

5.2.3　内部过程排放、上游过程排放和下游过程排放

对过程进行分类是通过生命周期或价值链的视角来评估产品和服务的碳排放。内部过程排放是指由消费品在辖区内产生的直接排放，包含能源消费、工业生产过程，以及农业、林业及土地利用过程产生的排放。上游过程排放是指用于消费的产品在生产、加工、运输等供应链上游各阶段中产生的排放，包括一次能源生产、电力生产以及进口产品和服务等过程产生的排放。下游过程排放是指产品在消费后的处置过程中产生的排放，包括废弃物的处理处置、污废水处理，以及轮渡、航空运输、出口商品和服务等过程产生的排放。

5.3　碳排放核算方法与核算内容

碳排放核算方法繁多，根据核算范围和核算内容的不同，分为基于领土边界的碳排放

核算方法、生产侧碳排放核算方法及消费侧碳排放核算方法。无论是生产侧碳排放核算还是消费侧碳排放核算，均是在投入产出表的基础上，对国家或行业的碳排放量进行计算，并对其影响因素进行分析。

5.3.1 基于领土边界的碳排放核算方法

根据《IPCC 2006年国家温室气体清单指南》，以领土边界为基础的碳排放核算内容包括区域领土边界范围内的本地生产和居民活动导致的碳排放，具体包括能源活动、工业生产、农业、林业和土地利用、废弃物处理等各个方面的排放，但是不包括国际交通（如国际航班、邮轮等）排放。基于领土边界的核算方法运用非常广泛，也最为成熟，是生产侧和消费侧碳排放核算方法的基础。具体核算过程中一般用到排放因子法、物料平衡法和实测法这3种核算方法，其中，排放因子法简单便捷，得到最为广泛的应用。

1. 排放因子法

排放因子法又称排放系数法，是IPCC提出的第一种温室气体排放估算方法，广泛应用于能源消费、工业过程、农业生产等各个领域的碳排放核算，是国内外清单编制的主要依据。排放因子法的基本思路是依据温室气体排放清单列表，针对每一种排放源构造其活动水平数据与排放因子，两者相乘得到该排放项目的温室气体排放量估算值。其中，活动水平数据是指与温室气体排放直接相关的单个排放源的具体使用和投入数量，如某种化石燃料燃烧量、工业产品生产量等。排放因子是单位某排放源使用量所释放的温室气体排放量，具体计算如式（5-1）、式（5-2）、式（5-3）所示。式（5-1）核算了温室气体的排放量，式（5-2）通过全球变暖潜能值将温室气体排放量转换为二氧化碳当量，将式（5-1）代入式（5-2）得到式（5-3）。

$$E_{GHGi} = AD_i \times EF_i \tag{5-1}$$

$$E_{CO_2} = E_{GHGi} \times GWP_i \tag{5-2}$$

$$E_{CO_2} = \sum_i (AD_i \times EF_i \times GWP_i) \tag{5-3}$$

式中　E_{GHGi}——第i种温室气体的排放量，t CO_2；

　　　E_{CO_2}——二氧化碳排放当量，t CO_2；

　　　AD——活动水平数据，主要来自国家相关统计数据、排放源普查和调查资料、监测数据等；

　　　EF——排放因子，可以采用IPCC报告中提供的缺省值（即依照全球平均水平给出的基准值），也可根据实际需要采用国内外各检测机构或研究机构的研究结果，获取途径如表5-4所示；

　　　GWP——全球变暖潜能值，数值可参考IPCC提供的数据；

　　　i——温室气体，包括二氧化碳、甲烷、氧化亚氮、含氟气体等。

全球变暖潜能值（GWP）用于评价每种温室气体影响地球辐射能力与气候变化的相对能力，是以二氧化碳为基准，对标各种温室气体产生相等温室效应的二氧化碳的质量。这一指标不仅能够用作权重计算各温室气体的二氧化碳当量值（CO_2 eq），还能够表征温室气体所带来的环境影响，因而得到广泛使用。IPCC第六次评估报告发布的GWP值如表5-5所示。可以看出，二氧化碳的GWP值最低，SF_6的GWP值最高，排放单位质量的SF_6在20~500年内所产生的温室效应是CO_2的18300~34100倍。既然CO_2单位质量碳排放造成的温室效应相对较弱，为何当今全球应对气候变化中更重视二氧化碳的减排，而不是其他温室气体呢？这是因为温室效应不仅与 GWP 有关，还与温室气体的实际排放量有关。尽管单位质量的二氧化碳排放潜在影响相对较弱，但其实际的排放量远远超过强度效应。

排放因子获取途径   表 5-4

文献类别	出处	备注
IPCC 指南	IPCC 网站	提供普适性的缺省因子
IPCC 排放因子数据库	IPCC 网站	提供普适性缺省因子和各国实践工作中采用的数据
国际排放因子数据库：美国环境保护署(USEPA)	美国环保署网站	提供有用的缺省值或可用于交叉检验
EMEP/CORINAIR 排放清单指导手册	欧洲环境机构网站(EEA)	提供有用的缺省值或可用于交叉检验
来自经同行评议的国际或国内杂志的数据	国家参考图书馆、出版社、环境新闻杂志、期刊	较为可靠和有针对性，但可得性和时效性较差
其他具体的研究成果、普查、调查、测量和监测数据	清华大学等研究机构	需要检验数据的标准性和代表性

全球变暖潜能值（GWP）   表 5-5

温室气体名称	化学式	GWP-20	GWP-100	GWP-500
二氧化碳	CO_2	1	1	1
甲烷	CH_4	81.2	28	7.95
氧化亚氮	N_2O	298	298	130
三氟甲烷	CHF_3	12400	14600	10500
四氟化碳	CF_4	5300	7380	10600
六氟化硫	SF_6	18300	25200	34100

注：1. GWP-20、GWP-100、GWP-500 分别对应单位质量温室气体在 20、100、500 年内对大气温室效应的贡献程度。

2. 因氢氟碳化合物和全氟碳化合物的种类较多，此处仅分别列举三氟甲烷（CHF_3）和四氟化碳（CF_4）。

根据排放因子的精确度，IPCC 将碳排放核算方法分成三个层次：层次 1 采用 IPCC 缺省排放因子，对数据要求最低，核算方法最简单；层次 2 采用特定国家或地区的排放因子，对数据要求相对较高；层次 3 采用具有当地特征的排放因子，对数据要求最高，核算方法也最复杂。在保证数据质量的情况下，使用层次高的方法进行碳排放核算的结果更为准确。中国目前很少采用层次 3，其原因是需要大量的实测数据才能获得本地排放系数，且该过程计算费用较高。此外，虽然已获得拥有地方特征的污染物排放系数，但在全国范围内尚无有效的识别标准，因此其权威程度难以得到社会认可，在我国开展对城市的碳排放评估和核算时，需更为慎重地选择排放因子。相对来说，IPCC 缺省排放因子可以通过 IPCC 碳排放因子数据库获得，具有中国国家特征的排放因子能够根据省级指南里各种燃料的碳含量等信息推算得出，因此目前我国城市温室气体排放量的核算以这两个排放因子为主，而这两者之间存在着一定差异，如表 5-6 所示。

	IPCC指南与省级指南中部分燃料品种的排放因子值对比	表 5-6
	IPCC 缺省值 （t CO_2/t 或 t CO_2/万 m^3）	省级清单值 （t CO_2/t 或 t CO_2/万 m^3）
无烟煤	1.92	1.97
褐煤	2.12	2.06
焦炭	3.04	2.84
原油	3.07	3.02
柴油	3.16	3.12
天然气	21.84	21.62

当前，各国纷纷推出以排放因子法为基础的温室气体排放量测算工具，为普通用户提供了一个碳排放量核算平台，这表明，排放因子法是最受关注的一种方法。

2. 质量平衡法

质量平衡法也称作物料衡算法，因其方法简单、适用范围较广而得到学者们的广泛使用。

使用质量平衡法计算时，根据质量守恒定律，用输入物料中的含碳量减去输出物料中的含碳量进行平衡计算，得到二氧化碳排放量，如式（5-4）所示：

$$E_{\mathrm{GHG}} = \left[\sum (M_1 \times CC_1) - \sum (M_0 \times CC_0) \right] \times \omega \times GWP \qquad (5\text{-}4)$$

式中　E_{GHG}——温室气体排放量，t CO_2；

　　　M_1——输入物料的量，单位根据具体排放源确定；

　　　M_0——输出物料的量，单位根据具体排放源确定；

　　　CC_1——输入物料的含碳量，单位与输入物料的量的单位相匹配；

　　　CC_0——输出物料的含碳量，单位与输出物料的量的单位相匹配；

　　　ω——碳质量转化为温室气体质量的转换系数；

　　　GWP——全球变暖潜能值，数值可参考 IPCC 提供的数据。

式（5-4）只适用于含碳温室气体的计算，如需计算其他温室气体的排放量，可根据具体情况确定计算公式。

2006 年，地球环境战略研究院首次提出了以质量平衡法为基础的化石能源排放量测算方法，该方法既符合实际，还能降低数据的不确定性。质量平衡法的优势在于它能真实地反映排放发生地的实际温室气体排放，不仅能区分各类型设施之间的差异，还可以分辨设备之间的区别，特别是对年际间设备持续更新的情况，这种方法更加简单。

IPCC 所采用的行业法和参照法是物料衡算法的重要内容，不仅可以用于计算碳排放总量，还可以用于各单元或部门的计算。有学者针对 A^2O 典型污水处理工艺，建立了水环境质量与能量指数耦合的能量平衡模型和解析函数，并定量分析了水处理系统的物料平衡和碳中和状况及其影响因子。

3. 实测法

实测法也称为实地测量法，是利用有关部门的连续观测装置，对大气中二氧化碳浓度、流量和流速等参数进行监测，并利用国际权威的观测资料，对二氧化碳排放量进行核算的方法。这种方法具有计算精度高、中间环节少等优点，但是其数据采集困难，核算成本高。

实测法通常是从现场取样，然后由指定的检验仪器对试样进行定量分析，若试样不具有代表性，检验分析结果再准确也没有意义。一些学者认为，实测法适合用于连续、稳定的排放口，例如电厂尾气处理设施的出口和水泥生产排放口。目前，实测法在我国还比较少见，一些学者提出，中国幅员辽阔，不同土壤条件下的作物种类差别很大，其碳排放量也会有很大差别，因此必须使用实测法来进行计算，以保证结果的准确性。

4. 三种核算方法对比

排放因子法计算简单、适用面广，是国际上普遍采用的一种方法，但是由于不同地区的生活习惯、生产条件不同，数据来源与排放因子存在较大的不确定性，核算得到数据的准确度比其他方法低。

质量平衡法分为部门法和参照法，整体上计算较为准确，工作量较低，既适合宏观层次又适合中观层次，但其建立在有完备基础数据记录的基础上，对地区统计数据质量要求较高。

实测法计算精度高，适用于微观尺度，但需要对二氧化碳进行单独连续监测，存在监测成本高、监测范围窄、数据获取困难等问题。

三种方法各有所长，应根据具体情况选择适合的方法或是组合方法，以提高核算结果的准确性。表 5-7 总结了三种方法的优缺点、适用范围以及应用现状。

三种碳排放核算方法对比　　　　　　　　　　　　　　表 5-7

类别	优点	缺点	适用尺度	适用对象	应用现状
排放因子法	①简明、清晰、通俗易懂；②具有完善的核算公式及活动数据库；③具有丰富的应用范例可供借鉴	当排放系统自身发生变化时，处理能力比质量平衡法差	宏观、中观、微观	社会经济排放源变化较为稳定，自然排放源不是很复杂或忽略其内部复杂性的情况	①广泛适用；②在方法论上的统一性；③结论的权威性
质量平衡法	明确区分各类设施设备与自然排放源之间的差异	需要纳入考虑范围内的中间过程较多，可能产生系统误差，难以获得数据和缺乏权威性	宏观、中观	社会经济发展迅速、排放设备更换频繁、自然排放源复杂的情况	①对方法论的认识尚不统一；②具体实施方法多样；③结论有待商榷
实测法	①中间环节少；②结果准确	数据采集难度大，投入较大，受样品采集和处理流程中样品代表性、测定精度等因素影响	微观	小区域、简单生产链的温室气体排放源，或小区域、有能力获取一手监测数据的自然排放源	①应用历史较长；②方法缺陷最小但数据获取最难；③应用范围窄

5.3.2　生产侧碳排放核算方法及核算内容

生产侧碳排放核算是指在某一国家或某一区域内，对其所有产品和服务的直接碳排放进行核算。与基于领土边界的核算方法一样，生产侧碳排放核算的直接碳排放既包含供本地消费的本地区生产过程中产生的碳排放，还包括由本地生产最终输出到外地使用这一生产过程中的碳排放。该方法比基于领土边界的核算方法范围广，包括国际交通运输以及国际旅游中的碳排放。在实际核算中，生产侧碳排放核算具有统计制度较完备、基础数据量可获得性强等优点，但由于国际、区域贸易碳排放的存在，该核算方法可能导致一国或者区域为满足其消费需求，通过从另一个国家或者区域进口碳密集型产品、转移高碳密集产业来减少本国或者本地区碳排放，即"碳泄漏"现象。因此，生产侧碳排放核算方法不能很好地解决对净碳出口国家、地区不公平的问题。

5.3.3　消费侧碳排放核算方法及核算内容

消费侧碳排放核算方法是指将一个国家或地区的碳排放量以产品消耗而非能源消耗为基础进行核算，是用一个国家、区域的经济贸易去取代地域限制，从而解决国际、区域贸易的分配问题。该方法将生产和分销链产生的所有排放分配给最终产品消费者，也就是说，是计算某个国家或区域消费了多少，而不是生产过程中排放了多少碳；谁从过程中受益，谁就应当承担与之相关的排放责任，充分体现消费者减排责任，有利于弱化"碳泄漏"问题，因而更加具有公平性。

5.4　排放因子计算

排放因子在温室气体排放量化和核查中起着至关重要的作用，核算温室气体排放量会涉及与范围1和范围2相关的多类排放因子的计算与选取。排放因子一般通过测量获得，测量值的来源包括组织自行测量、委托第三方机构检测及其他相关方提供的测量数据。自行测量及委托第三方机构测量应遵循国家标准、行业标准或地方标准中对测量过程的要求和规定，如实验室条件、所使用的试剂材料和仪器、监测步骤或测量计算结果等。如果使用其他相关方提供的数据，应当妥善保存相关记录；当无法获得测量值时，组织应根据目标用户的要求选择有公认来源的排放因子缺省值。下面介绍几种常用的排放因子计算方法。

5.4.1　直接排放的排放因子

直接排放（即范围1排放）的排放因子可通过直接测量和计算等方式获取。虽然直接测量的排放因子质量等级更高，但由于现实条件和设备的限制，目前更多的是通过计算来获取排放因子。

1. 直接测量

安装实时排放监测系统的大型设施可以直接测量和追踪排气管道中二氧化碳的排放情况，有时也可采取阶段性监测的方式，但要说明阶段性监测的间隔时间以及最终取值的依据。需要说明的是，所采用的直接测量法必须是国家或有关部门认可的监测方式，如烟气排放连续监测系统（CEMS），利用在线测量设备对排放气体的流量、二氧化碳浓度和持续时间段长度以及该时间段内投入的燃料量进行连续监测，即可得到二氧化碳排放因子，如式（5-5）所示。

$$二氧化碳排放因子=\frac{二氧化碳浓度×二氧化碳流量×时间段长度}{该段时间内投入的燃料量} \tag{5-5}$$

该方法得到的结果准确，但监测过程成本过高。当前，只有美国的 CEMS 运行良好，中国现有的 CEMS 系统运行状况并不理想。

2. 基于燃料燃烧的计算方法

（1）实际燃料特性数据

利用燃料的特性数据来计算二氧化碳排放因子是一种常用的方法。这种方法需要燃料的单位热值含碳量、热值和碳氧化率等数据，如式（5-6）所示。

$$排放因子（t\ CO_2/t）＝单位热值含碳量（tC/TJ）×热值（kJ/kg\ 或\ kJ/m^3）×$$

$$碳氧化率（\%）×\frac{44}{12}×10^{-6} \tag{5-6}$$

燃料特性数据可以通过对燃料本身的分析与测试，或者对燃料供应商所提供数据的分析来获得。燃料的取样和分析应定期进行，具体的时间间隔依据燃料类型而定。对于可变性比较大的燃料，如煤、木材等，取样频率应高于相对纯质的燃料，如天然气和柴油，也可以根据行业认可的国内外技术标准所规定的取样频率、程序来收集和分析燃料的特性。每种燃料的热值通常表示为单位质量或体积燃料所含的能量，其单位为 kJ/kg 或 kJ/m³。碳氧化率是指燃料在燃烧时的氧化程度，一般液态或气态燃料燃烧比较充分，所以液态燃料的碳氧化率一般为 98%，气态燃料的碳氧化率通常为 99%。由于将单位热值含碳量、热值以及碳氧化率三个参数相乘之后得到的是单位质量或体积燃料燃烧排放的二氧化碳的含碳量，所以还需通过 CO_2 分子量及 C 分子量将其转换为二氧化碳的量，才能得到碳排放因子。

（2）实际燃料特性数据和缺省燃料特性数据的结合

排放因子的计算还可以采用实际检测的燃料特性数据与缺省的燃料特性数据相结合的方法。一般而言，燃料供应商提供的燃料热值资料较易获得，而单位热值含碳量及碳氧化率却较难获得，此时则可采用实际和缺省的燃料特性数据相结合的方法进行计算。

案例 1：A 公司有锅炉一台，使用烟煤作为燃料。该公司请某大学对其使用的烟煤燃料的热值进行了检测，发现其所用烟煤的热值为 19280kJ/kg；又对锅炉中烟煤燃烧的氧化率进行了核算，大约为 95%。该公司希望用实际燃料特性数据来计算该排放源的排放因子应为多少？

【案例分析】 该公司计算排放因子时所需的热值和碳氧化率数据有正规的检测报告数据可用，其中烟煤的含碳量为 26.1t C/TJ。因此，该公司烟煤燃烧的排放因子可采用实际燃料特性数据和缺省燃料特性数据结合的方法进行计算，具体计算如下：

$$烟煤排放因子（t\ CO_2/t）＝单位热值含碳量（t\ C/TJ）×热值（kJ/kg）×碳氧化率（\%）×$$

$$\frac{44}{12}×10^{-6}＝26.1t\ C/TJ×19280kJ/kg×95\%×\frac{44}{12}×10^{-6}≈1.75t\ CO_2/t。$$

（3）缺省的排放因子

如果无法获取式（5-6）中所有的实际燃料特性数据，则可以直接使用缺省排放因子。

案例 2：B 公司使用水煤浆作为燃料，水煤浆排放因子应如何计算？

【案例分析】 水煤浆是由不同种类的原料煤、水以及一定的添加剂通过物理加工得到的一种低污染、高效率、可管道输送的代油煤基流体燃料。其排放因子计算方法如下：

$$水煤浆排放因子（t\ CO_2/t）＝单位热值含碳量（t\ C/TJ）×热值（kJ/kg）×碳氧化率（\%）×$$

$$\frac{44}{12}×10^{-6}$$

由于没有实际燃料特性数据，因此需要通过缺省的燃料特性数据进行计算，其中：

1）根据《燃料水煤浆》GB/T 18855—2014，按保守性原则，水煤浆热值可取为19MJ/kg，即 19000kJ/kg；水煤浆的煤浓度可取 65%；根据《工业企业温室气体排放核算和报告通则》GB/T 32150—2015，原料煤热值可取 24.515GJ/t，原料煤单位热值含碳量为 27.49t C/GJ。

2）碳氧化率按保守性原则取 100%；

3）水煤浆单位热值含碳量与原料煤单位热值含碳量、原料煤热值、水煤浆热值、水煤浆的煤浓度等参数有关，按式（5-7）计算得到。

$$水煤浆单位热值含碳量＝原料煤单位热值含碳量×水煤浆煤浓度×\frac{原料煤热值}{水煤浆热值}$$ (5-7)

$$＝原料煤单位热值含碳量×65\%×\frac{原料煤热值}{19000kJ/kg}$$

3. 化学平衡法

（1）燃料燃烧的排放因子

在部分燃料的排放因子无法直接获取或该燃料是一种混合燃料的情况下，可采用化学平衡法对排放因子进行计算。首先，列出燃料燃烧时的化学反应方程式，然后根据反应方程式确定燃料燃烧产生二氧化碳的对应关系式，从而计算得到该燃料的排放因子。

案例 3：请分别计算丙烷（C_3H_8）和丁烷（C_4H_{10}）充分燃烧时的排放因子（只计 CO_2）。

【案例分析】

① 计算丙烷的排放因子：

C_3H_8 燃烧时的化学反应方程式如下：$C_3H_8＋5O_2＝3CO_2＋4H_2O$

C_3H_8 燃烧的排放因子$＝\dfrac{3×CO_2 分子量}{C_3H_8 分子量}＝\dfrac{3×44}{44}＝3t\ CO_2/t$。

② 计算丁烷的排放因子：

C_4H_{10} 燃烧时的化学反应方程式如下：$2C_4H_{10}＋13O_2＝8CO_2＋10H_2O$

C_4H_{10} 燃烧的排放因子$＝\dfrac{8×CO_2 分子量}{2×C_4H_{10} 分子量}＝\dfrac{8×44}{2×58}≈3.03t\ CO_2/t$。

（2）制程排放因子

制程排放因子也可以采用化学平衡法来计算，不同的制程排放涉及一个或多个不同的化学反应。

案例 4：啤酒的加工过程可分为制麦、糖化、发酵和包装四个阶段。其中，发酵工艺就是在冷却的麦汁中添加啤酒酵母进行发酵。约一星期后，麦汁里的糖会被分解为乙醇和二氧化碳，即可生成"嫩啤酒"。整个发酵过程产生的二氧化碳有很大部分会排放出来，但还有一些溶解在酒里（假设这部分二氧化碳仍算作排放的一部分），如何计算糖分分解过程中的二氧化碳排放因子？

【案例分析】麦汁糖分分解的化学方程式为：$C_6H_{12}O_6＝2C_2H_5OH＋2CO_2$

糖分分解的制程排放因子$＝\dfrac{2×CO_2 分子量}{1×C_6H_{12}O_6 分子量}＝\dfrac{2×44}{1×180}≈0.49t\ CO_2/t$。

5.4.2 能源间接排放的排放因子

能源间接排放（即范围 2 排放）的排放因子主要包括外购电力、热、冷或蒸汽等的排放因子。下面将逐一介绍各主要能源间接排放因子的计算方法。

1. 电力排放因子

在各类能源中，电力消耗易引起重复计算，判定的依据是看发电企业是否已经对其进行碳排放核算。电力作为二次能源，消费量大，对碳排放总量有重要影响。考虑到这一特殊性，通常将电力的输入、输出部分产生的碳排放作为范围 2 排放计入核算系统。输入输出的电力消费数据可以用能量平衡表得到，而排放因子要经过计算获得。国家发展和改革委员会每年颁布的《中国区域电网基准线排放因子》包含了 EF_{OM} 和 EF_{BM} 两类电力排放因子，EF_{OM} 表示当前运行的发电设施的电量边际排放因子；EF_{BM} 表示新建发电厂的容量边际排放因子。

（1）电量边际排放因子（EF_{OM}）计算方法

EF_{OM} 可以由电力系统中所有电厂的总净上网电量、燃料种类和燃料总消耗量等参数来确定，如式（5-8）所示：

$$EF_{\text{grid, OMsimple, y}} = \frac{\sum_i (FC_{i,y} \times NCV_{i,y} \times EF_{CO_2,i,y})}{EG_y} \tag{5-8}$$

式中　$EF_{\text{grid, OMsimple, y}}$——第 y 年简单电量边际 CO_2 排放因子，$t\ CO_2 / (MW \cdot h)$；

　　　$FC_{i,y}$——第 y 年项目所在电力系统燃料 i 的消耗量（质量或体积单位）；

　　　$NCV_{i,y}$——第 y 年燃料 i 的净热值（能源含量，$GJ/$质量或体积单位）；

　　　$EF_{CO_2,i,y}$——第 y 年燃料 i 的 CO_2 排放因子，$t\ CO_2/GJ$；

　　　EG_y——电力系统第 y 年向电网提供的电量，$MW \cdot h$；

　　　i——第 y 年电力系统消耗的所有化石燃料种类；

　　　y——距提交项目设计文件时的最近三年。

（2）容量边际排放因子（EF_{BM}）计算方法

EF_{BM} 可由 m 个样本机组排放因子的发电量加权平均求得，如式（5-9）所示：

$$EF_{\text{grid, BM, y}} = \frac{\sum_m (EG_{m,y} \times EF_{EL,m,y})}{\sum_m EG_{m,y}} \tag{5-9}$$

式中　$EF_{\text{grid, BM, y}}$——第 y 年容量边际排放因子（BM），$t\ CO_2/(MW \cdot h)$；

　　　$EF_{EL,m,y}$——第 m 个样本机组在第 y 年的排放因子，$t\ CO_2/(MW \cdot h)$；

　　　$EG_{m,y}$——第 m 个样本机组在第 y 年向电网提供的电量，即上网电量，$MW \cdot h$；

　　　m——样本机组；

　　　y——能够获得发电历史数据的最近年份。

目前的统计资料无法将天然气、燃油、燃煤等多种发电方式的产能与火电分离开来，所以可以采取以下的计算方法：首先，根据最近一年的可得能源平衡表数据，计算出发电用固体、液体和气体燃料的 CO_2 排放量在总排放量中的比重；其次，以此比重为权重，以商业化最优效率技术水平对应的排放因子为基础，计算出各电网的火电排放因子；最后，用此火电排放因子乘以火电在该电网新增的 20% 发电容量的比重，得出的结果即为该电网的 EF_{BM}。该 EF_{BM} 的计算过程基于保守性原则，具体计算步骤如式（5-10）~式（5-12）所示。

步骤 1：计算发电用固体、液体和气体燃料相对应的二氧化碳排放量占总排放量的比重。

$$\lambda_{\text{Coal},y} = \frac{\sum\limits_{i \in \text{Coal},j}(F_{i,j,y} \times NCV_{i,y} \times EF_{\text{CO}_2,i,j,y})}{\sum\limits_{i,j}(F_{i,j,y} \times NCV_{i,y} \times EF_{\text{CO}_2,i,j,y})}$$

$$\lambda_{\text{Oil},y} = \frac{\sum\limits_{i \in \text{Oil},j}(F_{i,j,y} \times NCV_{i,y} \times EF_{\text{CO}_2,i,j,y})}{\sum\limits_{i,j}(F_{i,j,y} \times NCV_{i,y} \times EF_{\text{CO}_2,i,j,y})}$$

$$\lambda_{\text{Cas},y} = \frac{\sum\limits_{i \in \text{Cas},j}(F_{i,j,y} \times NCV_{i,y} \times EF_{\text{CO}_2,i,j,y})}{\sum\limits_{i,j}(F_{i,j,y} \times NCV_{i,y} \times EF_{\text{CO}_2,i,j,y})} \tag{5-10}$$

式中　　$F_{i,j,y}$——第 j 个省份在第 y 年的燃料 i 消耗量（质量或体积单位，其中固体和液体燃料单位为 t，气体燃料单位为 m^3）；

$NCV_{i,y}$——燃料 i 在第 y 年的净热值（固体和液体燃料单位为 GJ/t，气体燃料单位为 GJ/m^3）；

$EF_{\text{CO}_2,i,j,y}$——燃料 i 的排放因子，t CO_2/GJ；

Coal、Oil、Cas——分别代表固体燃料、液体燃料和气体燃料。

步骤 2：计算对应的火电排放因子。

$$EF_{\text{Thermal},y} = \lambda_{\text{Coal},y} \times EF_{\text{Coal,Adv},y} + \lambda_{\text{Oil},y} \times EF_{\text{Oil,Adv},y} + \lambda_{\text{Cas},y} \times EF_{\text{Gas,Adv},y} \tag{5-11}$$

式中　$EF_{\text{Coal,Adv},y}$、$EF_{\text{Oil,Adv},y}$、$EF_{\text{Gas,Adv},y}$——分别代表商业化最优效率的燃煤、燃油和燃气发电技术对应的排放因子，tCO_2/GJ。

步骤 3：计算电网的 EF_{BM}。

$$EF_{\text{grid,BM},y} = \frac{GAP_{\text{Thermal},y}}{GAP_{\text{Total},y}} \times EF_{\text{Thermal},y} \tag{5-12}$$

式中　$GAP_{\text{Total},y}$——超过现有容量 20% 的新增总容量，kW；

$GAP_{\text{Thermal},y}$——新增火电容量，kW。

（3）数据来源

计算 EF_{OM} 及 EF_{BM} 所需的发电量、装机容量、厂用电率等数据来源于《中国电力年鉴》；发电燃料消耗以及发电燃料的低位发热值等数据来源于《中国能源统计年鉴》《公共机构能源资源消耗统计制度》；电网间电量交换的数据来源于《电力工业统计资料汇编》；分燃料品种的潜在排放因子和碳氧化率来源于《IPCC 国家温室气体清单指南》。

2. 蒸汽排放因子

（1）直接测量

蒸汽往往由已知的燃料燃烧或其他能量来源提供，从供应商直接获取测量得到的排放因子是最可靠的。与直接测量燃料的排放因子类似，通过测量排放气体的流量、二氧化碳浓度、时间段长度，将三者相乘得到某时间段的二氧化碳排放量，再除以该段时间产生的蒸汽量，即得到蒸汽的排放因子，如式（5-13）所示。由于供应商设备和条件的限制，该方法目前在我国并不常被采用。

$$\text{二氧化碳排放因子} = \frac{\text{二氧化碳浓度} \times \text{二氧化碳流量} \times \text{时间段长度}}{\text{该段时间内产生的蒸汽量}} \tag{5-13}$$

（2）基于计算的方法

如果无法从供应商直接获取排放因子，可以基于锅炉效率和燃料排放因子等数据来计算排放因子。由于不同燃料的排放因子不同，因此必须明确生产蒸汽或锅炉使用的燃料类型。此外，必须确定生产蒸汽或热水的锅炉效率，锅炉效率是指蒸汽产量与燃料投入量之比，该数据可从供应商处获取。以煤作为产生蒸汽的能源为例，其排放因子计算如式（5-14）所示。蒸汽的能源还可能是柴油或者天然气，其排放因子计算方法与式（5-14）类似。

$$煤量×煤热值×转换效率=蒸汽量×蒸汽热值$$

$$\Downarrow$$

$$蒸汽的二氧化碳排放量=煤量×煤排放因子=\frac{蒸汽量×蒸汽热值}{煤热值×转换效率}×煤排放因子$$

$$\Downarrow$$

$$蒸汽的排放因子=\frac{煤排放因子×蒸汽热值}{煤热值×转换效率} \tag{5-14}$$

案例5：C公司是一家食品企业，公司使用购自电厂的蒸汽生产。电厂生产蒸汽所用锅炉的蒸汽转换效率为80%，使用的燃料为烟煤，求C公司所用蒸汽的排放因子。（已知：蒸汽热值为3763MJ/t蒸汽；烟煤热值为20908kJ/kg烟煤；烟煤排放因子为1.86t CO_2/t烟煤）

【案例分析】

$$蒸汽排放因子=\frac{烟煤排放因子×蒸汽热值}{烟煤热值×锅炉转换效率}=\frac{1.86t\ CO_2/t烟煤×3763MJ/t蒸汽}{20908kJ/kg烟煤×80\%}\approx$$

$0.42t\ CO_2$/t蒸汽。

3. 热电联产排放因子

热电联产是指在消耗燃料的同时生产两种或多种产品，如电、蒸汽、热等，因此热电联产的碳排放须在不同能量流中合理分配。热电联产的绝对排放可按照化石燃料燃烧进行核算，并根据最终产品对排放进行合理分配。本书中的热电联产设施是指从电力生产过程捕获废弃的热量用于非电力其他用途的设施。与之相反，联合循环电厂是将电力生产过程的废弃热量再循环用于电力生产，这类设施应该作为一般固定燃烧源。

合理分配热电联产碳排放的最佳方法是效率法，即依据生产蒸汽和电力所需的能源输入比例，将热电联产的排放分配到最终电力和热（或蒸汽）的产出。这需要热电联产的总排放量、总蒸汽（或热）和总电力产出量，以及蒸汽（或热）和电力的生产效率，可根据式（5-15）～式（5-17）分配蒸汽（或热）和电力生产的排放份额。

$$E_H=\frac{\dfrac{H}{e_H}}{\dfrac{H}{e_H}+\dfrac{P}{e_P}}×E_T \tag{5-15}$$

$$E_P=E_T-E_H \tag{5-16}$$

$$热电联产中蒸汽的排放因子=\frac{蒸汽生产所排放的二氧化碳量E_H}{蒸汽的量} \tag{5-17}$$

式中　E_H——蒸汽生产所排放的二氧化碳量，tCO_2；

　　　H——总的蒸汽（或热）输出能量，kJ；

e_H——蒸汽（热）的生产效率，%；

P——总的电力输出能量，kJ；

e_P——电力的生产效率，%；

E_T——热电联产系统二氧化碳总排放量，t CO_2；

E_P——电力生产所排放的二氧化碳量，t CO_2。

5.5 碳排放核算数据统计方法

在碳排放计算中，有效的基础数据至关重要。从数据统计和数据搜集的角度来说，一般可以分为自上而下和自下而上两种数据统计方法，用以支撑各种用途的碳排放核算。

5.5.1 自上而下数据统计方法

自上而下数据统计方法主要以《IPCC 国家温室气体清单指南》为代表，该方法首先对国家主要的碳排放源进行分类，然后在各部门分类下构建子目录，最终可以将各个排放源都囊括在内。通过自上而下的层层分类对排放源进行核算，具有广泛的一致性，在获取国家温室气体排放信息方面有明显的优势。目前，我国的区域、省级及城市的碳排放核算一般采用自上而下的数据统计方法。

5.5.2 自下而上数据统计方法

企业、产品及项目的碳排放核算也可使用自下而上的方法。通过对企业和产品碳足迹的核算，了解企业、组织、消费者等各类微观主体在生产过程、消费过程中的碳排放情况，将减排项目视为企业的负排放增量，并将其与某一地区的总排放量进行汇总。然而，目前自下而上的核算方法并没有覆盖到经济生活的各个方面，针对产品和企业的碳核算还没有覆盖到所有的产品和企业（组织），所以只有部分数据，无法汇总每个区域的碳排放情况。同时，现有的各类标准、指南也只是尝试，在核算范围、生命周期、核算环节、应对碳抵消行为、信息报告要求等方面还存在大量分歧，没有形成国际普遍接受的标准，该领域仍有很大的发展空间。

总体而言，自上而下方法适合于宏观（如全国或地区）层次的碳排放核算，自下而上方法适合于微观（如产品和企业）层次的碳排放核算，而中观层次的碳排放核算可以采用自上而下、自下而上相结合的方式进行。

5.6 碳排放核算质量保证

数据质量保证是依据数据质量维度的标准对数据资源所做的一系列技术与管理工作的总和。从控制目标看，质量保证是按照有关的要求，对特定的目标如数据的真实性、公开性、透明度和可重复性等展开的相关活动。在方法技术层面上，对数据异常检测、重复目标检测、逻辑错误检测、不一致数据处理、缺失数据处理等，提出错误数据修正和不一致数据清理方法。由于碳排放清单包含了多种不同的对象和气体种类，且具有很强的不确定性，因而其质量保证问题显得尤为重要。接下来，将从碳排放核算质量控制、企业 MRV 制度的构建、碳排放统计核算系统的完善三个方面对碳排放核算质量保证的内容和过程进行介绍，以确保获得准确、一致、及时的碳排放核算数据。

5.6.1 碳排放核算质量控制

《2006 IPCC 国家温室气体清单指南》以及经国家发展和改革委员会组织有关专家编写的《省级温室气体清单编制指南（试行）》较为完善地介绍了不确定性、质量保证、质量控制等内容，具有极高的参考价值，为不同层次的碳排放核算质量控制提供了有益借鉴。

1. 不确定性分析

不确定性分析是碳排放核算中必不可少的环节，它并非用于判别碳排放核算结果的正确与否，而是一种帮助确定降低未来碳排放核算不确定性工作优先顺序的方法。

（1）不确定性相关概念

与不确定性密切相关的概念包括不确定度、测量不确定度和误差等。德国物理学家海森堡在 1927 年提出了"不确定度"一词，也就是量子力学中所谓的不确定度关系。"不确定度"一词在 1970 年前后被一些学者和国家计量部门相继使用，但对不确定度的理解与表示方法缺乏一致性。1980 年，国际计量局（BIPM）在征求各国意见的基础上提出了《实验不确定度建议书 INC-1》，并对其进行了修订。1986 年，以 ISO 为代表的 7 个国际组织共同组成国际不确定度工作组，制定了《测量不确定度表示指南》，该指南于 1993 年颁布实施，在世界各国得到执行和广泛应用。

所谓测量不确定度，是指测量结果变化的不确定，是表征被测量的真值在某个量值范围的一个估计，用来表征被测量值的分散性。一个完整的测量结果应包含对被测量值的估计和分散性两部分。例如，被测量值 Y 的测量结果为 $y \pm U$，其中 y 为被测量值的估计，U 为被测量值的测量不确定度。很明显，被测量的结果所表示的并非一个确定的值，而是分散的无限个可能值所在的一个区间。

测量不确定度与误差同为误差理论中的两个概念，二者具有相同点，都是评价测量结果质量高低的重要指标，都可以作为测量结果精度的评定参数；二者也存在明显区别，误差是测量结果与真值之差，它以真值或约定真值为中心，而不确定度以被测量的估计值为中心。所以，误差是一个理想的概念，一般难以定量；而测量不确定度是反映人们对测量认识不足的程度，可以进行定量评定。采用不确定度代替误差表示测量结果，易于理解，便于评定，具有较高的合理性和实用性。

（2）碳排放核算不确定性的来源

目前，我国碳排放核算的研究主要集中在对相关假设设定、活动水平数据的获取以及核算方法的选择等方面，诸多因素均会造成估算结果与实际数据的误差，而这些误差往往会造成定义清晰、易于描述特征的潜在不确定性，如采样误差或仪器精度限制等。从总体上讲，主要的不确定性来源于数据获取、误差和报告偏差三个方面。数据获取的不确定性包括：①数据不完整。由于数据获取过程未被识别或者测量手段缺乏，无法获得测量结果及相关数据。②数据缺乏。受条件所限，不能获取必要的数据，一般采用相似类别数据代替，或利用内推法、外推法进行估计。③数据偏差。受各种因素的制约，所得数据与实际数据有较大的偏差。误差的不确定性包括：①模型误差。核算、计算模型过于简化，精确度不高。②抽样随机误差。考虑到随机抽样的数目很小，通常可以通过增加独立抽样的数目来降低这种不确定性。③测量误差。来自测量、记录和传输信息的误差，可能是随机或系统性的。报告偏差的不确定包括：①错误报告或错误分类偏差。由于定义的不完整、不清晰或有错误而引起的偏离。②数据的缺失。这种不确定性可能会使拟开展的测量无法获得数值，如低于检测限度的测量数值。

（3）量化不确定性的步骤和方法

首先对碳排放核算中存在的不确定性进行准确辨识，包括数据的统计偏差和数据的完整性和准确性，如重复计算、漏算、数据缺失、概念偏差、模型估计偏差等。其次，识别碳排放过程中单个变量的不确定性，包括活动水平数据、排放因子等因素。最终，将单个变量的不确定性合并为碳排放核算的总不确定性。

置信区间表示一个参数的真值在某一概率上偏离被测值的范围。在碳排放核算中，假设测量数据服从正态分布，且没有明显的系统性偏差，通常采用统计学的置信区间法来量化单一指标的不确定度，数据的具体形式表示为"均值±百分比"的区间，例如50t±15%。计算步骤如下：

① 选择置信度。置信度决定排放量的真实数值在不确定范围内的概率大小。在科学研究中，置信度一般在95.00%～99.73%之间，IPCC指南以及《省级温室气体清单编制指南（试行）》都推荐使用95.00%的置信度。

② 确定 t 值。95.00%和99.73%置信度下的 t 值与测量样本数的对应关系如表5-8所示。

95.00%和99.73%置信度下的 t 值与测量样本数的对应关系　　　表5-8

测量样本数	3	5	8	10	50	100	∞
95.00%置信度下 t 值	4.30	2.78	2.37	2.26	2.01	1.98	1.96
99.73%置信度下 t 值	19.21	6.62	4.53	4.09	3.16	3.08	3.00

③ 计算样本均值 $\overline{X}$ 以及样本标准差 S，如式（5-18）、式（5-19）所示：

$$\overline{X} = \frac{1}{n}\sum_{k=1}^{n}X_k \tag{5-18}$$

$$S = \sqrt{\frac{1}{n-1}\sum_{k=1}^{n}(X_k - \overline{X})^2} \tag{5-19}$$

式中　$\overline{X}$——样本均值；

n——样本容量；

S——样本标准差。

④ 计算相关区间：$\left[\overline{X} - \dfrac{S \cdot t}{\sqrt{n}};\ \overline{X} + \dfrac{S \cdot t}{\sqrt{n}}\right]$。

⑤ 将计算出的相关区间转换为不确定性范围，以"±百分比"的形式表示。

不确定性合并的目的是综合考虑各地区的活动水平、排放因子等不确定性因素，构建基于某区域碳排放核算的总不确定性模型，由单个排放源逐步向全区域集成。IPCC 和《省级温室气体清单编制指南（试行）》推荐采用误差传递公式或蒙特卡罗法两种不确定性合并方法。误差传输公式以数据表为基础，应用起来更为方便，实际操作中多选用此类方法，但其不确定性很大。

1）误差传递公式

包含加减运算和乘除运算两种误差转换公式。

当某个估计值是 n 个估计值之和或差时，该估计值的不确定性采用加减运算的误差传递公式（5-20）计算：

$$U_c = \frac{\sqrt{(U_{s1} \cdot \mu_{s1})^2 + (U_{s2} \cdot \mu_{s2})^2 + \cdots + (U_{sn} \cdot \mu_{sn})^2}}{|\mu_{s1} + \mu_{s2} + \cdots + \mu_{sn}|} = \frac{\sqrt{\sum\limits_{n=1}^{N}(U_{sn} \cdot \mu_{sn})^2}}{\left|\sum\limits_{n=1}^{N} \mu_{sn}\right|} \quad (5\text{-}20)$$

式中　U_c——n 个估计值之和或差的不确定性，%；

$U_{s1} \cdots U_{sn}$——n 个相加减的估计值的不确定性，%；

$\mu_{s1} \cdots \mu_{sn}$——n 个相加减的估计值。

当某个估计值是 n 个估计值之积时，该估计值的不确定性采用乘除运算的误差传递公式（5-21）计算：

$$U_c = \sqrt{U_{s1}^2 + U_{s2}^2 + \cdots + U_{sn}^2} = \sqrt{\sum\limits_{n=1}^{N} U_{sn}^2} \quad (5\text{-}21)$$

式中　U_c——n 个估计值之积的不确定性，%；

$U_{s1} \cdot U_{sn}$——n 个相乘的估计值的不确定性，%。

2）蒙特卡罗方法

蒙特卡罗法的原理是以对模型输入参数随机反复采样的方式，按照一定的采样准则来模拟模型输入的不确定性，从而实现对模拟输出的精确定量。在对碳排放核算的不确定性分析中，蒙特卡罗分析法是按照概率密度函数选择排放因子与活动数据的随机值，而后计算相应源的排放值。多次重复该过程，将每次计算的结果用来构建总排放的概率密度函数，再依据排放量的概率分布规律，便可以获得总体的均值和不确定性。蒙特卡罗方法进行不确定性分析流程图如图 5-2 所示。

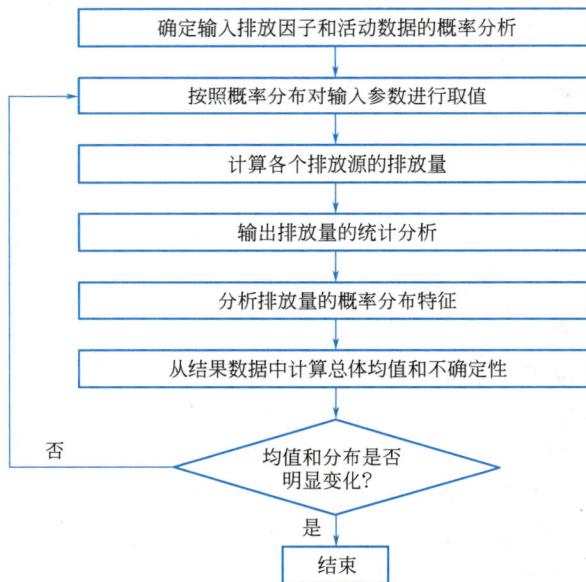

图 5-2　蒙特卡罗方法进行不确定性分析流程图

（4）减少不确定性的方法

在碳排放核算时需尽量减少不确定性，并确保使用的模型和采集的数据能够代表实际情况。在减少不确定性时，对不确定性影响较大的环节优先考虑。根据关键类别分析和评估特定类别的不确定性对碳排放核算总不确定性的贡献，确定减少不确定性的优先次序。总体而言，可以通过以下途径减少不确定性：①加强碳排放机理分析，提高碳排放源与汇的准确识别，全面了解碳排放的具体过程和环节，提升企业管理水平。②优化模型的结构与参数，使其更好地了解和描述系统误差与随机误差，减少不确定性。③提高数据的代表性，更准确描述碳排放属性。例如采用连续排放监控系统监测排放数据，可较全面地得到不同燃烧阶段的数据。④使用更精确的测量方法与校准技术，注重仪器仪表定位和校准的准确性，提高测量准确度。⑤要广泛收集测量数据，扩大样本容量以降低与随机取样误差相关的不确定性，减小因数据缺失而产生的偏差和随机误差。

2. 质量控制和质量保证

《省级温室气体清单编制指南（试行）》明确提出，在碳排放核算过程中，质量控制是一项常规技术活动，应系统地制定流程来控制核算质量，并由碳排放核算人员执行。质量保证是一套规划好的评审规则体系，由未直接涉及碳排放核算过程的人员进行。质量控制、质量保证和不确定性分析可以互相提供有价值的反馈，以互相验证。

（1）质量控制程序

1）一般质量控制程序

一般质量控制程序适用于所有源和汇类别，包括与计算、数据处理、完整性和归档相关的通用质量检查。一般质量控制活动具体包括：交叉检查主要参数并归档；检查数据输入和资料抄录等误差；检查碳排放过程计算的正确性；检查是否正确记录了参数、单位及适当的转换系数；检查数据库文件的完整性；检查排放源、汇类别间数据的一致性；检查处理过程中数据转移的正确性；检查碳排放和清除的不确定性估算和计算的正确性；检查导致重新计算的方法学以及相应的数据变化；排放趋势分析和检查；评审内部文件和存档。

2）特定类别质量控制程序

特定类别质量控制程序是一般质量控制程序的补充，主要针对个别源或汇类别方法中使用的特定类型的数据。要求明确特定类别、可用数据类型和碳排放的相关参数，在完成一般质量控制检查后额外执行。特定类别质量控制程序的应用要根据具体情况而定，重点放在关键类别和方法学及数据有重大修正的类别。相关的质量控制程序取决于给定类别碳排放或吸收估算使用的方法。特定类别质量控制活动具体包括：碳排放数据的质量控制；活动水平数据的质量控制；不确定性估算的质量控制。

（2）质量保证程序

质量保证包括专家同行评审和审计，以评估此次碳排放核算的质量、核算过程程序、文档记录等是否准确、规范，分析需要改进的地方。专家同行评审主要是通过相关领域专家的评审和研判，确保核算结果、假设和方法科学、合理、准确。评审过程中应加强与核算方法和结果相关的文档记录的评审、查阅。碳排放核算可作为一个整体或其中某部分进行评审。为了进行无偏差评审，需注重评审人技术领域和来源，应选择未参加此次碳排放核算的评审人，可邀请来自其他机构的独立专家、国内外专家等。审计主要是评估碳排放核算人员是否科学合理地执行质量控制规范，例如核实质量控制步骤是否实施到位、质量控制程序是否已达数据质量控制目标等，对碳排放核算采取的各个程序和文档记录进行深入分析，一般不侧重于计算结果的审计。

（3）验证、归档、存档和报告

1）验证

验证活动是质量保证/质量控制与验证总体系统的一部分，旨在提升碳排放估算与趋势的可信度。验证技术包含内部质量的检查、碳排放核算的相互比较、强度指标的比较、与大气浓度和排放来源的比较、模型研究的比较。验证技术应反映在质量保证或质量管理程序之中，在实施验证技术前需充分调查与验证技术相关的局限性和不确定性。

2）归档和存档

将涉及碳排放核算活动的计划、编制过程和管理相关的所有信息进行归档并存档。例如碳排放核算过程的责任、机构安排以及计划、编制和管理程序；选择活动水平数据和排放因子的标准；活动水平数据追踪到参考源的活动水平、排放因子和其他估算参数说明；活动水平数据和排放因子相关不确定性信息；计量方法选择的依据；核算方法、核算过程以及不确定性分析方法的详细记录，包括核算结果变化分析、数据输入或方法的变化等；不确定性分析说明及相关佐证材料；核算过程中涉及的电子数据、软件信息等。

3）报告

报告作为碳排放核算的补充，应进行质量保证或质量控制；描述各种内部实施活动以及所有外部评审；提供关键结果，描述各个类别输入数据、方法、处理或估算质量相关的主要问题，并说明得到的处理方法；开展必要的时间序列趋势分析，提出减排建议等。

5.6.2 建立企业核算 MRV 体系

企业核算 MRV 制度是指对某个核算单元，采用测量手段对某一特定时期的碳排放量进行监测、报告和核实。监测是指对碳排放量或其他相关数据进行持续或周期性的评价；报告是指向有关部门或机构提交有关碳排放量的数据和相关文件；核实是指有关部门按照约定的核实准则对碳排放进行系统、独立的评价，并形成书面文件的过程。有效的 MRV 制度既是碳排放与减排监测的基础，又是保证碳排放数据准确可靠的关键手段，可以为碳资产管理、碳排放权交易等工作提供数据支持，协助政府提高决策的科学性。因此，建立企业核算 MRV 制度是提高碳排放核算准确性、进行碳资产管理和碳交易的重要基础。

1. 建立企业碳排放监测体系

在企业核算 MRV 制度中，监测的作用是有效地核算、记录排放单位的碳排放量，制定并实施碳排放监测方案，便于企业获取高质量的碳排放数据并有效掌握本单位的碳排放情况，也有助于主管部门开展监管工作。

（1）建立监测机构和制度规范

MRV 制度对企业的数据统计与管理提出了更高的要求，企业应设立专门的监测机构来负责碳排放的管理。企业碳排放监控组织的主要工作内容包括：学习掌握政府制定的 MRV 规范、指南等，了解操作流程和工作需求，编制碳排放监控报告实施计划；完成碳排放监测计划和排放报告的编制，配合第三方核证机构开展核证工作，协助完成企业 MRV 流程；对碳排放监测工作中存在的问题进行分析总结，并提出切实可行的调整和改进措施；统计、分析和预测企业碳排放相关数据，追踪掌握行业碳排放状况，协助企业在碳市场中作出最佳决策。同时，需加强有关规范、制度的制定，强化碳排放过程各环节的管控，提高企业对碳排放监测、测量的准确性和一致性。

（2）加强监测设备的投入与建设

从长远来看，企业精准测量和管理碳排放量，对摸清自身家底、评估减排潜力、寻找合理减排成本、自觉参与碳交易有重要作用。当前，对于缺乏精确测量设备的单元，通常采用高估的相对保守的燃油碳排放因子，这对技术先进、能源使用效率高的企业，必然会高估其实际碳排放量。企业应该根据自身需求，合理增加、更新测量和计量设备，建立统一的数据采集和管理体系，实现碳排放数据的精确化、一致性和高效化管理。

（3）加强专业人员储备

完善的企业核算 MRV 制度，不仅对相关监测仪器设备的精确度要求较高，而且需要专业人员来校准和维护监控和测量设备，通过具体的核算方法计算碳排放量。这就要求专业人员熟知 MRV 的相关指南、规范，准确识别核算范畴和排放源，掌握不同排放源的核算方法，准确完成碳排放核算。企业需拥有专门的碳资产管理人才来管理企业碳资产，使企业在碳交易中获得最大的收益。为此，企业应加快培养、引进专业人才。

2. 执行企业碳排放报告机制

碳排放报告是指计算重点企业在生产实践各阶段产生的直接或间接碳排放量的过程，其实质是编制碳排放清单。目前，国家发展和改革委员会已分三批制定发布了 24 个行业企业的《温室气体排放核算方法与报告指南（试行）》，企业应按照核算指南要求进行核算及报告。企业在开展碳排放报告时，应遵守以下五个基本原则：①相关性。根据目标用户的需求选择相关数据和方法学进行量化和报告。②完整性。应全面披露组织碳排放信息，报告的对象应包括组织边界内所有排放源，完整地收集活动数据并完成组织碳排放的量化。③一致性。碳排放的量化方法、数据的获取方式、不确定性控制的技术手段等应尽量保持一致。④准确性。应采用系统化的量化方法学，减少核算结果的不确定性，准确地体现碳排放量。⑤透明性。应如实披露碳排放相关信息，若透明性要求与政府政策相矛盾，则应遵循相关法律法规。

碳排放报告一般包括以下主要内容：①报告主体的基本情况。包括企业全称、报告年度、统一信用代码、企业性质、所属行业、单位地址、法人代表、分管领导、部门负责人、填报联系人及其联系方式、组织结构、工艺流程等。必要时可以图片形式表示。②主要生产状况。包括总产值、销售额、工业增加值、产品情况（包括名称、产能、产量）、综合能耗等。③排污边界相关情况说明。包括企业排污边界描述、排污源的识别、企业监测排污实施情况等。④温室气体排放量。应报告企业在整个报告期间的排放总量、化石燃料燃烧排放量、工业生产过程二氧化碳排放量、工业生产过程氧化亚氮排放量、二氧化碳回收利用量、净购入使用的电力、热力对应的排放量等。⑤活动水平数据及其来源。应结合核算边界和排放源的划分情况分别报告所核算的各个排放源的活动水平数据，并详述其监测计划与执行情况，包括数据来源或检测地点、监测方法、记录频率等。⑥排放因子数据及其来源。分别报告各项活动水平数据所对应的碳含量或其他排放因子计算参数，若采用实测值则需介绍监测计划与执行情况，否则说明它们的数据来源、参考出处、相关假设及其理由等。⑦其他情况说明。报告希望说明的其他问题或建议。

3. 实施第三方碳排放核查机制

碳排放核查是由第三方核查机构按照约定的核查准则，系统、独立地评价具体排放单位在某一时期内的碳排放量并形成文件的过程。通过第三方核查机构的核查工作，可以确保排放单位的碳排放报告报送符合核算指南要求，确保碳排放数据真实有效、客观公正。

第三方核查机构在核查过程中应遵循以下原则：①独立性。独立于受核查方，保持客观性，避免带有任何偏见，确保与受核查方无利益冲突。②客观性。做到诚信为本，在处理相关核查问题时，应基于客观的数据基础，并真实反映核查发现，同时确保核查工作的保密性。③公正性。客观、真实、准确地总结核查结果，得出核查结论，如实总结和报告核查过程中所遇到的重大障碍，以及未解决的分歧意见等。④专业性。具有所承担核查任务的必要技能，能够根据委托方及目标用户的具体要求，提供专业谨慎的判断。

通常，核查需要对下列事项进行判定，并满足相关要求：①碳排放核算与报告的职责、权限是否已经落实；②排污报告及其他支持性文件是否完整可靠，是否符合核算和报告指南的要求；③是否符合报告指南及相关标准的要求；④根据适用的核算与报告指南的要求，对记录和存储的数据进行评审，判断数据及计算结果是否真实、可靠、准确。

核查活动一般包括三个阶段，即准备阶段、实施阶段和报告阶段。主要流程有：①签订协议。在协议签订之前，核查机构需要从资质、资源和可能存在的利益冲突方面，进行可行性评估，确定能否开展核查工作。②核查准备。核查机构应确定核查组并进行分工，与核查委托方及重点排放单位建立联系，并要求核查委托方及重点排放单位按时提交碳排放报告及相关支持文件，还应进行核查策划。③文件评审。通过对企业提交的碳排放报告和相关支持材料进行评审，核查组需初步确认排放情况，并确定现场核查思路及现场核查重点。文件评审工作应贯穿核查工作的始终。④现场核查。核查组应科学准确地开展现场核查，进一步判断排放报告的符合性，并向委托方及重点排放单位提交不符合清单。⑤核查报告编制。核查组应按照真实、客观、逻辑清晰的原则完成核查报告的编写。⑥内部技术评审。核查报告在提供给委托方及企业前，应经过核查机构内部独立于核查组成员的技术评审，避免技术错误。⑦提交核查报告。内部技术评审通过后，核查机构方可将核查报告交付给核查委托方及企业。⑧记录存档。核查机构应以安全和保密的方式保管核查过程中的全部书面和电子文件。

5.6.3 完善碳排放统计核算制度

1. 完善碳排放基础统计体系

在碳排放核算中，最重要的两个基础指标就是活动水平数据和排放因子。其中，活动水平数据是指在特定时期（通常为一年）、特定区域，增加或减少碳排放的人为活动量，如化石燃料消耗量、水泥熟料产量、森林蓄积量变化及畜禽存栏量等。排放因子主要依靠长期的调查、统计与监测获得。因此，完善碳排放统计核算包括完善活动水平数据和排放因子的统计、调查与监测。

（1）现行的相关统计报表制度

我国统计体系由政府综合统计和部门统计组成，行业协会统计作为重要补充。政府综合统计系统由自上而下设置的统计机构或配备的统计人员组成，现行的政府综合统计体制实行"统一领导，分级负责"的管理模式。

1）政府综合统计报表制度

当前，在国家统计局各专业统计报表制度中，能够为碳排放核算提供活动水平数据的统计制度包括《能源统计报表制度》《工业统计报表制度》《农林牧渔业统计报表制度》《运输邮电软件业统计报表制度》及《环境综合统计报表制度》等。

《能源统计报表制度》主要由基层年报表、基层定期报表、综合年报表、综合定期报表构成，这些报表反映能源的生产、销售、进出口、库存、购进、消费和能耗强度等情况。

《工业统计报表制度》中除了"规模以下工业主要产品"外，其他报表的统计范围均为规模以上工业法人单位。规模以上工业法人单位统计内容包括主要工业产品产量、规模以上工业主要产品生产能力、工业企业财务状况及产销总值等。所有报表均由各省、自治区、直辖市统计局负责组织实施，调查方法为全面调查。

《农林牧渔业统计报表制度》中统计调查内容包括：区县及村镇基本情况、农业生产条件、农林牧渔业生产情况。报表制度的调查统计范围包括：全部农业生产经营户、各省、自治区、直辖市以及新疆生产建设兵团所属的各种经济组织类型、各个系统的全部农业生产单位和非农行业单位附属的农业生产活动单位。军委系统的农业生产（除军马外）也应包括在内，但不包括农业科学试验机构进行的农业生产。

《运输邮电软件业统计报表制度》中统计调查内容主要包括：全国交通运输邮电业生产经营活动的基本情况，以及交通运输业能源消费情况。报表由国务院各运输邮电部门、公安部以及各省、自治区、直辖市统计局报送。

《环境综合统计报表制度》涉及环境保护、水利、国土资源、农业、民政、卫生、林业海洋、气象、交通的业务报表，由各有关业务主管部门报送。

2）部门统计报表制度

农业、林业、环保、交通等部门的统计报表，可以为碳排放核算提供相关活动水平数据。

《农业综合统计报表制度》可以提供全年及秋冬农作物播种面积等数据；《农业资源环境信息统计报表制度》和《全国农村可再生能源建设统计报表制度》可提供可再生能源利用、农村地区能源消费情况等数据；《全国土壤肥料专业统计报表》可提供土壤肥料推广、有机肥施用及商品有机肥、化肥的供需及使用、秸秆利用和还田情况；《畜牧业生产及畜牧专业统计监测报表制度》可提供畜牧业生产企业、产业活动单位、个体户数量，以及生猪、禽蛋、奶牛、羊等生产规模。

《林业统计报表制度》《石漠化综合治理工程统计报表制度》《全国经济林产业发展情况统计报表制度》《全国省级林业有害生物防治情况统计报表制度》《国家森林资源连续清查统计报表制度》《全国森林火灾统计报表制度》《森林公园年度建设与经营情况统计报表制度》《天然林资源保护工程统计报表制度》《京津风沙源治理工程统计报表制度》《全国防沙治沙任务、投资完成情况统计报表制度》等能够为计算相关土地利用变化与林业数据提供基础的活动水平数据。《公共机构能源资料消耗统计制度》可提供政府部门、公检法部门及社会团体等公共机构能源消费情况数据。

《环境统计报表制度》可提供工业、农业、城镇、集中式处理设施的污染物排放及利用情况；《消耗臭氧层物质与含氟气体生产、使用及进出口统计报表制度（试行）》可提供有关含氟气体生产使用、进出口等情况；《污染源普查动态更新调查报表制度》能够为核算废弃物处理产出的温室气体排放量提供部分基础活动数据。

《城市（县城）和村镇建设统计报表制度》能提供城市居民天然气、人工煤气、液化石油气等能源消费、城市（县城）排水和污水处理等数据，为城市进行温室气体排放核算提供活动水平数据；《民用建筑能耗和节能信息统计报表制度》中统计内容包含城镇民用建筑能耗和节能信息统计、乡村居住建筑能耗信息统计两部分内容。

《道路运输统计报表制度》《国内航运统计报表制度》《交通运输行业公路》《水路环境统计报表制度》《水上交通情况调查统计报表制度》《海上国际运输业统计报表制度》《港口综合统计报表制度》《交通运输能耗统计监测报表制度》《城市（县城）客运统计报表制度》《公路交通情况调查统计报表制度》等可提供公路、水路、民航、管道运输、城市公交等业务生产情况、能源消耗、环境保护工作等相关数据。

《国土资源统计报表制度》能够提供有关国土资源状况、国土资源管理、土地市场矿产资源等资料。

《铁路运输企业环境保护统计报表制度》《铁路运输企业能源消耗与节约统计报表制度》《铁路货物运输统计报表制度》《铁路客车统计报表制度》《铁路运输设备统计报表制度》《铁路机车统计报表制度》《铁路货车统计报表制度》等可提供铁路系统运输生产、能源消耗和环境保护工作等情况。

3）行业协会

《煤炭工业统计报表制度》可提供全部国有煤矿企业的原煤产量、能源消耗、固废排除及利用等数据。《中国钢铁工业统计报表制度》可提供钢铁企业产品产量、能源消耗、废钢消耗工序能耗等数据。《石油和化学工业生产统计报表制度》可提供主要石油和化工生产、销售及库存、生产能力、能源消耗等数据。《建筑材料工业统计报表制度》可提供水泥、平板玻璃等建筑材料的生产、销售、库存、能源消耗等数据。《有色金属工业统计报表制度》可提供主要碳素产品、水泥、有色金属产品产量、电解镁产能、能源消耗总量等数据。《电力行业统计报表制度》可提供全国机组发电量、6000kW 及以上机组发电量等数据。

（2）完善碳排放基础统计指标体系

碳排放基础统计是碳排放核算的重要依据，其关键在于测算二氧化碳、甲烷、氧化亚氮、氢氟碳化物、全氟化碳、六氟化硫等温室气体排放所需活动水平数据，覆盖能源活动、工业生产过程、土地利用变化和林业、农业活动、废弃物处理五大领域。

1）能源活动

能源活动是二氧化碳排放的主要来源，是甲烷、氧化亚氮排放的重要来源。能源活动相关活动水平数据指标包括以测算化石燃料碳排放量为目的的分部门、分能源品种、分主要燃烧设备的能源消费量；以测量生物质燃烧碳排放量为目的的分灶具类型的秸秆、薪柴、木炭与动物粪便等生物质燃料消费量；以测算电力调入调出二氧化碳间接排放量为目的的电力调入或调出电量。

2）工业生产过程

工业生产过程是重点排放源和主要排放方式之一，涉及水泥、石灰、钢铁、电石、己二酸、硝酸、一氯二氟甲烷、铝、镁、电力设备的生产和安装、半导体和氢氟烃 12 种工业生产过程碳排放。其活动水平指标主要有两类：一是主要产品产量，包括水泥熟料、石灰石、电石、己二酸、一氯二氟甲烷、硝酸、铝、镁、氢氟烃与钢材等产品产量；二是主要资源消耗量，包括石灰石、白云石、生铁、六氟化硫、四氟化碳、三氟甲烷、六氟乙烷等主要资源产品。

3）土地利用变化和林业

林业领域温室气体有排放源与吸收汇之分。对于碳源，主要是林业蓄积量转换系数消耗引起的碳排放；对于碳汇，主要是以林区面积、林种等因素测算碳吸收量，土地利用变化包括森林转化为非林地引起的碳排放。主要活动水平指标包括区域内乔木林按优势树种（或树种组）划分的面积和活立木蓄积量，疏林、散生木、四旁树蓄积量，灌木林、经济林和竹林面积；森林转化涉及的活动水平指标是乔木林、竹林、经济林转化为非林地的面积。

4）农业活动

农业活动温室气体排放的范围包含稻田甲烷、农田地氧化亚氮、动物消化道甲烷、动物粪便管理的甲烷和氧化亚氮等。稻田甲烷排放测算需要调查各类型稻田播种面积，一般包括单季水稻、双季早稻和双季晚稻三种；农业地氧化亚氮排放涉及的活动水平指标包括农作物面积和产量、畜禽饲养量、乡村人口、粪肥施用量、粪肥平均含氮量、化肥氮施用量、秸秆还田率、相关的农作物参数和畜禽单位年排泄氮量等；动物肠道发酵及动物粪便管理甲烷排放涉及的指标主要为分类型动物不同饲养方式的存栏量数据，其中主要动物类型包括奶牛、非奶牛、绵羊、山羊等，饲养方式包括规模化饲养、农户饲养和放牧饲养等。

5）废弃物处理

废弃物处理温室气体包括城市固体废弃物填埋、焚烧所产生的甲烷、二氧化碳，生活污水和工业废水处理所产生的甲烷和氧化亚氮。固体废弃物填埋甲烷排放估算所需的活动水平指标包括城市固体废弃物产生量、城市固体废弃物填埋量、城市固体垃圾废弃物物理成分；废弃物焚烧法处理二氧化碳排放估算需要的活动水平指标包括各类型（城市固体废弃物、危险废弃物、污水污泥）废弃物焚烧量；生活污水处理甲烷排放测算需要的主要活动水平指标为污水中有机物质的总量，以生化需氧量（BOD）为重要数据，包括排入海洋、河流或湖泊等环境中的 BOD 和在污水处理厂处理体系中去除的 BOD；工业废水处理甲烷排放测算时将每个工业行业的可生物降解性有机物数据分为两部分，即处理系统去除的 BOD 和直接排入环境的 BOD；废水处理活动氧化亚氮排放量测算涉及指标包括人口数、每人年均蛋白质的消费量、蛋白质中氮含量、废水中非消费性蛋白质的排放因子、工业和商业的蛋白质排放因子以及随污泥清除的氮量。

2. 完善统计调查

（1）当前碳排放核算统计的不足

我国现行统计制度比较完备，统计调查制度的信息丰富、内容详细，但信息分布于各职能部门，内容方法与温室气体排放清单的要求尚有一定差距，系统性和完整性仍有不足，还需要进行修正完善、更新和改进，与碳排放核算需求相比，还存在以下问题：

1）部门划分有待优化

我国现行统计制度以国民经济核算体系为核心建立起来。以国民经济行业划分为标准，在提供碳排放基础数据时，与 IPCC 的部门分类存在差别。国民经济行业分类是对产业活动的划分，而 IPCC 的部门分类则是以排放源与汇进行划分。

2）活动水平数据统计有待细化

能源统计方面，一是能源品种有待细分，新能源的品种统计不全；二是能源用途有待细化。目前，能源平衡表中用于原材料的能源品种没有体现，原因是用于原料、材料的能源不属于燃料范围，在能源平衡表中无法分离得到，工业企业非生产性能源消费量、用作原材料的能源消费量、用于交通运输设备的能源消费量应从终端消费中扣减，国际航线的船舶和飞机的消费量应单独列出。工业统计方面，缺少了电石、己二酸、石灰等产品产量、煤炭生产企业的气体排放与利用、石油天然气生产企业温室气体排放、火力发电企业温室气体相关情况、钢铁企业温室气体相关情况、含氟气体生产、进出口、使用和处置等统计内容。农田和畜牧业相关统计指标缺少主要农作物、畜禽养殖的特征调查数据；缺少废弃物处置的相关指标；林业统计数据不全等。

3）排放因子数据监测有待加强

目前，排放因子相关参数监测制度有待进一步完善，例如：能源活动领域缺乏油气系统各环节的相关参数研究；工业生产过程领域缺乏钢铁、硝酸等生产过程区域特色排放因子；农业和林业领域缺乏分区划树种的相关生长参数、分区划农作物生长特征参数、分区划畜牧业生产特征参数等。

（2）完善碳排放统计和调查的主要路径

为建立和完善温室气体排放基础统计制度，2013年，国家发展和改革委员会、国家统计局印发了《关于加强应对气候变化统计工作的意见的通知》，为开展碳排放统计和调查指明了方向。

1）完善碳排放统计

一方面，细化和增加能源统计品种指标。把原煤细分为烟煤、无烟煤、褐煤和其他煤炭，把其他能源细分为煤矸石、废热废气回收利用；开展可再生能源统计，包括生物质固体燃料、液态燃料和气态燃料，一次性能源生产中增加生物质能发电等；在能源加工转换中增加煤基液体燃料分品种统计，修改完善能量平衡表。

另一方面，细化能源用途。"交通运输、仓储及邮政业"终端消费分为"仓储及邮政业"和"交通运输业"终端消费量，增加道路运输、铁路运输、水运、航空、管道运输等细项。完善现有工业企业能源统计报表制度，改进企业能源购进、消费、库存、加工转换统计的方式，明确区分不同用途的分品种能源消费量，包括企业非生产性能源消费量、用作原材料的能源消费量、用于交通运输设备的能源消费量等。完善建筑业、服务业企业能源消费统计，在统计表中增加能源消费统计指标。完善公共机构能源消费及相关统计，增加分品种能源消费指标，并单列用于交通运输设备的能源消费。健全道路运输、水上运输营运企业和个体营运户能源消费统计调查制度，内容包括运输里程、客货周转量、能源消费量等指标。加强交通运输重点联系企业的能源消费监控及相关统计，开展海洋运输国内航线和国际航线分品种的能源消费量统计。

第三个方面，细化各个领域相关统计。细化工业领域分品种产品产量、分品种原料消耗量统计，例如开展水泥、石灰、钢材、电石、硝酸生产过程等工业产品产量、进出口和消费统计，增加石灰、水泥熟料等种类及产量以及电石渣生产水泥熟料产量的统计，开展冶金石灰、建筑石灰和化工石灰产量的统计，开展石灰石、白云石和炼钢用生铁消耗量的统计。土地利用变化和林业统计包括：开展火灾损失林木蓄积量和森林病虫害损失林木蓄积量指标；结合森林资源清查，开展林地单位面积生物量、年生长量等指标调查，并开展森林生长与固碳特性的综合调查；加强对造林、采伐、林地征占与林地转化监测与统计，并按用地类型统计新增面积和减少面积。完善农田和畜牧业相关统计指标，开展一熟、二熟、三熟农田播种面积统计。废弃物处理统计包括：开展生活垃圾填埋场填埋气处理方式、填埋气回收发电供热量以及垃圾焚烧发电供热量的统计，开展生活污水生化需氧量排放量及去除量、污水处理过程中污泥处理方法及其处理量的统计。

2）完善碳排放基础调查

对发电、水泥、石灰、钢铁、化工等行业化石燃料低位发热量、主要设备碳氧化速率专项调查；对钢铁、水泥、石灰和硝酸等行业生产过程排放因子专项调查；对乔木林优势树种蓄积量生物量转换模型参数、主要优势树种生物含碳量和灌竹林、木林、经济林单位面积生物量等调查；对农作物特征、畜牧业养殖数量、畜牧业生产特性以及畜禽饲养粪便处理方式调查；对垃圾成分、生活污水生化需氧量排放量及去除量、污水处理过程中污泥处理方式及其处理量进行调查。

5.7 碳排放核算案例——浙江省某污水处理厂

5.7.1 污水处理厂工艺流程与碳排放来源

浙江省某污水处理厂设计总规模为 32 万 m^3/d，污水处理厂 2020 年进出水水质及去除率如表 5-9 所示。生化处理单元采用改良型 A^2O 工艺，深度处理采用混凝沉淀＋过滤＋消毒工艺。

污水处理厂 2020 年进出水水质及去除率　　　　表 5-9

水质指标	COD_{cr} (mg/L)	BOD_5 (mg/L)	SS (mg/L)	NH_3-N (mg/L)	总氮量 (mg/L)	总磷量 (mg/L)	pH	总水量 (万 m^3)
进水	226	81.5	279	18.6	26	4.32	7.22	8203.59
出水	19.2	2.22	2.50	0.28	5.89	0.11	7.18	7792.16
去除率（%）	91.50	97.28	99.10	98.49	77.35	97.45	—	

污水处理厂直接排放的温室气体包括二氧化碳、甲烷和氧化亚氮。二氧化碳的排放源分为化石能源产生的二氧化碳和非化石能源（生物源）产生的二氧化碳；间接排放的温室气体主要包括电力、能源和药剂消耗等带来的二氧化碳。对污水处理厂污染治理设施运行和厂内涉及碳排放的活动所产生的碳排放总量进行核算，其工艺流程与核算边界如图 5-3 所示。

污水处理过程的碳排放核算包括从污水进水至处理后出水整个流程产生的碳排放，具体包括：粗格栅、提升泵房、细格栅、曝气沉砂池、A^2O 反应池、高效沉淀池、纤维转盘滤池、紫外消毒渠、中水池、中水泵房、鼓风机房和加药间的碳排放。污泥处理过程的碳排放核算包括：重力浓缩和板框压滤（日处理规模约为 30t/d，含水率约为 65%），以及重力浓缩和离心脱水（日处理规模约为 120t/d，含水率约为 80%）两条处理工艺路线。污泥处理后外运约 20km 到达处置地点进行资源化处置（焚烧和制水泥）。由于污泥运输

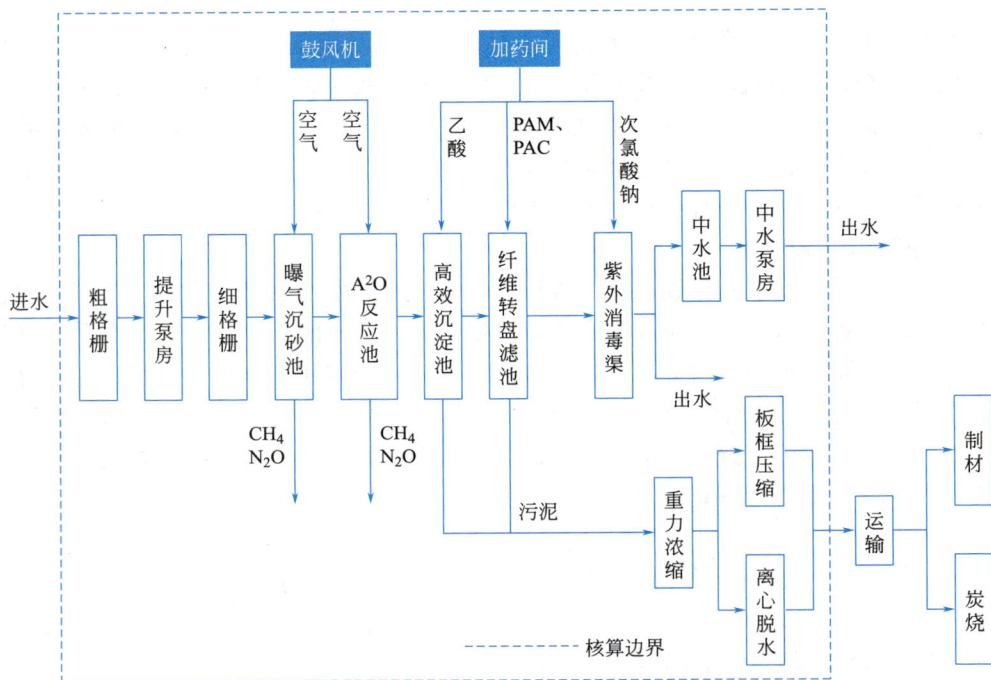

图 5-3　污水处理厂工艺流程与核算边界

和处置均由第三方完成，所以不计入本次企业碳排放核算边界。《省级温室气体清单编制指南》要求污水处理厂碳排放量的计算内容包括甲烷、氧化亚氮的直接排放和净购入电的间接排放，污水处理厂中水回用设施带来的碳减排量不纳入污水处理厂碳排放核算中。

5.7.2　碳排放核算方法

1. 直接排放中甲烷的核算方法及排放因子

污水处理过程中甲烷排放的估算公式为：

$$E_{CH_4} = (TOW \times EF) - R \tag{5-22}$$

式中　E_{CH_4}——核算年份的生活污水处理甲烷排放总量，万 t CH_4/a；

TOW——核算年份的生活污水中的有机物总量，kg BOD/a；

EF——排放因子，kg CH_4/kg BOD；

R——清单年份的甲烷回收量，kg CH_4/a。

$$EF = B_0 \times MCF \tag{5-23}$$

式中　B_0——甲烷最大产生能力，表示污水中有机物可产生的最大甲烷排放量，IPCC 指南推荐生活污水中每 kg BOD 可产生 0.6kg 甲烷；

MCF——甲烷修正因子。根据我国实际情况，利用相关参数，得出全国平均的 MCF 为 0.165，作为推荐值。

2. 直接排放中氧化亚氮的核算方法及排放因子

污水处理过程中氧化亚氮排放的估算公式为：

$$E_{N_2O} = N_E \times EF_E \times \frac{44}{28} \tag{5-24}$$

式中 E_{N_2O}——核算年份氧化亚氮的年排放量，kg N_2O/a；

N_E——污水中氮的含量，kg N/a；

EF_E——废水的氧化亚氮排放因子，kg N_2O/kg N，建议根据各省、自治区、直辖市的实际情况确定，如果不可获得，可采用《省级温室气体清单编制指南》推荐值，0.005kg N_2O/kg N；

$\dfrac{44}{28}$——转化系数。

3. 污水处理厂温室气体间接碳排放

污水处理厂间接碳排放主要是净购入电力产生的二氧化碳排放。可以利用省区市境内电力调入或调出电量乘以该调入或调出电量所属区域电网平均供电排放因子，得到该省区市由于电力调入或调出所带来的所有间接二氧化碳排放，如式（5-25）所示。

$$E_{CO_2}=AD \times EF_P \tag{5-25}$$

式中 E_{CO_2}——核算年份净购入电力产生的二氧化碳排放量，kg CO_2/a；

AD——核算年份净购入电量，kWh；

EF_P——调入或调出电量所属区域电网平均供电排放因子，0.5810kg/kWh。

5.7.3 污水处理厂碳排放核算结果

根据污水处理厂 2020 年的处理水量、耗电量、污水水质等信息，核算出该污水处理厂 2020 年温室气体排放总量。

1. 污水处理厂直接碳排放

（1）甲烷碳排放

该污水处理厂 2020 年共处理 8203.59 万 t 污水，全年累计进水 BOD_5 总量 TOW 为 6685.92t；B_0 按指南推荐值，每千克 BOD_5 产生 0.6kg CH_4；MCF 取全国平均值 0.165；R 为 0。将以上数据代入式（5-22）和式（5-23），得到：

$$EF=B_0 \times MCF=0.6 \times 0.165=0.099kg\ CH_4/kgBOD$$
$$E_{CH_4}=(TOW \times EF)-R=(6685.92 \times 0.099)-0 \approx 661.91t$$

根据 IPCC 第六次评估报告，甲烷的全球变暖潜能值 GWP-100 为二氧化碳的 28 倍，因此污水处理厂排放甲烷折算成二氧化碳排放为 $28 \times 661.91=18533.48t\ CO_2\text{-eq}$。

（2）氧化亚氮碳排放

根据污水处理厂实测，污水中全年总氮含量 N_E 为 2132.93t，EF_E 采用指南推荐值 0.005kgN_2O/kgN，将以上数据代入式（5-24），得到：

$$E_{N_2O}=N_E \times EF_E \times \frac{44}{28}=2132.93 \times 0.005 \times 44/28 \approx 16.76t$$

根据 IPCC 第六次评估报告，氧化亚氮的全球变暖潜能值 GWP-100 为二氧化碳的 298 倍（表 5-5），因此污水处理厂排放氧化亚氮折算成二氧化碳排放为 $298 \times 16.76=4994.48t\ CO_2\text{-eq}$。

2. 污水处理厂间接碳排放

该污水处理厂 2020 年污水处理共购电量 AD 为 27203324kWh，污水处理厂所在地电网平均供电排放因子 EF_P 取值为 0.581kg CO_2/kWh，代入式（5-25），得到：

$$E_{CO_2}=AD \times EF_P=27203324 \times 0.581 \approx 15805131.24kg\ CO_2/a \approx 15805.13t\ CO_2/a$$

根据污水处理厂实测，总供电量中用于污水处理过程的净购入电为 25304501kWh，用于污泥处理过程的净购入电为 1898823kWh，可分别计算污水处理过程和污泥处理过程的间接碳排量如下：

$$E_{CO_2污水} = AD_{污水} \times EF_P = 25304501 \times 0.581 \approx 14701915.08 \text{kg } CO_2/a \approx 14701.92\text{t } CO_2/a$$

$$E_{CO_2污泥} = AD_{污泥} \times EF_P = 1898823 \times 0.581 \approx 1103216.16 \text{kg } CO_2/a \approx 1103.22\text{t } CO_2/a$$

3. 污水处理厂指南核算的碳排放总量

该污水处理厂污水处理碳排放量如表 5-10 所示。

污水处理厂污水处理碳排放量 表 5-10

		实际排放（使用）量	折算为 CO_2 排放量（t CO_2-eq）	占比
直接排放	CH_4	661.91t	18533.48	47.12%
	N_2O	16.76t	4994.48	12.70%
间接排放	净购电	27203324kWh	15805.13	40.18%
合计			39333.09	

可见，该污水处理厂 2020 年共排放甲烷和氧化亚氮折算为二氧化碳排放量分别为 18533.48t CO_2-eq、4994.48t CO_2-eq，净购电所产生的二氧化碳排放量为 15805.13t CO_2-eq，碳排放总量为 39333.09t CO_2-eq。其中，污水处理厂净购电所产生的二氧化碳排放量占总排放量的比例为 40.18%，与排放甲烷所产生的二氧化碳排放量共占污水处理厂排放二氧化碳的 90% 左右。因此，污水处理厂减少碳排放的关键是控制甲烷排放和减少电耗。

4. 污水处理厂吨水碳排放量

我国 A^2O 工艺污水处理二氧化碳的排放因子为 0.60kg CO_2-eq/m^3，污水处理厂的平均二氧化碳排放因子为 0.86kg CO_2-eq/m^3。该污水处理厂 2020 年共处理污水 8203.59 万 m^3，根据表 5-10 中二氧化碳的总排放量 39333.09t CO_2-eq，可计算得出该污水处理厂污水的二氧化碳排放因子为 0.48kg CO_2-eq/m^3。可以看出，该污水处理厂二氧化碳排放因子较小，污水和污泥处理过程中碳排放量低于全国平均水平，表明该污水处理厂整体节能降耗效果较好。

第6章 不同生产过程碳排放核算

人为活动是造成全球温室效应的最主要原因，而生产过程又是人为活动中温室气体排放最大的来源。本章将会介绍工业、农业、废弃物处理和林业及土地利用过程的温室气体排放情况。

6.1 工业生产过程碳排放核算

工业生产过程碳排放指工业企业在生产加工过程中除燃料燃烧之外的物理或化学变化引起的温室气体排放。参考《IPCC 国家温室气体清单指南》《IPCC 国家温室气体清单优良作法指南和不确定性管理》，以及国家发展和改革委员会在 2013 年 10 月、2014 年 12 月和 2015 年 7 月发布的三批次行业的《企业温室气体核算方法与报告指南》，结合国家标准《工业企业温室气体排放核算和报告通则》GB/T 32150—2015，使用《国民经济行业分类》GB/T 4754—2017 以及决策树等方法，确定了 19 个碳排放核算行业，包括煤炭开采和洗选、石油和天然气开采、石油加工、电力生产、电力供应、炼焦、化学原料和化学制品、非金属矿物制造、炼铁炼钢、有色金属冶炼和压延、汽车制造、通用设备制造、造纸和纸制品、电气机械与器材设备、电子设备生产、航空运输、公共设施管理、铁路和道路运输、食品、烟草、酒饮料及精制茶等类别。钢铁和水泥行业分别占据我国碳排放总量的 13％和 15％左右，因此，本章将重点介绍水泥和钢铁生产过程中的碳排放核算。

6.1.1 工业生产过程碳排放识别

1. 水泥生产过程

水泥生产过程的碳排放主要来源于石灰石中的碳酸钙和少量碳酸镁的高温处理过程。水泥制造过程通常包括将水泥生料高温处理，产生中间产物熟料，然后将熟料与其他物料混合粉磨以制成水泥。目前，主要采用新型干法水泥生产工艺，如图 6-1 所示，而湿法生产工艺逐渐被淘汰。水泥生产过程中的二氧化碳排放主要发生在熟料制备阶段，而在熟料转化为水泥的过程中，二氧化碳排放较少。

水泥生料由适当比例的石灰石、黏土、少量铁矿石和其他成分混合制备而成。石灰石主要含有碳酸钙和少量碳酸镁，黏土的主要矿物成分包括高岭石和蒙脱石等，而铁矿石则主要包含氧化铁。水泥生产中的二氧化碳排放量与生料中碳酸钙和碳酸镁的含量密切相关。水泥熟料是水泥生产的中间产物，由水泥生料经高温煅烧发生物理化学反应后形成。在煅烧过程中，石灰石中的碳酸钙和少量碳酸镁都会分解释放二氧化碳，其反应式如下：

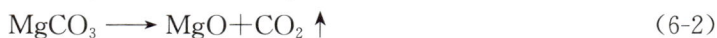

$$CaCO_3 \longrightarrow CaO + CO_2 \uparrow \tag{6-1}$$

$$MgCO_3 \longrightarrow MgO + CO_2 \uparrow \tag{6-2}$$

熟料从窑炉取出后，经过冷却并研磨成适宜粒度的细粉，然后加入一定比例的其他矿物质（如石膏等），最终形成水泥产品。虽然水泥浇筑混凝土凝固时会吸收大气中的二氧

硅质原料　　石灰石　　校正原料　　煤　　石膏　　混合材

破碎　　单段锤式破碎机　　贮库　　破碎

预均化堆场　　　　　　均化堆场

配料场　　　　　　煤磨

立式生料磨　　　　煤粉仓　　破碎　　破碎

均化库

预热器　　　　　　　　　　　　　烘干

分解炉

回转窑

冷却机

熟料库　　　　　　　　　贮库　　贮库

水泥磨

水泥库　　→　水泥散装库

包装机

成品库

商品熟料出厂　　　袋装水泥出厂　　　散装水泥出厂

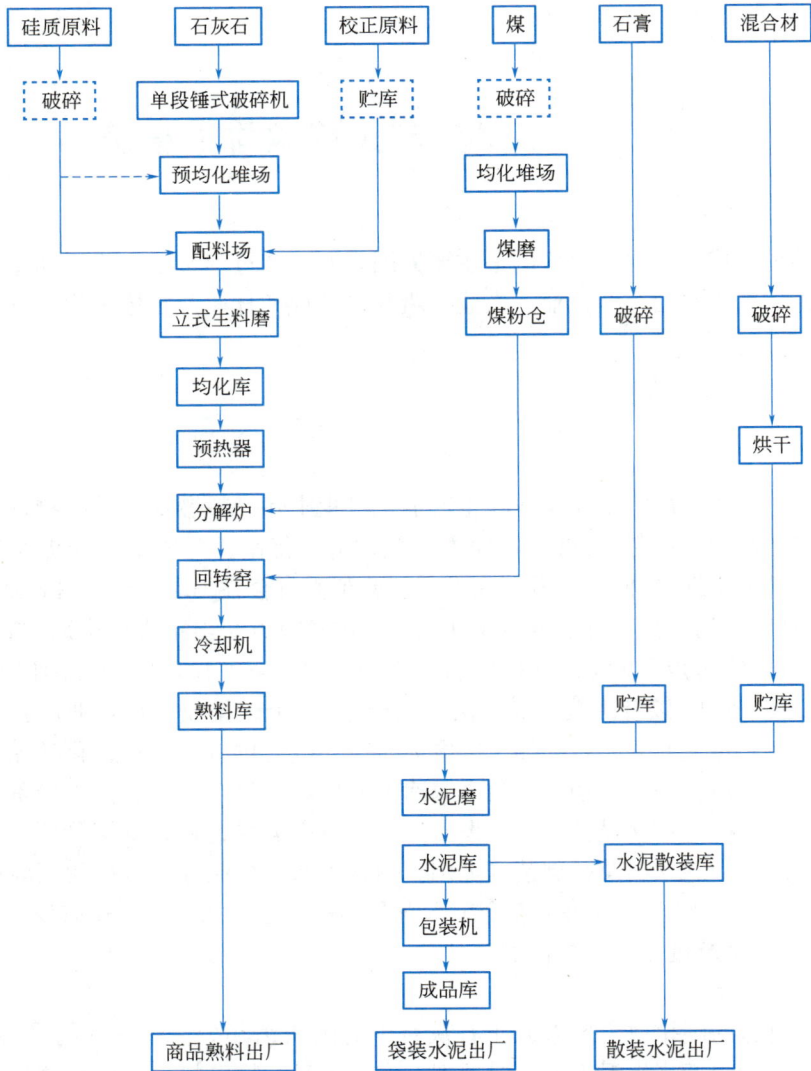

图 6-1　新型干法水泥生产工艺

化碳，但吸收量远低于水泥生产过程中排放的二氧化碳量，因此在计算中，吸收的二氧化碳量可忽略不计。

2. 钢铁生产过程

钢铁生产过程碳排放的主要环节包括炼铁熔剂的高温分解和炼钢降碳过程。钢铁生产主要工艺流程如图 6-2 所示，包括混矿、烧结、球团、炼钢、炼铁和轧钢等步骤。在此过程中，石灰石和白云石等熔剂被消耗，其中碳酸钙和碳酸镁在高温下发生分解反应，产生二氧化碳。此外，炼钢降碳过程是指在高温下通过氧化剂将生铁中多余的碳和其他杂质氧化成二氧化碳并排放，或将其转化为炉渣进行去除。本小节所核算的钢铁生产碳排放源不仅包括了炼钢降碳过程中的二氧化碳排放，还包括了《IPCC 国家温室气体清单指南》中石灰石利用部分。因此，需要核算钢铁工业中使用石灰石、白云石等熔剂所排放的二氧化碳量，以及炼钢过程中排放的二氧化碳量。

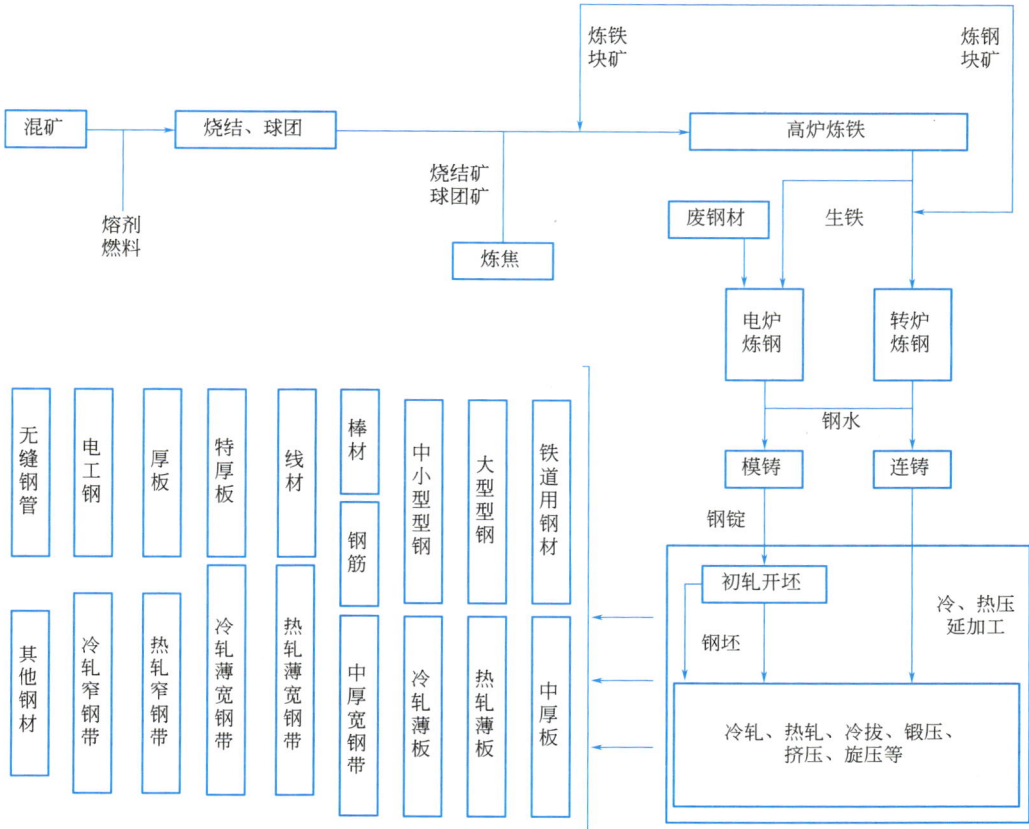

图 6-2　钢铁生产主要工艺流程

根据调研结果，熔剂分解排放二氧化碳的主要单元包括：烧结机、平炉、转炉、电炉、高炉、铁合金炉等设备；而降碳工艺排放二氧化碳的主要单元是三种炼钢炉。根据《省级温室气体清单编制指南（试行）》中规定的调查方法，消耗石灰石、白云石的关键排放单元是生产烧结矿的烧结机，其次是高炉、铁合金炉、炼钢炉。

6.1.2　水泥生产过程碳排放

1. 碳排放核算公式

（1）基于水泥产量数据的碳排放核算公式

$$E_{CO_2\text{-工业生产过程}} = \left[\sum_i (m_{ci} \times C_{cli}) - Im + Ex\right] \times EF_{clc} \tag{6-3}$$

式中　$E_{CO_2\text{-工业生产过程}}$——核算期内水泥生产过程中的二氧化碳排放量，t；

m_{ci}——生产的 i 类水泥质量，t；

C_{cli}—— i 类水泥的熟料比例，%；

Im——熟料消耗的进口量，t；

Ex——熟料的出口量，t；

EF_{clc}——特定水泥中熟料的二氧化碳排放强度，t CO_2/t 熟料。

（2）基于熟料生产数据的碳排放核算公式

$$E_{CO_2\text{-工业生产过程}} = m_c \times EF_{cl} \times EF_{CKD} \tag{6-4}$$

式中 m_c——生产的熟料质量，t；

EF_{cl}——熟料的二氧化碳排放强度，t CO_2/t 熟料；

EF_{CKD}——水泥窑尘的排放修正因子，无量纲，如果无修正实测数据，可采用缺省值 1.02。

$$EF_{cl} = 0.7857 \times C_1 + 1.092 \times C_2 \tag{6-5}$$

式中 C_1——熟料中 CaO 的质量百分比，%；

C_2——熟料中 MgO 的质量百分比，%。

2. 活动水平和排放因子确定

（1）活动水平数据确定

活动水平数据主要指涉及水泥生产过程碳排放核算所需的活动数据。在水泥生产过程中，水泥粉磨、配制等工艺阶段的能源消耗主要来自电力使用，这部分能源消耗不计入生产过程排放的范畴。根据不同的核算方法，需要收集的活动数据略有差别。

方法 1（基于水泥产量数据的碳排放核算方法）：各种类型水泥的产量以及熟料的占比、核算区域内水泥熟料的进口量和出口量。

方法 2：需要记录熟料的产量，但应扣除用电石渣生产的熟料产量。

国家和省级水泥生产过程的活动数据获取依赖于各种统计数据、政府部门数据、相关行业数据，以及核算区域内扣除了用电石渣生产的熟料后的水泥熟料数据。

企业级的水泥生产过程活动数据则基于核算企业在核算期内的生产记录。粉尘量的数据获取可以采用企业的生产记录，也可以使用物料称重等方法来获得，或者使用企业的测量数据。

（2）排放因子确定

1）熟料排放因子

水泥生产过程中的二氧化碳排放主要源自水泥熟料的生产。水泥熟料是通过高温煅烧水泥生料形成的，在生料煅烧过程中，碳酸钙和碳酸镁会发生分解反应，从而释放二氧化碳。

若无本地实测排放因子，建议采用《省级温室气体清单编制指南（试行）》推荐的排放因子来估算水泥生产过程中的碳排放量。

2）水泥窑尘的排放因子修正

排放因子的计算基于假定熟料中所有 CaO 均来自碳酸盐物质。但在实际情况中，有些企业可能使用其他来源的含 CaO 物质，例如含铁炉渣等。如果已经明确了大量含 CaO 的其他来源物质被用作原料，那么这部分非碳酸盐来源的 CaO 应该从熟料中扣除，以便更准确地计算二氧化碳排放。

3. 调查与方法

（1）调查内容

计算排放因子：

$$EF = 熟料中 CaO 含量 \times \frac{M_{CO_2}}{M_{CaO}} + 熟料中 MgO 含量 \times \frac{M_{CO_2}}{M_{MgO}} \tag{6-6}$$

$$= 熟料中 CaO 含量 \times \frac{44}{56} + 熟料中 MgO 含量 \times \frac{44}{40}$$

式中，CaO 和 MgO 含量来源于抽样调查，一般通过实地熟料采样，遵循《石灰石及白云石化学分析方法 第1部分：氧化钙和氧化镁含量的测定 络合滴定法和火焰原子吸收光谱法》GB/T 3286.1—2012 标准对 CaO 和 MgO 含量进行检测。

（2）CaO 和 MgO 检测的一般方法

试料用碳酸钠-硼酸混合熔剂熔融，稀盐酸浸取。分取部分试液，以三乙醇胺掩蔽铁、铝、锰等离子，在强碱介质中，以钙羧酸作为指示剂，用乙二胺四乙酸（EDTA）或乙二醇二乙醚二胺四乙酸（EGTA）标准溶液滴定计算 CaO 量。另取部分试剂，以三乙醇胺掩蔽铁、锰、铝等离子，在 pH 为 10.0 的氨-氯化铵缓冲液中，以酸性铬蓝 K 和萘酚绿 B 做混合指示剂，用 EDTA 标准溶液滴定计算 CaO 和 MgO 的含量，或以稍过量的 EGTA 标准溶液掩蔽钙，用环己烷二胺四乙酸（CyDTA）标准溶液滴定计算 MgO 含量。

若试样中 Fe_2O_3、Al_2O_3 含量大于 2.0% 或氧化锰含量大于 0.10%，可用二乙胺二硫代甲酸钠沉淀分离铁、铝和锰离子，分取滤液用 EDTA 或 EGTA 和 CyDTA 标准溶液滴定计算 CaO 和 MgO 含量。

6.1.3 钢铁生产过程碳排放

1. 碳排放核算公式

钢铁生产过程二氧化碳排放量的计算公式如式（6-7）所示：

$$E_{CO_2}=AD_1\times EF_1+AD_d\times EF_d+(AD_r\times F_r-AD_s\times F_s)\times\frac{44}{12} \tag{6-7}$$

式中　E_{CO_2}——钢铁生产过程的二氧化碳排放量，$t\ CO_2$；

　　　AD_1——所在省级辖区内钢铁企业消费的作为熔剂的石灰石数量，t；

　　　EF_1——作为熔剂的石灰石消耗的排放因子，$t\ CO_2/t$；

　　　AD_d——所在省级辖区内钢铁企业消费的作为熔剂的白云石数量，t；

　　　EF_d——作为熔剂的白云石消耗的排放因子，$t\ CO_2/t$；

　　　AD_r——所在省级辖区内炼钢用生铁数量，t；

　　　F_r——炼钢用生铁的平均含碳率，%；

　　　AD_s——所在省级辖区内炼钢的钢材产量，t；

　　　F_s——炼钢的钢材产品的平均含碳率，%。

2. 活动水平和排放因子确定

（1）活动水平数据确定

活动水平数据包括石灰石和白云石的年消耗量、炼钢用生铁年消耗量以及钢材年产量等，可通过查阅《中国钢铁工业年鉴》、省市统计部门、行业协会、专家估算或典型调查方法等多种渠道获取。

（2）排放因子确定

1）石灰石和白云石消耗的排放因子（EF_1、EF_d）

$$EF_1=石灰石中所含二氧化碳质量/石灰石质量 \tag{6-8}$$

$$EF_d=白云石中所含二氧化碳质量/白云石质量 \tag{6-9}$$

2）生铁、钢材的平均含碳率（F_r、F_s）

生铁、钢材的平均含碳率（F_r、F_s）采用《中国钢铁生产企业温室气体排放核算方法与报告指南（试行）》推荐方法，采用下式计算得出：

$$F = 碳元素质量/生铁(钢材)质量 \qquad (6\text{-}10)$$

石灰石和白云石消耗的排放因子（EF_1、EF_d）以及生铁、钢材的平均含碳率（F_r、F_s）优先采用实测值。若无本地实测排放因子，建议采用《省级温室气体清单编制指南（试行）》推荐的排放因子或基本参数来估算钢铁生产过程的碳排放量，如表 6-1 所示。

钢铁生产过程排放因子或基本参数   表 6-1

类别	单位	数值	类别	单位	数值
石灰石消耗	t CO_2/t 石灰石	0.430	生铁平均含碳率	%	4.100
白云石消耗	t CO_2/t 白云石	0.474	钢材平均含碳率	%	0.248

6.2 农业生产过程碳排放核算

农业生态系统是受人为因素影响较显著的生态系统之一。在全球人口不断增加、农产品需求持续上升、工业对农业生产的影响不断加深的现代社会，农业生态系统的碳排放一直以较快的速度增长。如何在控制碳排放的同时保持农业可持续稳定发展，成为全人类共同面临的挑战。农业碳排放往往与农业化学品的大量使用、农业污染相关联。减少和控制化肥、农药等农业化学品的使用是减少农业碳排放的有效途径。这不仅有助于降低碳排放，还有助于减轻对环境的负面影响。因此，减少农业化学品的使用是农业实现绿色增长和低碳发展的关键。农业碳排放核算的目的在于明确农业生态系统的碳排放来源和排放量，为农业领域的碳减排和应对全球变暖提供基础数据支持，同时也为绿色农业的发展提供保障。农业碳排放主要来自种植业和养殖业两大部分，涉及的温室气体主要包括甲烷和氧化亚氮。排放源包括稻田甲烷、农用地氧化亚氮、动物肠道发酵产生的甲烷，以及动物粪便管理过程中产生的甲烷和氧化亚氮等，如图 6-3 所示。

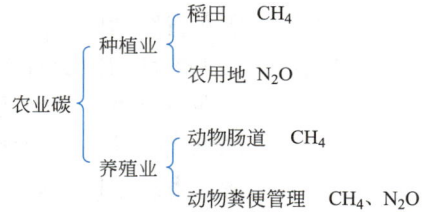

图 6-3 农业碳排放核算构成

6.2.1 农业碳排放识别

1. 排放环节

（1）稻田甲烷

稻田甲烷是在淹水产生的厌氧条件下，由产甲烷菌利用土壤中的含碳基质经复杂的生化过程而产成的气体，包括甲烷的产生、氧化和传输过程。

1）产甲烷菌

产甲烷菌是专性厌氧菌，至今已鉴定出 200 多种，广泛分布在沼泽、池塘污泥、稻田土壤以及食草动物的盲肠和瘤胃内。

2）稻田土壤甲烷的产生

稻田土壤富含产甲烷的基质，包括有机肥料、动植物残体、土壤腐殖质、其他有机物以及水稻根系的脱落物、分泌物。稻田甲烷的生成主要通过两种途径：一是在专性矿质化学营养产甲烷菌作用下，以氢气或有机分子作为氢供体，还原二氧化碳或直接利用甲酸和一氧化碳产生甲烷；二是在甲基营养产甲烷菌作用下，对含甲基化合物（如乙酸）的脱甲基作用产生甲烷，这是甲烷生成的主要途径。

3）稻田土壤甲烷的氧化

即使在严格的淹水条件下，稻田土壤也不是均匀地处于还原状态，在水稻根系周围、部分水土交界处存在一定氧化层，可为甲烷氧化细菌的生长提供条件。当土壤中产生的甲烷通过扩散进入氧化层区域时，甲烷被甲烷氧化菌大量氧化，氧化比率可达 50%～90%。

（2）农用地氧化亚氮

1）土壤氧化亚氮产生的化学过程

IPCC 报告指出，全球大气中氧化亚氮浓度增加量的 80% 来源于农业。农田土壤是氧化亚氮排放的最主要来源，其主要生成过程包括硝化作用和反硝化作用。

硝化作用是微生物将铵（NH_4^+）、氨（NH_3）或有机氮（RNH_2）等还原态氮转化为 NO_2^- 或者 NO_3^- 等氧化态氮的过程，氧化亚氮是硝化过程中伴随产生的副产物。反硝化作用是厌氧条件下 NO_2^- 或 NO_3^- 被还原转化为一氧化氮、氧化亚氮和氮气等低价态氮的过程。

2）农用地氧化亚氮的排放

土壤水分含量、土壤温度和施肥等因素对土壤氧化亚氮的排放起着重要作用。其中，土壤水分含量对土壤中氮素的转化方向具有决定性影响。在土壤通透性良好、供氧充足的条件下，例如小麦生长季节，硝化作用会产生大量氧化亚氮，因此总的氧化亚氮排放量较高；而在土壤处于淹水、厌氧状态，例如水稻生长季节，氧化亚氮排放量总体相对较低。

（3）畜禽养殖（肠道甲烷、粪便甲烷与氧化亚氮）

肠道甲烷是通过产甲烷菌利用简单的一碳、二碳基质进行加氢还原而产生的，其产生机制与稻田甲烷接近，所有基质源于食物的不断补充。肠道甲烷以草食性、反刍类动物排放量较大。富含纤维素的食物进入食草性和反刍类动物消化道后，多糖、纤维素等含碳物质在各种酶的作用下被降解成简单糖类，然后进一步转化为丙酮酸，丙酮酸经过多种代谢途径发酵，产生乙酸、丙酸、丁酸等产物。在丙酮酸转化成乙酸的过程中，释放出的 H^+ 和 e^- 会被甲烷菌利用合成甲烷。动物肠道甲烷产生过程与食物的消化、吸收密切相关，对动物的生长具有重要意义。

粪便甲烷和氧化亚氮都是动物粪便分解的产物，粪便处理条件不同，甲烷和氧化亚氮的产生量会有较大的不同。

动物粪便甲烷是在严格厌氧环境中由产甲烷菌活动产生的，其生物化学过程与稻田甲烷的产生过程基本相似，都包括产酸、产甲烷两个过程，差别在于参与产生甲烷的菌群略有不同。

粪便氧化亚氮排放是温度、氧气和反应底物浓度以及传输过程等多种因素交互作用的结果。处于堆积状态的粪便与土壤相似，因含水量、孔隙度等差异，存在氧化区域和还原区域，粪便中的含氮有机成分在微生物作用下发生硝化和反硝化作用，从而产生氧化亚氮。

2. 碳排放特征

（1）存在广泛的碳循环

在农业、养殖业的碳排放核算中并没有考虑二氧化碳，这主要是因为农业、畜牧业生产是较为严格的二氧化碳零循环系统。

在农业领域，粮食、油料、蔬菜、水果和能源植物的种植过程，基本的碳循环都是通过光合作用,将二氧化碳转化为碳水化合物,并将其固定在植物体内。部分固定的碳水化合物通过呼吸作用释放能量,以维持光呼吸和各种耗能活动,剩余部分转化为农产品,包括庄稼秸秆、籽粒等。

在养殖业中,不论是草食动物还是肉食动物,其饲料的根本来源还是通过种植业所获得的净光合产物及其转化物,其含有的碳还是直接来源于种植业光合作用固定的二氧化碳,或者种植业固定二氧化碳的转化形式。

种植业和养殖业的碳排放源自人类消费活动,其中粮食和动物产品被消耗后,大部分最终以二氧化碳的形式释放到大气中。例如,人类食品中的动物性食品,通常通过人体呼吸转化为二氧化碳。部分动物饲料在动物的呼吸过程中也被转化为二氧化碳。同时,人类和动物粪便中的碳大部分会通过微生物作用转化为二氧化碳。

综上所述,农业和养殖业与大气之间形成了相对封闭的二氧化碳循环系统,其中二氧化碳从大气中被吸收,经过不同途径最终以二氧化碳的形式返回大气。因此,在这些领域的碳排放核算中通常不考虑二氧化碳排放。

(2) 碳排放源覆盖面积广、个体数量多

农业甲烷的排放主体是处于覆水状态的稻田,农用地氧化亚氮的排放主体则包括所有的农业用地,动物肠道甲烷的来源是所有养殖的畜禽个体,粪便甲烷和氧化亚氮的来源则是所有的畜禽粪便。因此,农业和养殖业排放源存在覆盖面特别广、个体数量多等特点。

(3) 单体排放强度普遍较低

农业和畜禽养殖业的碳排放是以自然生态系统为基础的微观尺度生物化学过程,与工业、能源消费过程相比,单体排放强度较低。

稻田甲烷的年平均排放总量约为 $220kg/hm^2$。而农用地氧化亚氮的排放通量年平均排放总量大约为 $9kg/hm^2$。这些排放水平相对于工业和能源企业来说要低得多。

在畜禽养殖业中,单体动物的排放强度与种植业类似。例如,每头牛的年甲烷排放量约为 90kg,而每头羊、猪的年甲烷排放量分别约为 9kg 和 1kg。畜禽单体的碳排放量偏小、过程不稳定,单位时间的排放强度也比工业和能源企业低很多。

(4) 测定困难大

与氧气、二氧化碳、氮气等在空气中的占比相比,甲烷和氧化亚氮都属于痕量气体,对测量工具提出了很高的要求。特别是在涉及面源排放的情况下,如稻田甲烷和农用地氧化亚氮,由于它们以混合气体的形式直接排放到大气中,浓度相对较低,增量相对有限。同时,由于这些气体难以直接收集,通常需要采用特殊仪器,如"密闭箱-气相色谱"法进行测定,对测定的仪器技术水平要求较高,成本与人力物力消耗较大。

与稻田甲烷、农用地氧化亚氮相比,粪便甲烷与氧化亚氮的排放强度大、浓度高,对检测设备的要求低于农田温室气体。但与稻田甲烷、农用地氧化亚氮相比,粪便处理方式千变万化,不同处理方式、排放强度均存在较大差异,难以像农田温室气体那样具有稳定的排放规律。

动物肠道甲烷的浓度高,对检测设备的精度要求较低,但畜禽处于活动状态和非活动状态的排放量差异较大,限制其活动进行测量与自然状态相比也存在较大差异,因此难以准确确定个体的排放量,折算总量也就存在较大误差。目前常用封闭箱法、开放循环箱法、气袋法、示踪法、微气象法等多种方法监测畜禽个体的温室气体排放总量。

6.2.2 稻田甲烷排放

1. 核算公式

稻田是农田种植业的甲烷排放源，是唯一单独核算的温室气体排放源类型。IPCC 指南提供的稻田甲烷排放量核算方法是基于长期监测数据的半经验性方法，其理论依据是不同稻田类型的甲烷排放均符合农业生态规律，受到土壤性质、气候、农业耕作方式与栽培习惯等因素的影响，其排放过程相对稳定，排放强度和总量相对稳定可测。因此，在一个区域范围较大、土壤性质相对稳定、气候条件类似、耕作方式和农业习惯接近的地区，可以采用某一推荐值来估算甲烷排放量。该值应用于整个农业区域，并在一定误差范围内满足统计学要求。

根据 IPCC 指南的基本方法框架和要求，核算某一区域的甲烷排放量，首先需要确定该地区的稻田类型，再根据法定资料获得各稻田类型的活动水平和对应的排放因子，将活动水平与排放因子相乘，得到各种稻田类型的甲烷排放量。最终将所有稻田类型的甲烷排放量相加，得出该区域稻田甲烷总排放量，其核算公式如式（6-11）所示：

$$E_{CH_4} = \sum_{EF_i} \times AD_i \tag{6-11}$$

式中　E_{CH_4}——稻田年甲烷排放总量，kg；

　　　EF_i——类型 i 稻田甲烷排放因子，kg/hm²；

　　　AD_i——对应于 i 类排放因子的水稻播种面积，hm²；

　　　i——稻田类型，如表 6-2 所示。

稻田分类　　　　　　　　　　　　　　　　　　　　　表 6-2

一级分类	二级分类
单季稻	单季稻＋冬油菜
	单季稻＋绿肥
	单季稻＋其他
双季早稻	双季早稻＋旱休闲/绿肥
	双季早稻＋旱作
	双季早稻＋其他
双季晚稻	双季晚稻＋旱休闲/绿肥
	双季晚稻＋旱作
	双季晚稻＋其他

2. 活动水平和排放因子确定

（1）活动水平数据确定

受地理位置和气候等因素影响，我国水稻的种植类型主要包括单季稻和双季稻，而较少有三季稻。相应地，稻田甲烷排放核算通常采用一级分类，将稻田分为单季稻、双季早稻和双季晚稻，二级分类则是将水稻和其他作物进行资源性组合。不同的资源性组合对土壤稻田甲烷反应底物的积聚作用不同，相应的甲烷排放量也有所不同，稻田的二级分类反映的是不同稻田种植模式对甲烷排放因子的差异。考虑到数据的可获得性和实际操作性，普遍采用一级稻田分类标准进行甲烷的排放核算。

（2）排放因子数据确定

在进行稻田甲烷排放核算时，如果核算的目标区域建设有符合 IPCC 标准的稻田甲烷排放试验站、监测站，监测过程也符合相应的标准与规则，则稻田甲烷的排放因子可优先采用实测值。

若目标区域没有可以利用的本地实测排放因子，可以采用《省级温室气体清单编制指南（试行）》推荐的排放因子估算，即根据 2005 年全国各大农业区稻田平均的有机肥施用水平、稻田水管理方式、气候条件、水稻生产力水平等，在稻田一级分类标准条件下，对全国分农业区稻田甲烷排放因子进行计算，推荐值及其变化范围如表 6-3 所示。

全国分农业区稻田 CH₄ 排放因子推荐值及其变化范围（2005 年）（单位：kg/hm²）表 6-3

区域	单季稻		双季早稻		双季晚稻	
	推荐值	范围	推荐值	范围	推荐值	范围
华北	234.0	134.4～341.9	—	—	—	—
华东	215.5	158.2～255.9	211.4	153.1～259.0	224.0	143.4～261.3
中南华南	236.7	170.2～320.1	241.0	169.5～387.2	273.2	185.3～357.9
西南	156.2	75.0～246.5	156.2	73.7～276.6	171.7	75.1～265.1
东北	168.0	112.6～230.3	—	—	—	—
西北	231.2	175.9～319.5	—	—	—	—

3. 调查

（1）活动水平调查

实际生产中，单季稻的主要生育期通常在 6 月～8 月，不同农业气候区的核心生育期会有所延长，但主体一般不会有太大的变化。与单季稻相比，双季稻的实际情况更复杂一些。以安徽省为例，如表 6-4 所示，2016 年修订前中稻和一季晚稻的栽培面积是 1701980hm²。2016 年早稻的栽培面积是 263410hm²，晚稻面积是 279980hm²，根据 IPCC 的规则，同一块耕地前后接续栽培水稻，时间靠前的为早稻，时间靠后的为晚稻，因此早晚稻的面积在理论上应严格相等。根据这一原则，安徽省 2016 年的早、晚稻面积均为 263410hm²，表 6-4 中两者的差值 16570hm² 应计入中稻和一季晚稻，即修订后的单季稻面积为 1718550hm²。

安徽省 2016 年稻田面积   **表 6-4**

指标	播种面积（hm²）
修订前早稻	263410
修订后前晚稻	279980
修订后早稻/晚稻	263410
修订前中稻和一季晚稻	1701980
修订后中稻和一季晚稻	1718550

水稻的生长期、生长季节温度等因素对稻田甲烷排放具有重要影响，这也是 IPCC 将早稻和晚稻视为同一块耕地的原因之一。然而在实际生产中，由于生产计划调整等因素，

有时会出现同一块耕地前后种植不全是水稻的情况，这是造成表 6-5 中早稻、晚稻面积不一致的原因。

（2）排放因子的长期定位监测

长期定位监测是提高稻田甲烷排放参数准确性的有效途径，也是 IPCC 认可的稻田甲烷参数获取途径。选择具有代表性的样地进行长期定位监测，可以获得更可靠的排放因子，从而提高核算的准确性。

稻田甲烷排放受到多种因素影响，包括地理条件、耕作方式、水肥管理、气温等，这些因素导致了年际之间排放量的差异。《省级温室气体清单指南（试行）》提供的排放因子是基于 2005 年全国各大农业区稻田平均的有机肥施用水平、稻田水管理方式、气候条件、水稻生产力水平（水稻单产）等条件确定的年度排放因子。考虑到排放的年度变化因素，其他年份的适用性有待考究，因此，建立具有代表性的长期定位监测点是提高稻田甲烷核算准确性、降低不确定性、减少误差的有效途径。

6.2.3 农用地氧化亚氮排放

1. 核算公式

农用地氧化亚氮的核算不区分栽培作物种类，这是因为氧化亚氮的排放主要依赖于农用地的氮输入量，两者呈正相关，即农用地氮输入量增加，氧化亚氮的排放量也随之增加，但研究认为，两者关系可能并非线性的正比关系。

根据 IPCC 指南的基本方法框架和要求，农用地氧化亚氮排放核算分为直接排放和间接排放两部分。直接排放是由农用地当季的氮素输入产生的排放，所谓当季输入的氮是指在某一确定的生产季节来源于氮肥、粪肥和秸秆还田的氮素。间接排放则指由大气氮沉降引起的氧化亚氮排放和由氮淋溶径流损失引起的氧化亚氮排放。农用地氧化亚氮排放总量为直接排放和间接排放量之和，如式（6-12）所示。

$$E_{N_2O} = N_2O_{DE} + N_2O_{IDE} \qquad (6-12)$$

式中　E_{N_2O}——农用地氧化亚氮排放总量，t；

N_2O_{DE}——农用地氧化亚氮直接排放量，t；

N_2O_{IDE}——农用地氧化亚氮间接排放量，t。

（1）直接排放量核算

直接排放是指通过人类活动直接向农用地输送的氮素所引发的氧化亚氮排放。这些人为输送的氮素包括化肥氮、粪肥氮以及秸秆还田氮等。化肥氮包括所有氮肥和复合肥中含有的氮；粪肥氮则主要包括各种有机肥和农家肥中的氮；秸秆中也含有一定量的氮，如果将作物的秸秆还田，就需要按照其含有的氮素来计算秸秆还田氮。根据式（6-13）可计算农用地氧化亚氮直接排放量：

$$N_2O_{DE} = (N_{Fe} + N_{Ex} + N_{St}) \times EF_{DE} \qquad (6-13)$$

式中　N_2O_{DE}——农用地年氧化亚氮直接排放总量，kg N_2O；

N_{Fe}、N_{Ex}、N_{St}——分别为化肥氮、粪肥氮和秸秆还田氮，kg N；

EF_{DE}——直接排放因子，kg N_2O/kg N。

粪肥氮量可依据粪肥施用量和粪肥含氮量的可获得性选择公式计算，如果数据可获得则按照式（6-14）计算，如果公式中数据很难获得则按照式（6-15）估算。

$$N_{Ex} = 粪肥施用量 \times 粪肥平均含氮量 \qquad (6-14)$$

N_{Ex}＝粪肥总氮量×（1－淋溶径流损失－挥发损失率）－粪肥封闭管理N_2O排放量

$$(6-15)$$

式中，淋溶径流损失率取为 15％；挥发损失率取为 20％；粪便总氮量为"粪便总量×粪便平均含氮量"，其中粪便总量包括了畜禽粪便和乡村人口排泄粪便两部分。在放牧地区，由于无法收集放牧过程中的畜禽粪便，因此这部分粪便所含的氮素不被视为农用地的氮素输入，应该从粪便氮素总量中减去。另外，在一些地区（如青藏高原），部分粪便被用作燃料，其中的氮素也未进入农用地，被用作燃料的粪便所含的氮素同样需要减去。

秸秆还田氮量采用式（6-16）估算：

$$N_{St}＝秸秆全株重×秸秆还田率×秸秆含氮率 \qquad (6-16)$$

秸秆产量一般不在农业统计范围内，因此常采用谷草比进行折算，这是一种比较简单的方法。另一种方法是将秸秆分为地上部分和地下部分（根）来计算，先根据经济系数计算地上部分的秸秆量，然后根据根冠比计算根的量。地上部分和地下部分的含氮量略有不同，采用分开计算的方法更准确一些。

（2）间接排放量核算

农用地氧化亚氮间接排放有两个来源：一是大气氮沉降引起的氧化亚氮间接排放（N_2O_{Se}），这是由氮肥输入产生的氮挥发物和粪便氮素挥发后，经过大气沉降返回农用地的氮，再在农用地的活动中产生氧化亚氮排放；二是淋溶径流引起的氧化亚氮间接排放（N_2O_{Le}），这是土壤中输入的氮在土壤水分或地表径流作用下，部分进入水体，然后在环境条件作用下产生氧化亚氮排放。

氧化亚氮间接排放总量按式（6-17）计算：

$$N_2O_{IDE}＝N_2O_{Se}＋N_2O_{Le} \qquad (6-17)$$

大气氮沉降引起的氧化亚氮间接排放用式（6-18）计算，大气氮来源于粪便（$N_{粪便}$）和农用地氮输入（$N_{输入}$）的 NH_3 和 NO_x 挥发。如果当地没有$N_{粪便}$和$N_{输入}$的挥发率观测值，则可采用推荐值，分别为 20％和 10％。排放因子采用 IPCC 推荐的 0.01。

$$N_2O_{Se}＝(N_{粪便}×20％＋N_{输入}×10％)×0.01 \qquad (6-18)$$

注意，这里的$N_{粪便}$包括所有畜禽粪便、农村人口粪便。这部分粪便在腐熟为粪肥之前也会产生大量的氮素挥发。式（6-18）中的$N_{粪便}×20％$就是指粪便在排泄之后到腐熟之前这一阶段的氮素挥发量，腐熟后成为粪肥再输入农用地，其造成的挥发则计入$N_{输入}×10％$。

农田氮淋溶和径流引起的氧化亚氮间接排放采用式（6-19）计算。其中，氮淋溶和径流损失的氮量占农用地总氮输入量的 20％来估算，氮淋溶和径流损失引起氧化亚氮间接排放因子建议采用《IPCC 2006 年国家温室气体清单指南》提供的默认值 0.0075。

$$N_2O_{Le}＝N_{输入}×20％×0.0075 \qquad (6-19)$$

2. 活动水平和排放因子确定

（1）活动水平数据确定

农用地氧化亚氮排放清单的活动水平数据包括乡村人口数量、主要农作物种类、面积和产量、畜禽饲养量、化肥氮施用量等。其中，乡村人口数量和畜禽饲养量是核算粪肥氮施用量的基础数据，部分饲养动物的氮排泄量如表 6-5 所示。秸秆还田率是核算秸秆还田氮的基础数据，农作物秸秆的含氮量可以直接测定，也可以参照表 6-6 提供的参数进行换算。

部分饲养动物的氮排泄量（单位：kg/头/年）

表 6-5

动物	非奶牛	奶牛	家禽	羊	猪	其他
氮排泄量	40	60	0.6	12	16	40

主要农作物含氮量参数

表 6-6

作物种类	干重比	秸秆含氮量（kg N/kg）	经济系数	根冠比
水稻	0.855	0.00753	0.489	0.125
小麦	0.87	0.00516	0.434	0.166
玉米	0.86	0.0058	0.438	0.17
高粱	0.87	0.0073	0.393	0.185
谷子	0.83	0.0085	0.385	0.166
其他谷类	0.83	0.0056	0.455	0.166
大豆	0.86	0.0181	0.425	0.13
其他豆类	0.82	0.022	0.385	0.13
油菜籽	0.82	0.00548	0.271	0.15
花生	0.9	0.0182	0.556	0.2
芝麻	0.9	0.0131	0.417	0.2
籽棉	0.83	0.00548	0.383	0.2
甜菜	0.4	0.00507	0.667	0.05
甘蔗	0.32	0.83	0.75	0.26
麻类	0.83	0.0131	0.83	0.2
薯类	0.45	0.011	0.667	0.05
蔬菜类	0.15	0.008	0.83	0.25
烟叶	0.83	0.0144	0.83	0.2

（2）排放因子的确定

和甲烷排放因子类似，通过采用长期定位监测的方法获取农用地氧化亚氮排放因子具有一定的困难。长期定位监测点的建立需要考虑多个农业生态因素，如土壤条件、氮素投入、农业实践、水肥管理和温度等。

鉴于以上困难，可以采用 IPCC 提供的排放因子作为替代方案。根据全国各大农业区农用地平均氮肥施用水平、水肥管理、农业气候资源等因素，《省级温室气体清单编制指南（试行）》提供了全国不同区域农田地氧化亚氮直接排放因子推荐值及范围，如表 6-7 所示。对于大气氮沉降引起的氧化亚氮间接排放因子，建议采用《1996 年 IPCC 国家温室气体清单指南》中的默认值 0.01。对于氮淋溶和径流损失引起的氧化亚氮间接排放因子，建议使用《IPCC 2006 年国家温室气体清单指南》提供的默认值 0.0075。这些因子提供了一种在没有长期定位监测数据的情况下，核算农用地氧化亚氮排放的方法。

区域	N₂O 直接排放因子(kg N$_2$O-N/kg N 输入量)	范围
Ⅰ区	0.0056	0.0015～0.0085
Ⅱ区	0.0114	0.0021～0.0258
Ⅲ区	0.0057	0.0014～0.0081
Ⅳ区	0.0109	0.0026～0.022
Ⅴ区	0.0178	0.0046～0.0228
Ⅵ区	0.0106	0.0025～0.0218

注：Ⅰ区包括内蒙古、新疆、甘肃、青海、西藏、陕西、山西、宁夏；Ⅱ区包括黑龙江、吉林、辽宁；Ⅲ区包括北京、天津、河北、河南、山东；Ⅳ区包括浙江、上海、江苏、安徽、江西、湖南、湖北、四川、重庆；Ⅴ区包括广东、广西、海南、福建；Ⅵ区包括云南、贵州。

此外，如果可以获取当地详细的农业和生态环境统计数据，还可以考虑采用 IPCC 的方法 1"区域氮循环模型 IAP-N"或方法 3"过程模型"来估算农用地氧化亚氮的排放。

对于那些既没有长期定位监测数据，也没有足够详细的相关参数和数据进行模型估算的地区，建议使用《省级温室气体清单编制指南（试行）》推荐的排放因子和相关参数。

3. 调查与方法

（1）活动水平调查

农用地氮输入主要由化肥氮、粪肥氮和秸秆还田氮组成。

化肥氮是一种普通商品，其销售量由专业的商务部门记录。由于其具有挥发性，因此不能长期储存，可以认为当年销售的化肥氮在同一年全部施入耕地。因此使用商务部门或统计部门提供的销售量和氮素含量等信息即可确定化肥氮的输入量。

粪肥氮情况相对复杂，在旱厕时代的农村地区，可以认为所有人的粪尿都通过堆肥等方式作为粪肥最终施入农田。然而，自农村厕所革命以来，人的粪尿开始分流至污水处理厂，这对粪肥氮的输入量产生了重要影响。因此，需要确定乡村人口中将粪便无害处理或者用于粪肥的比例。此外，随着畜禽养殖业进入规模化时代，畜禽的饲料成分、粪便处理方式等发生了较大的变化，这些变化也需要通过调查来确定。

秸秆在传统乡村中是重要的燃料。根据《省级温室气体清单编制指南（试行）》的推荐，秸秆还田的比例约为 30%。然而，随着秸秆禁止焚烧和全面还田等政策的实施，秸秆还田的比例已大幅提高，但同时一些地区也在积极开展秸秆资源化利用。因此，秸秆还田比例存在较大的不确定性，需要进一步调查以确定实际的秸秆还田比例。

（2）排放因子的长期定位监测

农用地氧化亚氮排放主要受氮素输入的影响，根据《省级温室气体清单编制指南（试行）》推荐的方法，不需要考虑耕地面积、耕作方式、农作制度、种植偏好等因素，而是可以利用直接和间接氮输入量，以及相应的排放因子，来确定氧化亚氮的总排放量。这种直接计算方法仍然存在一定的不确定性，因为不同因素如种植偏好的不同、氮肥施用量的差异、土壤氮素浓度的不同、氧化亚氮产生率的差异，以及采用参数来估算氮素沉降等都可能导致较大的误差。为了减小误差，可以考虑以农田面积为基本单位，选择具有代表性的农田，并在这些农田上设置长期定位监测点。通过长期直接测量土壤的氧化亚氮排放通量，可以获得稳定的农田土壤排放因子，无需进行直接排放与间接排放的区分，有望提高数据的准确性和可靠性。

6.3 废弃物处理过程碳排放核算

废弃物的来源广泛，包括固体废弃物和废水，产生于各类场所，包括家庭、办公室、商场、市场、饭店、公共机构、工业设施、自来水厂和污水设施、建筑工地以及农业活动等。固体废弃物（包括城市固体废弃物、工业固体废弃物、污泥、医疗废弃物、危险废弃物和农业废弃物）主要的无害化处理方式包括卫生填埋、焚烧、堆肥等。废水通常产生于生活、商业和工业等环节，主要分为城镇生活污水和工业废水两类。废水经过物理处理、生化处理和深度处理等过程，符合排放标准后，即可进行排放。常见的生物处理工艺包括A^2O、SBR、氧化沟等。

6.3.1 废弃物处理碳排放识别

废弃物在处理过程中，通常会排放二氧化碳、甲烷和氧化亚氮三种类型的温室气体，碳排放清单包括以下内容：城市固体废弃物（如城市生活垃圾）填埋处理所产生的甲烷、废弃物焚烧处理所产生的二氧化碳、生活污水处理过程中释放的甲烷、工业废水处理所引发的甲烷排放，以及废水处理过程中的氧化亚氮排放。

1. 排放环节

（1）固体废弃物填埋处理产生的甲烷排放

固体废弃物种类较多，分类方法不同。按其污染特性可分为一般固体废物和危险固体废物；按废物来源分为城市固体废弃物、工业固体废弃物和农业固体废弃物。城市固体废弃物通常是指在居民生活、商业活动、市政建设与维护、政府机关办公等过程中产生的固体废物。一般工业固体废弃物是指未被列入《国家危险废物名录》或者根据国家规定的《危险废物鉴别标准》GB 5085—2007鉴别方法判定不具有危险特性的工业固体废弃物，主要有冶炼废渣、粉煤灰、炉渣、尾矿、煤矸石等。废弃物处理过程中产生的碳排放主要来自城市生活垃圾填埋，填埋过程会释放甲烷和二氧化碳，还包括少量的一氧化碳、氢气、硫化氢、氨气、氮气等。城市生活垃圾填埋场气体的典型成分（体积分数）为：甲烷45%～50%、二氧化碳40%～60%、氮气2%～5%、硫化氢0～1.0%、氨气0.1%～1.0%。

（2）废弃物焚烧处理产生的二氧化碳排放

焚烧的废弃物类型包括城市固体废弃物、危险废弃物、医疗废弃物以及污水处理过程中产生的剩余污泥，我国统计数据中危险废弃物包括了医疗废弃物。

废弃物在焚烧过程中会产生温室气体，包括二氧化碳、甲烷和氧化亚氮等。一般情况下，二氧化碳排放量占比最大，因此在废弃物焚烧的碳排放统计中，目前只考虑二氧化碳排放。需要注意，无能源回收的废弃物焚烧产生的碳排放会计入废弃物处理排放部分，而有能源回收的废弃物燃烧所产生的碳排放则不计入废弃物处理排放部分，这两种情况都需要区分化石成因和生物成因的二氧化碳排放。

在无能源回收的情况下，废弃物中的化石碳或矿物碳（如塑料、某些纺织物、橡胶、液体熔剂和废油）在焚烧和露天燃烧过程中所产生的二氧化碳被归类为化石成因的二氧化碳排放，纳入废弃物排放清单中。

在废弃物焚烧处理二氧化碳排放核算时，需要注意以下两点：首先，对废弃物进行能源利用（如直接作为燃料发电或转化为燃料使用）产生的温室气体排放，在能源部门中核算并报告；其次，废弃物处置场所中生物质成分（如纸张、食品和木材废弃物等）燃烧所产生的二氧化碳，被视为生物成因的二氧化碳排放，不应计入废弃物排放部分，作为信息项进行报告。

（3）生活污水处理产生的甲烷排放

生活污水指机关、学校和居民在日常生活中产生的废水，包括厕所粪尿、洗衣洗澡水、厨房等家庭排水和商业、医院和游乐场所的排水等。2021 年，全国城镇生活污水处理量为 716.96 亿 m^3。

我国源自生活污水处理系统的甲烷排放总量由 2000 年的 $32.15 \times 10^4 t$ 上升至 2015 年的 $64.78 \times 10^4 t$，其中污水处理过程中的甲烷排放量增长迅速，从 $19.26 \times 10^4 t$ 增长至 $50.05 \times 10^4 t$。随着人口消费水平提高，若不采取节能减排措施，2030 年和 2050 年甲烷排放总量将分别增加至 $83.31 \times 10^4 t$ 和 $90.95 \times 10^4 t$。

（4）工业废水处理产生的甲烷排放

工业废水是各类工业企业在生产过程中排出的生产废水和生产污水的总称。工业废水在某些情况下直接排放到水体，或者在厂区内部处理设施进行预处理，然后排入污水收集系统。2021 年我国工业废水排放量为 750 亿 t，主要来源于造纸及纸制品业、化学原料及化学制品业、电力热力的生产和供应业、纺织业和黑色金属冶炼及压延加工业。

与生活污水类似，工业废水采用厌氧生物处理会产生较多甲烷排放。废水中甲烷排放量的主要影响因素包括废水中可降解有机物的浓度、温度以及处理工艺类型，温度升高通常会提高甲烷产生的速率。

（5）废水处理产生的氧化亚氮排放

废水在厌氧生物处理过程中不仅会排放甲烷，还会产生氧化亚氮。氧化亚氮的排放与废水中可降解氮成分，如尿素、硝酸盐和蛋白质的含量有关。在传统的生物脱氮处理工艺中，硝化和反硝化作用都可能导致氧化亚氮的排放。硝化作用是在好氧条件下将氨氮和亚硝态氮转化成硝态氮的过程，而反硝化作用是在缺氧条件下将硝态氮还原为氮气的过程。氧化亚氮是这两个过程的中间产物，与反硝化作用之间的关联更为密切。

2. 碳排放特征

（1）废弃物填埋处理过程碳排放特征

污染物可以液态、固态和气态的形式从固体废弃物堆放、贮存和处理场释放到环境中。污染物的释放分为有控排放和无控排放，有控排放是指属于固体废物管理和废物处理运行的排放，而无控排放是指没有直接管理操作下的排放。废弃物处理的方式包括堆弃、卫生填埋、堆肥、焚烧以及其他处理方式。随着环保设施的不断完善，城市生活垃圾处理已从早期的简易露天堆放逐步过渡到由专门的垃圾填埋场进行卫生填埋或焚烧处理。卫生填埋与传统填埋方法不同，采用了严格的污染控制措施，以最小化整个填埋过程中的污染和危害。在填埋场的设计、施工和运营中，最关键的问题是控制渗滤液的无控流出，垃圾渗滤液含有大量有机酸、氨氮、重金属等污染物，需要进行统一收集和处理。

废弃物降解是一个复杂而漫长的过程，同时涉及物理、化学和生物反应。通常情况下，废弃物的降解需要数十年甚至上百年的时间。随着废弃物不断被填入，垃圾堆体内水分逐渐积累，环境条件也在不断变化，各种微生物引发的生物化学反应相继发生。有机物在厌氧微生物的作用下，被分解为有机酸、醇类、二氧化碳、氨气等，并释放能量；这些中间产物会进一步分解为二氧化碳、甲烷等气体，并释放能量。

食品和纸类等有机物通常被视为可降解有机物，但少数物质在填埋场环境中很难被生物降解，如木质素等。城市生活垃圾主要包括厨余、纸类、塑料、织物、竹木、金属、玻璃、砖石、灰渣以及其他成分。其中，厨余、纸类、织物、竹木等含有可降解有机碳。

根据建立基础的不同，垃圾产气模型可以分为动力学模型、统计学模型和经验模型三类。动力学模型根据甲烷产生的机理进行预测，主要参数通常基于垃圾成分计算得出，结果往往会偏高；统计学模型通常需要大量的监测数据，其使用相对简单；经验模型结合动力学模型和统计学模型，关键参数选取实际数值，相对更符合实际情况。

根据《IPCC温室气体清单编制指南》，固体废弃物处理场所的甲烷排放量有两种计算方法：质量平衡法和一阶衰减法（FOD）。质量平衡法模型可被视为一种统计模型，计算产气量相对简单，所需参数相对较少，但其假设甲烷一次性排放完，估算结果通常偏高，而且模型无法提供垃圾产气周期中甲烷排放量的分布情况，因此该模型适用于估算较大规模产气量的情况。

FOD模型是一种动力学产气模型，相比于其他方法，其更精确地计算了年度甲烷排放量，但此模型需要长时间序列的填埋量数据和其他相关参数数据，在模型计算过程中需要更多的数据输入。其计算原理如式（6-20）所示：

$$CH_{4排放,T} = \left(\sum_n CH_{4产生n,T} - R_T \right) (1 - OX_T) \tag{6-20}$$

式中　$CH_{4排放,T}$——T年的甲烷排放量，Gg/a；

　　　　n——废弃物类型；

　　　　R_T——T年的回收量，Gg/a；

　　　　OX_T——T年的氧化因子。

$CH_{4产生n,T}$按式（6-21）进行计算：

$$CH_{4产生n,T} = \sum_n \left\{ \left[A \times k \times MSW_T(x) \times MSW_F(x) \times L_0(x) \right] \times e^{-k(1-x)} \right\} \tag{6-21}$$

式中　　　T——核算年份；

　　　　　x——计算开始的年份；

　　　　　A——表示修正总量的归一化因子，$A = \dfrac{1 - e^{-k}}{k}$；

　　　　　k——甲烷产生率常数，$k = \dfrac{\ln(2)}{t_{1/2}}$，$t_{1/2}$为半衰期时间（年）；

$MSW_T(x)$——x年城市固体废弃物的总产生量，t；

$MSW_F(x)$——处理厂处理废弃物与产生废弃物的比例，%；

$L_0(x)$——甲烷的产生潜力，取值可参考《省级温室气体清单编制指南》。

（2）焚烧处理过程二氧化碳排放特征

焚烧处理是一项高温热处理技术，其使用适量的过剩空气，将有机废物在焚烧炉内进行氧化分解，废物中的有毒有害物质在高温下被氧化去除。焚烧处理法的显著特点在于其能够实现废物的无害化、减量化和资源化处理。在不添加辅助燃料的情况下，该方法可通过燃烧设备和前期分选处理设备，将有机废物进行焚烧并将热量转化为电力。通过控制反应的温度、加热时间和气化剂的使用，产生大量的电力，满足自身焚烧设施的同时，还可进行网上发电，产生可观碳汇。焚烧可以将垃圾的体积减小90%以上，剩余物为原体积5%～8%的无机灰分。

（3）生活污水处理过程甲烷排放特征

生活污水处理甲烷排放主要产生于厌氧生物处理过程。在厌氧生物处理过程中，复杂的有机化合物会被降解，进而转化成简单的化合物，如甲烷、二氧化碳、水、氨气、硫化氢等，同时释放能量。

影响生活污水处理甲烷排放的因素较多，如地理位置、处理规模和处理工艺等。大型城市生活污水处理厂 CH_4 排放水平为 970.27kg/d，排放因子为 0.003kg CH_4/kgCOD。小型城市生活污水处理厂的 CH_4 排放量为 9.5kg/d，排放因子为 0.001kg CH_4/kg COD。生活污水处理厂排放因子为 0.0078kg CH_4/kg COD，工业污水处理厂排放因子为 0.0354kg CH_4/kg COD。

6.3.2 固体废弃物填埋处理甲烷排放核算

1. 核算公式

质量平衡法的计算公式如式（6-22）所示，该方法假设所有潜在的甲烷在处理当年全部排放完。

$$E_{CH_4} = (MSW_T \times MSW_F \times L_0 - R) \times (1 - OX) \tag{6-22}$$

式中　E_{CH_4}——甲烷排放量，万 t/a；

　　　MSW_T——城市固体废弃物每年总产生量，万 t/a；

　　　MSW_F——城市固体废弃物填埋处理率，%；

　　　L_0——各类型垃圾填埋场的甲烷产生潜力（万 t CH_4/万 t 废弃物），按式（6-23）计算；

　　　R——甲烷每年回收量，万 t/a；

　　　OX——氧化因子。

$$L_0 = MCF \times DOC \times DOC_f \times F \times \frac{16}{12} \tag{6-23}$$

式中　MCF——各类型垃圾填埋场的甲烷修正因子；

　　　DOC——单位质量废弃物中可降解有机碳质量，kg C/kg 废弃物；

　　　DOC_f——可分解的 DOC 比例，%；

　　　F——垃圾填埋气体中的甲烷比例，%。

2. 固体废弃物填埋处理活动水平和排放因子确定

（1）固体废弃物填埋处理活动水平数据的确定

固体废弃物处置过程中甲烷排放估算所需的活动水平数据包括城市固体废弃物填埋量、城市固体废弃物物理成分等。城市固体废弃物数据可从所在地区的住房和城乡建设部等相关部门获得，城市固体废弃物成分可以通过收集垃圾处理厂相关监测分析数据或查阅有关研究报告获得。为获得相应地区的准确数据，也可以通过定期监测和采样分析得出。

（2）固体废弃物填埋处理排放因子的确定

计算固体废弃物填埋处理过程中温室气体排放时需要的排放因子包括：

1）甲烷修正因子（MCF）

甲烷修正因子主要反映不同区域垃圾处理方式和管理程度。在表6-8中，垃圾处理分为管理和非管理两类，其中非管理类又依据垃圾填埋深度分为深处理（＞5m）和浅处理（≤5m）两类，不同管理状况的 MCF 值不同。如果没有分类数据，可选择分类 D 的 MCF 缺省值。

固体废弃物填埋场分类和甲烷修正因子　　　　　　　　　　　　表 6-8

填埋场的类型	甲烷修正因子（MCF）
管理类：A	1.0
非管理类—深处理（＞5m 废弃物）：B	0.8
非管理类—浅处理（≤5m 废弃物）：C	0.4
未分类的：D	0.4

2）可降解有机碳（DOC）

可降解有机碳是指废弃物中容易被微生物降解的有机碳，通常以废弃物中所含成分为基础，通过各类成分的可降解有机碳的比例加权计算得出其估算值，如式（6-24）所示：

$$DOC = \sum_i (DOC_i \times W_i) \tag{6-24}$$

式中　DOC——固体废弃物中可降解的有机碳，kg C/kg 废弃物（湿重）；

DOC_i——固体废弃物类型 i 的 DOC 比例；

W_i——第 i 类固体废弃物的比例，可以通过对各地区垃圾填埋场的垃圾成分调研或相应研究报告的收集获得。

3）可分解 DOC 的比例（DOC_f）

DOC_f 表示从固体废弃物处置场分解和释放出来的碳的比例，表明某些有机废弃物在废弃物处置场中并不一定全部分解或是分解得很慢，一般推荐采用 0.5 作为可分解的 DOC 比例，也可以采用类似地区可分解的 DOC 比例。表6-9列出了固体废弃物成分 DOC 含量比例的推荐值。

固体废弃物成分 DOC 含量比例的推荐值（单位：%）　　　　　　　表 6-9

固体废弃物成分	DOC 含量占湿废弃物的比例	
	推荐值	范围
纸张/纸板	40	36～45
纺织品	24	20～40
食品垃圾	15	8～20
木材	43	39～46
庭院和公园废弃物	20	18～22
尿布	24	18～32
橡胶和皮革	（39）	（39）
塑料	—	—

固体废弃物成分	DOC含量占湿废弃物的比例	
	推荐值	范围
金属	—	—
玻璃	—	—
其他惰性废弃物	—	—

4）甲烷在垃圾填埋气体中的比例（F）

垃圾填埋场产生的填埋气体主要是甲烷、二氧化碳等。甲烷在垃圾填埋气体中的体积比例一般在 40%～60%之间，平均取值推荐为 50%。如果有垃圾填埋场的相应监测数据，建议使用该监测数据值。

5）甲烷回收量（R）

甲烷回收量是指在固体废弃物处置场中产生的、被收集和燃烧或用于发电装置部分的甲烷量。建议根据实际回收利用情况，记录甲烷的回收量，如果有甲烷用于发电或其他利用，在总的排放中可去掉被利用的这部分。

6）氧化因子（OX）

氧化因子是指固体废弃物处置场排放的甲烷与在土壤或其他覆盖废弃物的材料中发生氧化的甲烷的比例。对于合格的管理型垃圾填埋场，氧化因子取值为 0.1，如果使用其他氧化因子则需要给出明确的文件记录和相应的参考文献。表 6-10 列出了城市固体废弃物处理甲烷排放清单估算所需排放因子及相关参数的推荐值。

城市固体废弃物填埋处理排放因子/相关参数及来源　　　　表 6-10

排放因子/相关参数	简写	单位	推荐值	数据来源
CH_4 修正因子	MCF	%	表 6-8	城建部门
可降解有机碳	DOC	kg C/kg 废弃物	式(6-24)	清单编制部门
可分解的 DOC 比例	DOC_f	%	0.5	IPCC 指南
CH_4 在垃圾填埋气中的比例	F	%	0.5	1PCC 指南
CH_4 回收量	R	万 t	0	1PCC 指南
氧化因子	OX	%	0.1	IPCC 指南

3. 调查与方法

（1）活动水平数据调查方法

从《中国城市建设统计年鉴》或《省级城市建设统计年鉴》中收集研究区域固体废弃物的产生量和填埋处理比例或者直接获得填埋量，通过城建部门或填埋场管理单位获得研究区生活垃圾的成分比例。若有条件，可根据《生活垃圾采样和分析方法》CJ/T 313—2009 进行采样实测垃圾成分。当上述资料不易获得时，也可采用附近地区的生活垃圾成分比例进行计算。

（2）排放因子调查方法

为了客观反映碳排放情况，排放因子通常通过实地测量来获得。测量方式包括自行组织测量、委托第三方机构检测及其他相关方测量。自行测量及委托第三方机构测量应遵循相关的标准方法规定，若使用其他相关方提供的数值，应说明数据的具体来源。

6.3.3 焚烧处理二氧化碳排放核算

1. 核算公式

核算废弃物焚烧和露天燃烧产生二氧化碳排放量的估算公式为：

$$E_{CO_2} = \sum_i \left(IW_i \times CCW_i \times FCF_i \times EF_i \times \frac{44}{12} \right) \qquad (6\text{-}25)$$

式中 E_{CO_2} ——废弃物焚烧处理产生的二氧化碳排放量，万 t/a；

      i ——表示城市固体废弃物、危险废弃物、污泥等不同类型废弃物；

    IW_i ——第 i 种类型废弃物的焚烧量，万 t/a；

  CCW_i ——第 i 种类型废弃物的碳含量比例，%；

   FCF_i ——第 i 种类型废弃物中矿物碳在碳总量中所占比例，%；

    EF_i ——第 i 种类型废弃物在焚烧炉中的燃烧效率；

   $\dfrac{44}{12}$ ——碳转换为二氧化碳的转换系数。

2. 活动水平和排放因子确定

（1）活动水平数据确定

废弃物焚烧处理过程中二氧化碳排放估算需要的活动水平数据包括各类型废弃物（如城市固体废弃物、危险废弃物、污水污泥）的焚烧量，该数据可从《中国城市建设统计年鉴》和焚烧厂或各地区环境统计年报中获取。

（2）排放因子的确定

废弃物焚烧处理的关键排放因子包括废弃物中碳含量比例、矿物碳在碳总量中的比例和废弃物在焚烧炉中的燃烧效率，矿物碳在碳总量中的比例会因废弃物种类不同而有很大差别。城市固体废弃物和医疗废弃物中的碳主要来源于生物碳和矿物碳；污水污泥中的矿物碳通常可以省略；危险废弃物中的碳通常来自矿物材料。废弃物中生物碳和矿物碳的含量可从废弃物成分分析资料中得到。

3. 调查与方法

（1）活动水平数据调查方法

通过资料调查或专家判断确定废弃物中的碳含量，从城市生活垃圾成分比例计算矿物碳在碳总量中所占比例。

（2）排放因子的确定

根据焚烧厂实际情况确定焚烧炉的焚烧效率、废弃物焚烧产生的二氧化碳排放清单估算所需的排放因子，如果当地无相关实测数据，建议采用表 6-11 中的推荐值。

废弃物焚烧处理排放因子及来源   **表 6-11**

排放因子	简写	范围		推荐值	数据来源
废弃物碳含量	CCW_i	城市生活垃圾	（湿）33%～35%	20%	调查和专家判断
		危险废弃物	（湿）1%～95%	100%	专家判断
		污泥	（干物质）10%～40%	30%	IPCC 指南

排放因子	简写	范围		推荐值	数据来源
矿物碳在碳总量中的百分比	FCF_i	城市生活垃圾	30%~50%	39%	全国平均值
		危险废弃物	90%~100%	90%	专家判断
		污泥	0	0	注:生物成因
专家判断	EF_i	城市生活垃圾	95%~99%	95%	专家判断
		危险废弃物	95%~99.5%	97%	
		污泥	95%	95%	

6.3.4 生活污水处理甲烷排放核算

1. 核算公式

$$E_{CH_4} = (TOW \times EF) - R \tag{6-26}$$

式中 E_{CH_4}——核算年份的生活污水处理甲烷排放总量,万 t/a;

TOW——核算年份的生活污水中有机物总量,kg BOD_5/a;

EF——排放因子,kg CH_4/kg BOD_5;

R——清单年份的甲烷回收量,kg CH_4/a。

其中,排放因子(EF)的估算公式为:

$$EF = B_0 \times MCF \tag{6-27}$$

式中 B_0——甲烷最大产生能力,kg CH_4/a;

MCF——甲烷修正因子。

2. 活动水平和排放因子确定

(1)活动水平数据确定

生活污水处理过程甲烷排放量的计算以 BOD_5 含量为重要指标,包括排入到海洋、河流或湖泊等环境中的 BOD_5 和在污水处理系统中去除的 BOD_5 两部分。在我国只有 COD_{cr} 的统计数据资料,如果可以获得 BOD_5 的详细资料或者平均的 BOD_5 排放量,建议使用各地区的特有值,如果无相关实测数据,建议使用各区域 BOD_5 与 COD_{cr} 的相关关系进行转换,如表 6-12 所示。

各区域平均 BOD_5/COD_{cr} 推荐值　　　　　表 6-12

区域	BOD_5/COD_{cr}
全国	0.46
华北	0.45
东北	0.46
华东	0.43
华中	0.49
华南	0.47
西南	0.51
西北	0.41

（2）排放因子的确定

1）甲烷修正因子（MCF）

MCF 表示不同处理和排放的途径或系统达到甲烷最大产生能力（B_0）的程度。MCF 可利用式（6-28）估算：

$$MCF = \sum_i WS_i \times MCF_i \tag{6-28}$$

式中　WS_i——第 i 类废水处理系统处理生活污水的比例，%；

　　　MCF_i——第 i 类处理系统的甲烷修正因子。根据我国生活污水处理的实际情况，利用相关参数得出全国平均的 MCF 为 0.165，作为推荐值。对于有条件的地区尽可能针对实际情况，获得本地区的 MCF，见表 6-13。

生活污水各处理系统的 MCF 推荐值 表 6-13

	处理和排放途径或系统的类型	MCF	范围	备注
未处理的系统	海洋、河流或湖泊排放	0.1	0～0.2	有机物含量高的河流会变成厌氧
	不流动的下水道	0.5	0.4～0.8	露天而温和
	流动的下水道（露天或封闭）	0	0	快速流动
已处理的系统	集中好氧处理厂	0	0～0.1	必须管理完善，一些甲烷会从沉积池和其他料袋排放出来
	集中好氧处理厂	0.3	0.2～0.4	管理不完善，过载
	污泥的厌氧浸化槽	0.8	0.8～1.0	此处未考虑甲烷回收
	厌氧反应堆	0.8	0.8～1.0	此处未考虑甲烷回收
	浅厌氧化粪池	0.2	0～0.3	若深度不足 2m，使用专家判断
	深厌氧化粪池	0.8	0.8～1.0	深度超过 2m

2）甲烷最大产生能力（B_0）

甲烷最大产生能力表示污水中有机物可产生的最大甲烷排放量，推荐生活污水为每千克 BOD_5 可产生 0.6kg 甲烷，工业废水为每千克 COD_{cr} 产生 0.25kg 甲烷。建议有条件的地区通过实验获得本地区特有的 B_0 值。

根据公式（6-28）计算甲烷修正因子，如果没有本地区特有的甲烷修正因子，建议采用指南推荐值。根据研究地区生活污水的实际处理工艺和处理量，获得甲烷最大产生能力，如果不可获得建议采用推荐值。

3. 调查与方法

（1）活动水平数据调查方法

根据各地区的环境统计年报数据获得排入环境中的 COD_{cr} 量和污水处理厂去除的 COD_{cr} 量，调查各污水处理厂实际测定的 BOD_5/COD_{cr} 值，进行转换。如果数据不可获得，可采用各区域的推荐值。

（2）排放因子的确定

对于甲烷修正因子，调查本区域内生活污水的处理方式及其占比，根据公式（6-28）进行计算。对于甲烷最大产生能力，可取生活污水进行实验，以获得本地区的排放因子。

6.3.5 工业废水处理甲烷排放核算

1. 核算公式

工业废水处理过程中甲烷排放的估算公式如下：

$$E_{CH_4} = \sum_i \left[(TOW_i - S_i) \times EF_i - R_i \right] \qquad (6-29)$$

式中　E_{CH_4}——甲烷排放量，$kg\ CH_4/a$；

　　　i——第 i 类工业行业；

　　TOW_i——工业废水中可降解有机物的总量，$kg\ COD_{cr}/a$；

　　　S_i——以污泥方式清除掉的有机物总量，$kg\ COD_{cr}/a$；

　　EF_i——COD_{cr} 转化甲烷排放因子，$kg\ CH_4/kg\ COD_{cr}$；

　　　R_i——甲烷回收量，$kg\ CH_4/a$。

2. 活动水平和排放因子确定

（1）活动水平数据确定

每个工业行业的可降解有机物（活动水平数据）分为处理系统去除的 COD_{cr} 量和排入环境的 COD_{cr} 量两部分，数据可从各地区的环境统计年报中获得。

（2）排放因子的确定

废水处理时甲烷的排放能力因工业废水类型而异，不同类型的废水具有不同的甲烷排放因子，涉及甲烷最大产生能力的不同。各区域各行业工业废水具体的甲烷修正因子可通过现场实验和专家判断等方式获取，根据工厂的实际情况及不同行业工业废水的处理技术，确定甲烷修正因子和甲烷的最大产生能力，如果不可获得，建议采用表 6-14 的推荐值。

各工业行业废水的 *MCF* 推荐值　　　　　　　　　　　　　表 6-14

行业	MCF 推荐值	MCF 范围
各行业直接排入海的工业废水	0.1	0.1
煤炭开采和洗选业	0.1	0～0.2
黑色金属矿采选业		
有色金属矿采选业		
非金属矿采选业		
其他采矿业		
非金属矿物制品业		
黑色金属冶炼及压延加工业		
有色金属冶炼及压延加工业		
金属制品厂		
通用设备制造业		
专用设备制造业		
交通运输设备制造业		
电器机械及器材制造业		
通信计算机及其他电子设备制造业		

行业	MCF 推荐值	MCF 范围
仪器仪表及文化办公用机械制造业	0.1	0～0.2
电力、热力的生产和供应业		
燃气生产和供应业		
木材加工及木竹藤棕草制品业		
家具制造业		
废弃资源和废旧材料回收加工业		
石油和天然气开采业	0.3	0.2～0.4
烟草制造业		
纺织服装、鞋、帽制造业		
印刷业和记录媒介的复制		
文教体育用品制造业		
石油加工、炼焦及核燃料加工业		
橡胶制品业		
塑料制品业		
工艺品及其他制造业		
水的生产和供应业		
纺织业		
皮革毛皮羽毛(绒)及其制造业		
其他行业		
饮料制造业	0.5	0.4～0.6
化学原料及化学制品制造业		
化学纤维制造业		
造纸及纸制品业		
医药制造业		
农副食品加工业	0.7	0.6～0.8
食品制造业(包括酒业生产)		

6.3.6　废水处理氧化亚氮排放核算

1. 核算公式

废水处理产生的氧化亚氮排放核算公式为：

$$E_{N_2O} = N_E \times EF_E \times \frac{44}{28} \tag{6-30}$$

式中　E_{N_2O}——核算年份氧化亚氮的排放量，kg N_2O/a；

　　　N_E——废水中氮含量，kg N/a；

　　　EF_E——废水的氧化亚氮排放因子，kg N_2O/kg N；

　　　$\dfrac{44}{28}$——转化系数。

其中，废水中的氮含量可通过式（6-31）计算：

$$N_E = (P \times P_r \times F_{NPR} \times F_{NON-CON} \times F_{IND-COM}) - N_S \qquad (6-31)$$

式中　P——人口数（常住人口）；

　　　P_r——每人年均蛋白质消耗量，kg/（人·a）；

　F_{NPR}——蛋白质中的氮含量，kg N/kg 蛋白质；

$F_{NON-CON}$——废水中的非消耗性蛋白质排放因子；

$F_{IND-COM}$——工业和商业的蛋白质排放因子，默认值为 1.25；

　　　N_S——随污泥清除的氮含量，kg N/a。

2. 活动水平和排放因子确定

（1）活动水平数据确定

废水处理活动数据包括人口数、每人年均蛋白质的消费量、蛋白质中的氮含量、废水中非消费性蛋白质的排放因子、工业和商业的蛋白质排放因子。

根据统计年鉴确定研究地区的常住人口数；根据当地营养学会或联合国粮农组织（FAO）的数据，获得每人年均蛋白质的消费量。表 6-15 给出了废水处理氧化亚氮排放的活动水平数据及其来源。

废水处理氧化亚氮排放的活动水平数据及其来源　　　　表 6-15

活动水平	简写	单位	推荐值	范围	来源
人口数（常住人口）	P	人	统计数据	±10%	统计年鉴
每人年均蛋白质的消费量	P_r	kg/（人·a）	统计数据	±10%	统计
蛋白质中的氮含量	F_{NPR}	kg N/kg 蛋白质	0.16	0.15～0.17	IPCC 指南
废水中非消费性蛋白质排放因子	$F_{NON-CON}$	%	1.5	1.0～1.5	专家判断
工业和商业的蛋白质排放因子	$F_{IND-COM}$	%	1.25	1.0～1.5	IPCC 指南

（2）排放因子的确定

估算废水处理过程氧化亚氮排放量所需的关键排放因子，建议根据各地区的实际情况确定，如果不可获得，推荐值为 0.005kg N_2O/kg N。集中废水处理厂的排放因子为 3.2g N_2O/（人·a），蛋白质中的氮含量、废水中的非消费性蛋白质排放因子、工业和商业的蛋白质排放因子实测难度较大，可以采用推荐值。随污泥清除的氮无法统计，推荐缺省值为 0。

6.4　林业和土地利用变化碳排放核算

土地利用变化和林业（LUCF）是温室气体清单的重要组成部分，也是《联合国气候变化框架公约》缔约方国家温室气体清单评估的主要领域之一。IPCC 第五次评估报告指出，在 2002～2011 年间，由于土地利用变化引起的二氧化碳年净排放量平均达 0.9Gt C，仅次于化石燃料燃烧和水泥生产（8.3Gt C/a），成为全球第二大人为碳排放源。根据 IPCC 对国家温室气体清单编制的要求，LUCF 清单主要评估土地利用变化和林业领域的碳排放源和吸收汇。

　　森林在全球碳循环中发挥着重要作用。量化森林作为碳库、碳排放源和碳吸收汇的作用，评估林业的碳汇潜力，是了解陆地碳循环和应对气候变化的关键步骤。森林生物量是评估森林生态系统生产力、结构和碳平衡的重要指标。因此，森林生物量碳储量的变化成为土地利用变化和林业领域碳核算的核心内容。

　　全国第九次森林资源清查结果显示：全国活立木总蓄积 185.05 亿 m^3，其中森林蓄积 170.58 亿 m^3，占 92.18％，疏林 1.00 亿 m^3，占 0.54％，散生木 8.78 亿 m^3，占 4.75％，四旁树 4.69 亿 m^3，占 2.53％。从总量上看，我国是世界森林资源最丰富的国家之一，但从人均占有量来看，依然是缺林少林国家，人均森林面积仅为世界平均水平的 1/4，人均蓄积量仅为世界平均水平的 1/7。总体上，我国森林资源具有总量相对不足、质量不高、分布不均的特点，林业发展面临着巨大压力和严峻挑战。然而，我国持续长期开展林业生态工程建设，森林面积和森林覆盖率持续增加，大规模植树造林的碳汇效益显著。目前全国森林植被总碳储量 91.86 亿 t，与第八次森林清查结果相比，5 年间（2014～2018 年）森林植被总碳储量增加了 7.59 亿 t，等同于增加二氧化碳吸收 27.83 亿 t，相当于吸收了同期与能源相关的中国二氧化碳排放总量（约为 554.06 亿 t）的 5.02％。森林的碳汇能力得到了新提升，林业应对气候变化有了新贡献。

6.4.1　林业和土地利用变化碳识别

　　森林生态系统通过光合作用吸收大气中的二氧化碳并将其转化为有机碳，储存在森林植被中，形成了森林碳库。森林碳库代表了森林生态系统内存储的碳量。从森林碳库的变化来看，当损失大于增加时，碳库减少，森林生态系统在碳循环中表现为碳源；当增加大于损失时，碳库增大，森林生态系统在碳循环中表现为碳汇。

　　从经济学角度来看，森林碳汇概念强调森林吸收和贮存碳的能力、功能或过程，以及这种功能在减缓温室气体变化中的作用。因此在经济学中，森林碳汇是一种非市场化、无形的生态系统服务，具有公共物品属性。由于森林碳汇的溢出效应跨越国界、地域、人群和代际，因此被视为一种全球性公共物品。

　　林业碳汇是指利用森林的储碳功能，通过实施造林、再造林、加强森林经营管理、减少毁林、保护和恢复森林植被等活动，增加森林碳汇，并按照相关规则与碳汇交易相结合的过程、活动或机制。可见，林业碳汇既有自然属性，也具有社会经济属性。林业碳汇与森林碳汇的区别在于：森林碳汇是一种森林生态服务，而林业碳汇是通过林业活动增加这种生态服务供给的过程或机制。

　　林业碳汇潜力是基于一定假设条件下的森林碳汇供给能力或者在一定条件下有可能实现的减缓碳排放的潜能，不仅仅基于森林生态系统吸收和储存碳的生物物理属性，更强调这些属性与经济活动和其他可能的关联。

　　1. 排放和吸收环节

　　（1）林业土地利用分类

　　土地利用类型是决定陆地生态系统碳存储的关键因素，是人类在改造利用土地进行生产和建设过程中所形成的各种具有不同利用方向和特点的土地类别。根据联合国对温室气体变化监测的分类，将土地利用变化与林业作为温室气体排放类型之一，并将此部分土地划分为林地、农地、草地、湿地、聚居地和其他地类共六大类。土地利用变化改变了陆地原有的土地覆被格局，是陆地生态系统碳循环最直接的人为驱动因素之一，其对陆地生态系统碳循环的影响取决于生态系统类型和土地利用变化方式，既可能成为碳排放源，也可能成为碳吸收汇。

根据原国家林业局造林绿化管理司和林业碳汇计量监测中心发布的《土地利用、土地利用变化与林业碳汇计量监测技术指南》，林业用地分为有林地、疏林地、灌木林地、未成林造林地、苗圃地、无立木林地、宜林地和辅助生产林地八大类，如表6-16所示。

表6-16

林地分类及技术标准

地类		技术标准
一级	二级	
1. 有林地		附着有森林植被、郁闭度≥0.20、连续面积≥0.067hm² 的林地
	1.1 乔木林地	由乔木(含因人工栽培而矮化的)树种组成的片林或林带。其中：乔木林带行数应在2行以上，行距≤4m 或林冠冠幅水平投影宽度在10m 以上；当林带的缺损长度超过林带长度3倍时，应视为两条林带；两平行林带的带距≤8m 时视为片林
	1.2 竹林地	附着有胸径2cm 以上的竹类植物的林地
	1.3 红树林地	在热带和亚热带海岸潮间带或海潮能够到达到的河流入海口，附着有红树科属植物和其他形态上和生态上具有相似群落特性科属植物的林地
2. 疏林地		由乔木树种组成，连续面积＞0.067hm²、郁闭度为0.1～0.19 的林地
3. 灌木林地		附着有灌木树种或因生境恶劣矮化成灌木型的乔木树种以及胸径＜2cm 的小杂竹丛，以经营灌木林为目的或起防护作用，连续面积＞0.067hm²、覆盖度在30%以上的林地。其中，灌木林带行数应在2行以上且行距≤2m；当林带的缺损长度超过林带宽度3倍时，应视为两条林带；两平行灌木林带的带距≤4m 时视为片状灌木林
	3.1 国家特别规定灌木林	符合《"国家特别规定的灌木林地"的规定(试行)》要求的灌木林地
	3.2 其他灌木林	不符合《"国家特别规定的灌木林地"的规定(试行)》要求的灌木林地
4. 未成林造林地		人工造林、飞播造林、封山育林后在成林年限前分别达到人工造林、飞播造林、封山育林合格标准的林地。人工造林合格标准按GB/T 15776 的规定执行；飞播造林合格标准按GB/T 15162 的规定执行；封山育林合格标准按GB/T 15163 的规定执行
	4.1 人工造林未成林地	人工造林和飞播造林后不到成林年限，造林成效符合下列条件之一、分布均匀、尚有郁闭但有成林希望的林地：①人工造林当年造林成活率85%以上或保存率80%(年均等降水量线400mm 以下地区当年造林成活率为70%或保存率为65%)以上；②飞播造林后成苗调查苗木3000 株/hm² 以上或飞播治沙成苗2500 株/hm² 以上，且分布均匀
	4.2 封育未成林地	采取封山育林或人工促进天然更新后，不超过成林年限，天然更新等级中等以上，尚未郁闭但有成林希望的林地
5. 苗圃地		固定的林木、花卉育苗用地，不包括母树林、种子园、采穗园、种质基地等种子、种条生产用地以及种子加工、储藏等设施用地

地类		技术标准
一级	二级	
6. 无立木林地		采伐、火烧后达不到疏林地标准且还未更新造林的林地,以及造林失败的林地
	6.1 采伐迹地	采伐作业 3 年内保留木达不到疏林地标准、尚未人工更新或天然更新达不到中等等级的林地
	6.2 火烧迹地	火灾后 3 年内活立木达不到疏林地标准、尚未人工更新或天然更新达不到中等等级的林地
	6.3 其他无立木林地	包括:①造林更新后,成林年限前达不到未成林造林地标准的林地;②造林更新到成林年限后,未达到有林地、灌木林地或疏林地标准的林地;③已经整地但还未造林的林地;④不符合上述林地区划条件,但有林地权属证明,因自然保护、科学研究等需要保留的土地
7. 宜林地		县级以上人民政府规划的宜林荒山荒地、宜林沙荒地和其他宜林地
	7.1 宜林荒山荒地	未达到上述有林地、疏林地、灌木林地、未成林造林地标准,规划为林地的荒山、荒(海)滩、荒沟、荒地等
	7.2 宜林沙荒地	未达到上述有林地、疏林地、灌木林地、未成林造林地标准,造林可以成活,规划为林地的固定或流动沙地(丘)、有明显沙化趋势的土地等
	7.3 其他宜林地	除以上两条以外的用于发展林业的其他土地
8. 辅助生产林地		直接为林业生产服务的工程设施用地。包括:培育、生产种子及苗木的设施用地;贮存种子、苗木、木材和其他生产资料的设施用地;集材道、运材道;林业科研、试验、示范基地;野生动植物保护、护林、森林病虫害防治、森林防火、木材检疫设施用地;供水、供热、供气、通信等基础设施用地;其他有林地权属证明的土地

（2）排放和吸收环节

森林生态系统是全球碳循环的重要组成部分,包含了生物圈中大部分的碳。大气和陆地植被之间的碳交换中,有 90％以上是由森林植被来完成的。因此,森林面积和覆盖类型的变化会对全球碳循环产生决定性影响。由于森林生态系统的变化,每年有大约（0.9±0.4）Pg C 的碳释放到大气中。土地利用变化对森林生态系统的影响主要表现在毁林,即森林转变成农田或草地、木材和薪柴的采伐和加工、不当的森林管理等。这些活动,尤其是森林向农田或草地的转变,会导致森林地上部分生物量消失,同时也会减少土壤中有机碳储量。农田耕作等土地利用会进一步引起土壤有机碳的降低。因此,土地利用变化中的毁林是一个碳排放过程。

根据原国家林业局《国家森林资源连续清查技术规定》（2004）,我国森林包括乔木林、竹林、经济林以及国家有特别规定的灌木林。其他木质生物质是指不符合森林定义的其他树木,主要包括疏林地、散生木和四旁树木。散生木主要包括竹林、经济林、非林地或幼龄林里的成年大树。四旁树木是指位于屋旁、路旁、地旁、水旁的成年大树。

不同林地类型之间的转化对生态系统碳储量产生影响,这些变化可能是碳排放过程,也可能是碳吸收过程。如乔木林地转化为其他林地类型（如灌木林地或疏林地）时,由于地上部分生物量减少,生态系统碳储量减少,这被看作碳排放过程;而当灌木林地或其他林地类型转化为乔木林地时,会增加生态系统的碳储量,成为一个碳吸收过程。

林地类型的相互转化不仅会导致地上部分生物量增加或减少，而且还会引起土壤碳储量的变化。一方面，地表植被生物量的降低会减少土壤碳的输入；另一方面，覆盖类型的改变会造成土壤温度升高，加速土壤有机碳的分解并释放到大气中。目前应对气候变化的碳核算尚未考虑土壤碳储量的变化。

碳排放核算时，生态系统的碳吸收主要表现在森林和其他木质生物质生物量的生长上。随着活立木的生长和森林面积的扩大，地上部和地下部生物量碳库增加，这部分增加的生物量碳储量即为生物量生长碳吸收。由于森林伐木、薪柴采集等生产活动造成的森林或其他木质生物质生物量减少，这部分减少的生物量碳储量即为森林消耗碳排放。同时，在碳排放核算时，活立木枯损所造成的生物量损失，由于难以区分是自然还是人为因素导致的，也计入生物量碳排放的范畴。

2. 排放和吸收特征

土地利用变化对陆地生态系统碳循环的影响主要取决于生态系统类型和土地利用变化的方式，既可能成为碳排放源，也可能成为碳吸收汇。

（1）碳排放

森林砍伐后转化为草地、农田或其他土地用途（如建设用地）会导致碳排放，此过程在毁林碳排放中占主导地位。不同地区的土地利用变化碳排放强度存在一定差异，热带森林向农田和草地的转化，造成的碳排放要明显高于温带和寒带森林。在土地利用变化和林业领域的碳排放核算中，森林转化是碳排放的主体。森林转化碳排放主要核算林地转化为非林地过程中，由生物量的燃烧或分解造成的温室气体排放，包括二氧化碳和非二氧化碳排放，非二氧化碳排放包括甲烷和氧化亚氮的排放。

森林转化过程损失的地上部分生物量，一部分作为可利用木材被移走，其余部分在林地内或林地外被燃烧；还有一部分会遗留在林地上，经过长时间缓慢氧化分解。生物量的燃烧会造成二氧化碳排放，也可能造成非二氧化碳排放；而生物量的氧化分解主要造成二氧化碳排放。此外，森林转化过程还会导致土壤碳库的损失，主要是由于有机碳分解而释放出二氧化碳，目前碳核算尚未包括这部分碳排放。

森林转化损失的生物量中，有相当大一部分作为可利用木材被移走，用于生产各种木质产品，诸如家具、建筑构件、胶合板、纸张等，还有用作能源的木质材料，也称为伐后木质林产品。森林通过光合作用所固定的碳便转移到产品中，而木质产品在使用过程中亦存在降解，不断缓慢释放二氧化碳。随着木质林产品的废旧，最终又会将碳排放到大气中。因此，木质林产品作为陆地生态系统碳循环的一个组成部分，对维持陆地生态系统和大气之间的碳平衡具有重要意义。

（2）碳吸收

土地利用变化可促进森林的碳贮存，例如通过退耕还林还草、合理抚育和采伐、完善管理等保护性经营措施，可以减少森林的碳排放，这种土地利用变化就发挥了碳汇的作用。不同区域森林生态系统通过土地利用变化贮存碳的潜力存在显著差别，热带湿润和半湿润地区具有较大的碳汇潜力，而干旱地区减少碳排放的空间相对较小。

通过造林、再造林增加森林面积，或是通过科学经营提高森林生长量，引起森林生物量碳储量增加，这是由树木通过光合作用吸收大气二氧化碳实现的。

虽然木质林产品在使用中会向大气中缓慢释放二氧化碳，但是由于木质林产品具有很高的碳储量，并能长期存留，因此增加木质林产品碳储量是减少碳排放的一种极具潜力的方法，IPCC特别报告对此予以肯定，并将采伐后的木质林产品纳入到缔约国谈判议题之中。

6.4.2 森林和其他木质生物质生物量碳储量核算

1. 核算公式

（1）乔木林生物量碳储量变化

根据省域森林资源连续清查数据，通过乔木林蓄积量生长率估算清单编制年份的乔木林总面积（A_F）和总蓄积量（V_F）、各优势树种（组）面积（A_{FF}）和蓄积量（V_{FF}）以及蓄积量年生长率（GR_{FF}）；通过实际采样测定或文献资料统计分析，获得各优势树种（组）生物量转换因子（BEF_{FF}）、地下部与地上部生物量比例（R_{FF}）和生物量碳含率（CF_{FF}）；或者获得各优势树种（组）的基本木材密度（SVD_{FF}）和生物量转换因子；估算乔木林生物量碳储量变化（ΔC_{FF}）。具体计算公式如下：

$$\Delta C_{FF} = \sum_{i=1}^{n} \sum_{j=1}^{m} \left[V_{FFi,j} \cdot GR_{FFi,j} \cdot SVD_{FFi,j} \cdot BEF_{FFi,j} \cdot (1 + R_{FFi,j}) \cdot CF_{FFi,j} \right] \quad (6\text{-}32)$$

式中　i——按优势树种（组）划分的乔木林类型；

　　　j——乔木林的龄组。

（2）竹林、经济林和灌木林生物量碳储量变化

根据省域森林资源连续清查数据，通过竹林、经济林和灌木林的面积（A）及其单位面积生物量（B）计算生物量碳储量，采用碳平衡法估算竹林（ΔC_{BF}）、经济林（ΔC_{EF}）和灌木林（ΔC_{SF}）生物量碳储量的年变化量。

$$\Delta C_{BF} = \sum_{i=1} \left[\frac{B_{BFi,t2} \cdot A_{BFi,t2} - B_{BFi,t1} \cdot A_{BFi,t1}}{t_2 - t_1} \cdot CF_{BFi} \right]$$

$$\Delta C_{EF} = \sum_{i=1} \left[\frac{B_{EFi,t2} \cdot A_{EFi,t2} - B_{EFi,t1} \cdot A_{EFi,t1}}{t_2 - t_1} \cdot CF_{EFi} \right]$$

$$\Delta C_{SF} = \sum_{i=1} \left[\frac{B_{SFi,t2} \cdot A_{SFi,t2} - B_{SFi,t1} \cdot A_{SFi,t1}}{t_2 - t_1} \cdot CF_{SFi} \right] \quad (6\text{-}33)$$

式中　i——竹林、经济林和灌木林的亚类型；

　　　t——时间，年。

（3）散生木、四旁树和疏林生物量碳储量变化

根据省域森林资源连续清查数据，散生木、四旁树和疏林属于不满足森林定义的其他林木，可将三者视作一个整体，通过综合总蓄积量（V_{OTF}）、基本木材密度（SVD_{OTF}）、生物量转换因子（BEF_{OTF}）、地下部与地上部生物量比例（R_{OTF}）和生物量碳含率（CF_{OTF}）等数据，采用碳储量平衡法估算其生物量碳储量（C_{OTF}），再将不同年份的生物碳储量作差，即可得到生物量碳储量变化值（ΔC_{OTF}）。

$$C_{OTF} = V_{OTF} \cdot SVD_{OTF} \cdot BEF_{OTF} \cdot (1 + R_{OTF}) \cdot CF_{OTF}$$

$$\Delta C_{OTF} = \frac{C_{OTFt2} - C_{OTFt1}}{t_2 - t_1} \quad (6\text{-}34)$$

由于散生木、四旁树和疏林的统计往往不区分具体树种，因此公式中有关排放因子均采用省域乔木林树种按蓄积加权的平均值（f_{FF}）。

$$f_{FF} = \sum_{i=1} \sum_{j=1} \left(f_{FFi,j} \cdot \frac{V_{FFi,j}}{V_{FF}} \right) \tag{6-35}$$

式中　f_{FF}——省域平均的乔木林生物量碳计量因子；

　　　V_{FF}——省域乔木林总蓄积量，m^3。

（4）森林消耗碳排放

由于竹林和经济林消耗排放已通过面积变化计算，这里只计算林木消耗碳排放（ΔC_H）。此外，由于毁林也统计到采伐消耗中，为了避免重复计算，森林转化过程的地上生物量损失碳排放要在森林消耗部分予以扣除。

$$\Delta C_H = \Delta C_{H\text{-}FF} - \Delta C_{Tr\text{-}loss} \tag{6-36}$$

$$\Delta C_{H\text{-}FF} = \sum_{i=1}^{n} \sum_{j=1}^{m} \left[V_{FFi,j} \cdot GR_{FFi,j} \cdot SVD_{FFi,j} \cdot BEF_{FFi,j} \cdot (1 + R_{FFi,j}) \cdot CF_{FFi,j} \right] \tag{6-37}$$

$$\Delta C_{Tr\text{-}loss} = \Delta C_{FF\text{-}AB,Tr} \cdot (R_{BI} + R_{BO} + R_{BD}) \tag{6-38}$$

式中　$\Delta C_{H\text{-}FF}$——乔木林消耗碳排放，t C/a；

　　　$\Delta C_{Tr\text{-}loss}$——乔木林转化部分已计算的生物量损失碳排放，t C/a。

2. 活动水平和排放因子确定

（1）活动水平数据确定

全国森林资源连续清查资料是获得省域土地利用变化和林业领域碳核算所需活动水平数据的基础，其次是各省（市、区）林业部门认可的本地区森林资源二类调查数据资料。碳核算所需具体活动水平数据如表 6-17 所示，主要包括省域内乔木林按优势树种（组）划分的面积和活立木蓄积量，疏林、散生木、四旁树蓄积量，灌木林、经济林和竹林面积。

碳核算所需具体活动水平数据 表 6-17

活动水平	含义
A_{FF}	乔木林按优势树种(组)及龄组划分的面积,hm^2
V_{FF}	乔木林按优势树种(组)及龄组划分的蓄积量,m^3
V_{OT}	散生木、四旁树和疏林的总蓄积量,m^3
A_{BF}	竹林(BF)面积,hm^2
A_{EF}	经济林(EF)面积,hm^2
A_{SF}	国家特别规定的灌木林(SF)面积,hm^2
A_{FFC}	乔木林转化为非林地的面积,hm^2

由于我国各省、市、自治区完成森林资源清查的具体年份各不相同，因此要获得核算年度的活动水平数据（Y_t），需要核算年度（第 t 年）相邻近的至少 3 次（t_1、t_2、t_3）森林资源清查数据，采用内插法或外推法获得核算年度相关的森林面积、蓄积量及其年变化等数据。

当核算年度处于相邻近的 2 次森林资源清查年份（t_1、t_2）之间，可通过内插法求算核算年度的活动水平数据。具体计算如式（6-39）所示：

$$Y_t = Y_{t1} + \frac{Y_{t2} - Y_{t1}}{t_2 - t_1} \cdot (t - t_1) \tag{6-39}$$

式中 Y_{t1}——核算年度相邻近的 t_1 年份的森林资源清查活动水平数据；

Y_{t2}——核算年度相邻近的 t_2 年份的森林资源清查活动水平数据；

t_1——核算年度相邻近的森林资源清查年份；

t_2——核算年度另一相邻近的森林资源清查年份。

当核算年度（t）晚于最近1次森林资源清查年份（t_3），则可通过外推法求算核算年度的活动水平数据。具体计算如式（6-40）所示：

$$Y_t = Y_{t3} + \frac{Y_{t3} - Y_{t1}}{t_3 - t_1} \cdot (t - t_3) \tag{6-40}$$

式中 Y_{t3}——核算年度相邻近的 t_3 年份的森林资源清查活动水平数据；

t_3——最近1次森林资源清查年份。

（2）排放因子的确定

排放因子是用来估算温室气体排放量的参数，土地利用变化和林业领域碳核算所涉及的主要排放因子及确定方法如表 6-18 所示。确定排放因子时，应遵循以下优先原则：①通过实测或实地调查研究，获得符合省域（市、自治区）土地利用变化和林业领域的排放因子；②通过文献资料数据收集，经科学合理的统计分析后获得符合省域（市、自治区）土地利用变化和林业领域的排放因子；③可以采用与本省土地利用变化和林业状况相似的其他相邻省份的排放因子；④可以采用国家水平的排放因子，或国家清单指南提供的缺省值（表 6-19、表 6-20 和表 6-21），或本领域的专家估计值。

土地利用变化和林业领域碳核算所涉及的主要排放因子及确定方法　　　表 6-18

排放因子	含义与内容	数据获取优先顺序
$BCEF$	生物量转换和扩展系数，乔木林优势树种（组）林分生物量与蓄积量的比值，t/m^3	①采用标准方法实测；②符合当地条件的文献资料数据；③具有类似条件的相邻省区的数据；④国家水平的缺省值
BEF	生物量扩展系数，乔木林优势树种（组）地上部生物量与树干生物量的比值，无量纲	
SVD	基本木材密度，某优势树种每立方米木材所含干物质的质量，t/m^3	
R	根冠比，乔木林优势树种（组）地下部生物量与其地上部生物量的比值	
CF	碳含率，单位生物量干物质中所含碳的质量，缺省值为 0.47 或 0.50	
B_{BF}	竹林平均单位面积生物量（干物质质量），t/hm^2	
B_{EF}	经济林平均单位面积生物量（干物质质量），t/hm^2	
B_{SF}	灌木林平均单位面积生物量（干物质质量），t/hm^2	
R_{BF}	竹林地下部生物量与其地上部生物量的比值，无量纲	
R_{EF}	经济林地下部生物量与其地上部生物量的比值，无量纲	
R_{SF}	灌木林地下部生物量与其地上部生物量的比值，无量纲	
GR_{FF}	乔木林优势树种（组）及龄组的蓄积量年生长率，%	根据本省区森林资源清查数据，进行整理获得，或通过相关公式和参数计算获得
CR_{FF}	乔木林优势树种（组）及龄组的蓄积量年消耗率，%	
GR_{OT}	散生木、四旁树和疏林蓄积量年生长率，%	
CR_{OT}	散生木、四旁树和疏林蓄积量年消耗率，%	

排放因子	含义与内容	数据获取优先顺序
R_{BI}	乔木林转化为非林地过程中,皆伐剩余生物地中现地燃烧的生物量比例	①调研、统计获得的当地数据; ②符合当地条件的文献资料数据; ③具有类似条件的相邻省区的数据; ④国家水平的缺省值; ⑤专家判断
R_{BO}	乔木林转化为非林地过程中,皆伐剩余生物地中异地燃烧的生物量比例	
R_{BD}	乔木林转化为非林地过程中,皆伐剩余生物地中氧化分解的生物量比例	
R_{OX}	生物量燃烧的氧化系数	①采用标准方法实测; ②符合当地条件的文献资料数据; ③具有类似条件的相邻省区的数据; ④国家水平的缺省值
ER_{CH_4}	CH_4-C 相对于 CO_2-C 的排放比例	
ER_{N_2O}	N_2O-N 相对于 CO_2-C 的排放比例	
$R_{N/C}$	燃烧的生物质的氮碳比	

我国部分省市区生物量扩展系数加权平均值 表 6-19

省区市	全林分	地上部	省区市	全林分	地上部
全国	1.787	1.431	河南	1.740	1.392
北京	1.771	1.427	湖北	1.848	1.477
天津	1.821	1.470	湖南	1.712	1.387
河北	1.782	1.430	广东	1.915	1.513
山西	1.839	1.467	广西	1.819	1.448
内蒙古	1.690	1.364	海南	1.813	1.419
辽宁	1.803	1.434	重庆	1.736	1.419
吉林	1.784	1.411	四川	1.744	1.419
黑龙江	1.751	1.393	贵州	1.842	1.480
上海	1.874	1.461	云南	1.870	1.488
江苏	1.603	1.309	西藏	1.805	1.449
浙江	1.755	1.421	陕西	1.947	1.517
安徽	1.742	1.408	甘肃	1.789	1.433
福建	1.806	1.441	青海	1.827	1.483
江西	1.795	1.435	宁夏	1.798	1.445
山东	1.774	1.428	新疆	1.683	1.356

我国部分省市区基本木材密度加权平均值（$\overline{SVD}$）（单位：t/m^3） 表 6-20

省区市	$\overline{SVD}$	省区市	$\overline{SVD}$	省区市	$\overline{SVD}$	省区市	$\overline{SVD}$
全国	0.462	黑龙江	0.499	河南	0.488	贵州	0.425
北京	0.484	上海	0.392	湖北	0.459	云南	0.501
天津	0.423	江苏	0.395	湖南	0.394	西藏	0.427

省区市	$\overline{SVD}$	省区市	$\overline{SVD}$	省区市	$\overline{SVD}$	省区市	$\overline{SVD}$
河北	0.478	浙江	0.406	广东	0.474	陕西	0.558
山西	0.484	安徽	0.416	广西	0.430	甘肃	0.462
内蒙古	0.505	福建	0.436	海南	0.488	青海	0.408
辽宁	0.504	江西	0.422	重庆	0.431	宁夏	0.444
吉林	0.505	山东	0.412	四川	0.425	新疆	0.393

全国竹林、经济林、灌木林平均单位面积生物量（单位：t/hm²） 表6-21

		平均单位面积生物量	样本数	标准差
竹林	地上部	45.29	295	50.82
	地下部	24.64	248	36.38
	全林	68.48	240	80.04
经济林	地上部	29.35	194	27.98
	地下部	7.55	139	8.99
	全林	35.21	135	38.33
灌木林	地上部	12.51	356	16.63
	地下部	6.72	204	6.22
	全林	17.99	199	17.03

3. 调查与方法

（1）活动水平数据调查方法

土地利用变化和林业碳核算所需要的活动水平数据主要包括：乔木林各优势树种（组）按龄组统计的面积和蓄积量，散生木、四旁树和疏林的蓄积量，竹林、经济林以及国家特别规定的灌木林的面积，乔木林、竹林、经济林转化为非林地的面积。这些活动水平数据是进行碳核算的基础，需要根据抽样调查方法，设置固定样地，进行连续监测。

1）抽样与样地设置

根据本地区森林资源一类清查样地的林分起源（如天然、人工）、森林类型（如针叶林、阔叶林、针阔混交林、灌木林）和林龄（如幼龄林、中龄林、近熟林、成熟林、过熟林）及树种等具体情况，采用典型取样法对每种类型抽取3个以上的样地。如果现有森林资源一类清查样地不能完全满足林业碳计量监测要求，可根据实际需要增设有代表性的样地类型，所有样地布点均需落实到森林资源分布图上。

样地采用全球定位系统（GPS）进行定位，定位样点作为样地西南角，统一标记并编号。增设的乔木典型样地，其大小为25.82m×25.82m，也可考虑样地设置为20m×30m或30m×30m。以样地西南角为起点，采用罗盘仪测角，皮尺量距离，闭合差小于1/200。

灌木层、草本层和枯落物层采用样方调查。灌木层样方规格为2m×2m，在样地内随机设置4个；草本层、枯落物层按1m×1m的小样方，在灌木样方内设置，并进行生物量调查。

2）样地调查

样地调查因子主要包括地理位置、地形地貌、海拔、土壤类型、经营历史、林分起源、林龄、郁闭度、干扰因素、林下植被盖度等立地条件和经营状况。

乔木层调查：对样地内所有胸径≥5cm的活立木进行每木检尺。调查指标包括树种、胸径、树高、生长状况等。根据调查指标计算林分平均胸径、平均树高、密度以及蓄积量等。

灌木层调查：调查样方内灌木种类（包括胸径$D<5.0cm$、高度在30cm以上的所有个体）、盖度，测定各个体的地径和高度等。林下灌木层生物量测定时，如果调查样地为临时性样地，可在各项调查指标测定之后，采用全株收获法对样方内所有灌木植株，分别测定其地上干、枝、叶和地下根系的鲜重，选取干、枝、叶和根样品（300～500g）带回实验室测定其含水率。如果调查样地为永久性固定样地，应在样地外采用同样方法设置灌木样方，按照上述方法测定灌木生物量。样品统一编号、贴标签，标明样品采集的地点、样地号、样方号、样品种类和采集日期，并填写取样记录表。

草本层调查：调查小样方内草本植物种类、丛数（株数）、高度、盖度等。其生物量测定与灌木层测定方法相同，收集样方内全部草本植物，地上部和地下部分别测定其鲜重，对每个样方的混合草本进行样品采集（200～300g），带回实验室测定其含水率。样品记录、编号和标签同灌木层调查。

由于目前清单编制中没有考虑林地枯落物和土壤碳储量，因此样地调查中可以不考虑枯落物层和土壤调查。

3）散生木和四旁树调查

根据散生木、四旁树等分布情况，依实际情况选择样地、样带或样段调查方法。主要调查指标包括树种、株数、各个体年龄、胸径和树高，据此计算调查区域内散生木和四旁树的总株数和总蓄积量。

4）城镇绿地灌木和草坪及其他类型植物调查

灌木调查可采用样地调查法，主要调查指标包括株数、地径、树高。草坪及其他类型植物调查可采用样方调查法，样方大小为1m×1m，记录样方内的植物种类、高度和株数等。

（2）排放因子调查方法

土地利用变化和林业碳核算所需的排放因子主要包括不同森林类型主要优势树种生物量、生长量及其相关因子的调查测定，不同优势树种生物量组分碳含率、碳氮比等。

根据样地调查结果，充分考虑不同地区、不同立地条件，按照不同优势树种（组）的林木胸径、树高等特点，选择标准木，结合树干解析，测定其材积、生物量；取样分析不同组分的生物量碳、氮含率。详细方法步骤可参考林业行业标准《立木生物量建模方法技术规程》LY/T 2258—2014 和《立木生物量建模样本采集技术规程》LY/T 2259—2014。

基于标准木测定数据，通过模型优化选择，建立不同生物量组分（树干、树枝、树叶、根系、地上部生物量和总生物量）的异速生长方程，以此生物量模型估算各调查样地的生物量，计算不同优势树种（组）的生物量转化与扩展系数、木材密度、根冠比、林分蓄积生长量和生长率、生物量平均碳含率和氮/碳比等相关因子。

6.4.3 森林转化碳排放核算

1. 核算公式

（1）森林转化二氧化碳排放

"森林转化"指将现有森林转化为其他土地利用方式，相当于毁林。在毁林过程中，被破坏的森林生物量一部分通过现地或异地燃烧排放到大气中。这里主要估算由林地（包括乔木林、竹林、经济林）转化为非林地（如农地、牧地，城市建设用地、道路等）过程中，由于地上生物质的燃烧和分解引起的二氧化碳、甲烷和氧化亚氮排放。

由于竹林、经济林转化的生物量碳排放已经通过面积变化计算，因此森林转化的二氧化碳排放（ΔGHG_{FC}）只计算乔木林转化为非林地过程中地上生物量损失造成的二氧化碳排放。

$$\Delta GHG_{FC} = \Delta GHG_{I\text{-}CO_2} + \Delta GHG_{O\text{-}CO_2} + \Delta GHG_{D\text{-}CO_2} \tag{6-41}$$

式中 $\Delta GHG_{I\text{-}CO_2}$——现地燃烧的二氧化碳排放量，$t\,CO_2/a$；

$\Delta GHG_{O\text{-}CO_2}$——异地燃烧的二氧化碳排放量，$t\,CO_2/a$；

$\Delta GHG_{D\text{-}CO_2}$——氧化分解的二氧化碳排放量，$t\,CO_2/a$。

乔木林转化为非林地后的地上生物量可视为 0，其地上生物量损失 $\Delta C_{FF\text{-}AB,Tr}$ 即为转化前乔木的平均地上生物量，如式（6-42）所示，式中排放因子均为省域乔木林的加权平均值。

$$\Delta C_{FF\text{-}AB,\,Tr} = A_{FFC} \cdot \frac{V_{FF}}{A_{FF}} \cdot SVD_{FF} \cdot BEF_{FF} \cdot CF_{FF} \tag{6-42}$$

式中 V_{FF}——省域乔木林总蓄积量，m^3；

A_{FF}——省域乔木林总面积，hm^2；

A_{FFC}——乔木转化为非林地面积，hm^2。

森林转化损失的地上生物量，作为可用材被利用的生物量碳被视作立即排放，燃烧和分解造成的碳排放计算方法如式（6-43）、式（6-44）、式（6-45）所示：

$$\Delta GHG_{I\text{-}CO_2} = \frac{44}{12} \cdot \sum_{i=1} (\Delta C_{FF\text{-}AB,Tr} \cdot R_{BI} \cdot R_{OX}) \tag{6-43}$$

$$\Delta GHG_{O\text{-}CO_2} = \frac{44}{12} \cdot \sum_{i=1} (\Delta C_{FF\text{-}AB,Tr} \cdot R_{BO} \cdot R_{OX}) \tag{6-44}$$

$$\Delta GHG_{D\text{-}CO_2} = \frac{44}{12} \cdot \sum_{i=1} (\Delta C_{FF\text{-}AB,Tr} \cdot R_{BD}) \tag{6-45}$$

式中 i——按优势树种（组）或森林类型划分的乔木林类型；

R_{BI}——乔木林转化中现地燃烧的生物量比例，%；

R_{OX}——生物量燃烧的氧化系数。

由于氧化分解通常是一个缓慢过程，因此上述公式中 $\Delta C_{FF\text{-}AB,Tr}$ 要用多年平均值（IPCC 缺省值为 10 年）。

（2）森林转化的甲烷和氧化亚氮排放

森林转化过程中，地上生物量的现地燃烧和异地燃烧还会造成非二氧化碳温室气体排放。由于异地燃烧（通常是作为薪炭材）造成的甲烷和氧化亚氮排放，已在能源领域作为生物质能源计算，这里只计算森林转化现地燃烧过程中造成的甲烷和氧化亚氮排放，其计算方法如式（6-46）、式（6-47）所示：

$$\Delta GHG_{CH_4} = \frac{16}{12} \cdot \sum_{i=1} (\Delta C_{FF-AB,Tr} \cdot R_{BI} \cdot R_{OX}) \tag{6-46}$$

$$\Delta GHG_{N_2O} = \frac{44}{14} \cdot \sum_{i=1} (\Delta C_{FF-AB,Tr} \cdot R_{BI} \cdot R_{OX}) \tag{6-47}$$

式中 ΔGHG_{CH_4} 和 ΔGHG_{N_2O}——分别是甲烷和氧化亚氮的排放量，t CH_4/a 和 t N_2O/a；

$\frac{16}{12}$——CH_4 和 C 的分子量之比；

$\frac{44}{14}$——N_2O 和 N 的分子量之比。

2. 活动水平和排放因子确定

（1）活动水平数据确定

全国森林资源连续清查数据是省域土地利用变化和林业领域碳核算中活动水平需求的首选数据，其次是各省（市、区）林业部门认可的本地区森林资源二类调查数据资料以及统计年鉴中的相关土地利用变化数据。

（2）排放因子确定

目前国内仍缺乏与森林转化有关的排放因子，而国际上的有关测定结果也有较大的不确定性。因此，需进一步提供并完善适合我国各省域的相关排放因子，以降低碳核算的不确定性。

1）森林转化前单位面积地上生物量

我国森林资源清查数据通常只提供乔木林转化面积，很难区分具体的林木种类，因此在实际核算过程中，首先通过省域乔木林总蓄积量（V_F）和总面积（A_F），获得乔木林单位面积蓄积量，然后运用全省平均的基本木材密度（$\overline{SVD}$，表 6-20）和地上部生物量转换系数，计算乔木林转化前单位面积生物量（B_{AB}）：

$$B_{AB} = \frac{V_F}{A_F} \times \overline{SVD} \times \overline{BEF_{AB}} \tag{6-48}$$

竹林和经济林的平均地上部生物量的确定方法可参照表 6-22，或采用调查法确定。

2）转化后单位面积地上生物量

有林地转化为非林地，一般情况下主要用于建设用地，转化后地上部生物量基本上为 0。在碳核算时，转化后地上生物量可全部采用 0。

3）现地/异地燃烧生物量比例

过去我国南方森林征占后，除可用部分（木材）外，剩余部分通常采取现地火烧清理，现地燃烧的生物量比例约为地上生物量的 40%，而异地燃烧的比例约为 10%。自 2000 年以来，国家禁止林地采用火烧清理，现地燃烧的生物量可视为 0，而用于异地燃烧的生物量比例达 20%～30%，更为准确的比例数据尚需进一步调研确定。在北方，通常不采用火烧清理的方式，约 30% 生物量作为薪材被异地燃烧。

4）现地/异地燃烧生物量氧化系数

针对现地/异地燃烧生物量氧化系数，我国尚没有相关的测定数据，国际上的测定和估计也存在很大的不确定性，《1996 年 IPCC 国家温室气体清单指南》的缺省值为 0.9。

5）被分解的地上生物量比例

森林转化过程中收获的木材生物量比例为 50%，现地燃烧的生物量比例为 0，异地燃烧的生物量比例为 25%，被分解的生物量比例为 25%。

6）非二氧化碳温室气体排放比例

CH_4-C 和 N_2O-N 的排放比例，《1996 年 IPCC 国家温室气体清单指南》的缺省值分别为 0.012、0.007。

7）生物量碳氮比

《IPCC 国家温室气体清单指南》的缺省值为 0.01。

8）地上生物量碳含量

《IPCC 国家温室气体清单指南》的缺省值为 0.5。

第7章 低碳技术与生态碳汇

2021年1月，国家发展和改革委员会提出六个重点工作方向来积极推动实现碳达峰和碳中和目标：一是大力调整能源结构；二是加快推动产业结构转型；三是着力提升能源利用效率；四是加速低碳技术研发推广；五是健全低碳发展体制机制；六是努力增加生态碳汇。本章主要介绍低碳技术与生态碳汇相关内容。

低碳技术即碳减排技术，是指涉及电力、交通、建筑、冶金、化工、石化等部门以及在可再生能源与新能源、煤的清洁高效利用、油气资源和煤层气的勘探开发、二氧化碳捕集与封存等领域开发的有效控制温室气体排放的新技术。低碳技术可分为减碳、零碳、负碳三种类型。减碳技术是指高能耗、高排放领域的节能减排技术，如煤的清洁高效利用、油气资源和煤层气的勘探开发技术等；零碳技术指核能、太阳能、风能、生物质能等零碳排放的能源技术；负碳技术主要是指二氧化碳的捕集、利用与封存技术。

碳汇是指通过植树造林、植被恢复等措施，吸收大气中的二氧化碳，从而降低温室气体在大气中的浓度的过程。生态碳汇在传统碳汇的基础上，增加了草原、湿地、海洋等多个生态系统对碳吸收的作用。为实现"双碳"目标，我国正积极推进天然林资源保护、退耕还林还草、防护林体系建设等重点生态工程，提升森林、草原、湿地的碳贮存和碳吸收能力。同时，依托海岸带生态保护和修复重大工程，重点保护和修复红树林、海草床等生态系统，提升海洋生态系统的碳贮存和碳吸收能力。

7.1 减碳技术

减碳技术是指能实现生产消费过程的低碳，达到高效能低排放目的的技术。当前，二氧化碳排放量排名前5的工业行业（包括电力、热力的生产和供应业，石油加工、炼焦及核燃料加工业，黑色金属冶炼及压延加工业，非金属矿物制品业，化学原料及化学制品制造业）占工业二氧化碳总排放的比重已超过80%。因此，这5大行业应该作为发展和应用碳减排技术的重点领域。另外，在建筑行业，通过构建绿色建筑技术体系、推进可再生能源与资源利用、集成创新建筑节能技术等可减少电能和燃料的使用，有助于二氧化碳减排。

在电力行业领域，目前我国每发1度电要排放$0.8\sim0.9kg\ CO_2$，如果每度电的耗煤量降低1g，全国每年就可减排二氧化碳750×10^4t。因此，应集中精力加快技术改造，推进火电减排，实施"绿色煤电"计划，主要依靠开发煤清洁转化高效利用技术和提高燃煤发电效率实现，其中提高燃煤发电效率能实现15%的二氧化碳减排。目前，具有发展前途的高效、洁净的煤发电技术主要涉及整体煤气化联合循环、循环流化床燃烧等。典型的洁净煤技术主要包括：①清洁的煤开采技术，如煤的开采、脱硫脱硝、运输以及焦化、混合、成块、浆化等技术；②煤转化技术，如将煤气化、液化，以提高煤的利用效率；③清洁的煤燃烧技术，如煤的富氧燃烧等。由于我国是产煤大国，该领域技术的发展对我国能源结构的改变有着非常重要的影响。

在材料和制造领域，碳排放主要集中于两方面：一是金属材料制造。2022 年我国粗钢产量达 10.18 亿 t，生铁产量为 13.4 亿 t。每生产 1t 钢，采用高炉工艺将排放 2t 二氧化碳，采用电炉工艺将排放 1t 二氧化碳。钢铁工业必须将控制总量、淘汰落后产能和技术改造结合起来，推动节能减排。二是高分子材料。2022 年我国塑料制品产量为 7771.6 万 t，以石油路线制备高分子材料为例，每生产 1t 塑料需消耗 2～5t 原油，排放 4～8t 二氧化碳。因此，一方面要大力发展新型稳定化技术，提高材料服役寿命，节省化石资源，降低温室气体排放量；另一方面可通过应用生物基及生物降解塑料技术，以可再生资源替代化石资源，同时加快发展高效的回收利用新技术。如果从原料到回收处理形成产业链，以年产 1000 万 t 生物基材料为例，单位产品就可减少二氧化碳排放 40％以上。

在建筑领域，目前城市碳排放的 60％来源于建筑物的施工、运营和维护，可见，构建绿色建筑技术体系、发展低碳建筑极其重要。建筑领域碳减排技术的关键是建筑规划设计、建造、使用、运行、维护、拆除和利用全过程的低碳控制优化，如使用真空绝热层保持室内温度的节能技术，建筑物照明、通风、供热和制冷方面的节能技术，水泥、混凝土等建筑材料工业中的节能技术等。对于建造环节，可利用屋顶光伏发电，实现自然光和灯光照明有效整合，通过建造无动力屋顶通风设备，调节风流风速带动风机发电；在使用环节，可通过种植屋顶花草建造"绿色屋顶"，达到降温效果，节省空调电力，同时还能吸收大气污染物；在拆除环节，可有效回收利用建筑废弃物，防止二次污染。我国重点行业的具体碳减排技术将在本书第 8 章中详细介绍。

7.2　零碳技术——可再生能源

零碳技术，即开发以无碳排放为特征的清洁能源技术，包括风力发电、太阳能发电、水力发电、潮汐能发电、氢能和生物质能等。近年来，我国可再生能源实现跨越式发展，开发利用规模稳居世界第一。截至 2022 年底，我国可再生能源发电装机总规模达到 12.13 亿 kW，占总装机的比重达到 47.3％，发电量达到 2.7 万亿 kWh，占全社会用电量的比重达到 30.8％，较 2012 年增长 11.5％。

我国可再生能源发展格局具有如下特点：

（1）大规模。截至 2023 年底，我国可再生能源发电装机占我国电力总装机的比例已超过 50％。

（2）高比例。"十四五"期间，可再生能源在全社会用电量增量中的占比将达到 2/3 左右，在一次能源消费增量中的占比将超过 50％，可再生能源将从原来能源电力消费的增量补充变为能源电力消费的增量主体。

（3）市场化。进一步发挥市场在可再生能源资源配置中的决定性作用，风电光伏发展将进入平价阶段，摆脱对财政补贴的依赖，实现市场化和竞争化发展。

（4）高质量。既实现可再生能源大规模开发，也实现高水平消纳利用，更加有力地保障电力可靠稳定供应。

7.2.1 太阳能

根据历史记载，人类早在 3000 年前就开始了太阳能的利用，但是利用方式十分简单和低级，仅仅是直接接受白天太阳的烘晒和取暖而已，对太阳能真正意义上的大规模开发利用是从第二次世界大战后开始的。随着地球上化石能源的消耗和短缺以及环境污染的加剧，人类加快了开发和利用太阳能的步伐。研究太阳能高效规模化利用过程中（包括收集、转换、储存和输送等）的关键技术问题，已成为当前能源领域研究的热点，太阳能的开发利用将对人类社会的发展产生重大而深远的影响。

目前，对太阳能的有效利用主要依靠光热发电和光伏发电来完成，其中光伏发电是最直接的高新技术。光伏发电在工作过程中不需要消耗燃料，真正做到无噪声、无污染，不会对大气产生污染，符合当今对环保和节能的要求。同时，太阳能是取之不尽、用之不竭的可再生资源，能有效缓解中国能源的压力，所以对光伏发电技术的研究和有效利用具有跨时代的重要意义。太阳能光伏发电系统主要的部件包括太阳能光伏电池板、蓄电池、控制器和逆变器等。在有光照情况下，光伏电池吸收光能，电池两端出现异号电荷的积累，即光生伏特效应。在光生伏特效应的作用下，太阳能电池的两端产生电动势，将光能转换成电能。电能被贮存于蓄电池组，可随时向负载供电。控制器可自动防止蓄电池过充电和过放电。由于太阳能电池和蓄电池是直流电源，需使用逆变器将其转换为交流电，从而接入电网或交流负载。太阳能光伏发电原理如图 7-1 所示：

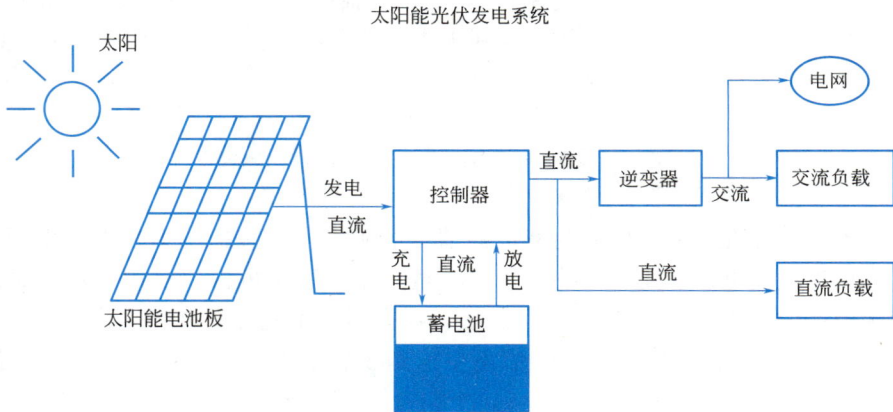

图 7-1　太阳能光伏发电原理

1. 光伏发电技术特点

（1）光伏发电技术优点

1）太阳能资源分布广泛，只要光照射到的地方就能利用光伏发电技术进行发电，不受地理位置的影响。太阳能资源随处可得，可就近供电，不必长距离输送。

2）光伏发电直接将光能转换为电能，工作过程简单，不需要机械传动、燃料燃烧、冷却水等中间过程，很大程度上避免了对环境的污染。

3）光伏发电系统的工作稳定性高、结构简单、灵活性能强。

（2）光伏发电技术缺点

1）能量密度低：尽管太阳投向地球的能量总和巨大，但由于地球表面积也很大，而且地球表面大部分被海洋覆盖，真正能够到达陆地表面的太阳能只有到达地球范围太阳辐射能量的 10％左右，致使在陆地单位面积上能够直接获得的太阳能量较少。这就使得光伏发电系统的占地面积很大，每 10kW 光伏发电功率占地约 100m²，平均每平方米发电功率为 100W。

2）转换效率低：光伏发电的最基本单元是太阳能电池组件，光伏发电的转换效率指光能转换为电能的比率，目前晶体硅光伏电池转换效率为 13％～17％，非晶硅光伏电池只有 5％～8％。

3）受气候环境因素影响大：光伏发电的能源直接来源于太阳光的照射，只能在白天发电，晚上不能发电，而且地球表面上的太阳照射受气候影响很大，长期的雨雪天、阴天、雾天甚至云层的变化都会严重影响系统的发电状态。

2. 我国光伏装机量发展潜力

2022 年，我国新增光伏发电装机 87.41GW，光伏发电累计装机容量达到 25600GW，同比增长 60.3％。按照目前的发展趋势，未来五年光伏平均装机量在 90～110GW 之间，持续提升潜力大。2022 年我国光伏发电量占总发电量的 4.9％，根据联合国马德里气候变化大会的《中国 2050 年光伏发展展望》，从 2020 年到 2025 年这一阶段，中国光伏将启动加速部署；2025～2035 年，中国光伏将进入规模化加速部署时期；到 2050 年，光伏将成为中国第一大电源，约占全国用电量的 40％。

7.2.2 风能

几千年来，风能一直被用来作为碾磨谷物、抽水、船舶等机械设施的动力。现今，世界上有上百万台风力机在运作，其中有十几万台用来发电。但是现代风能利用最吸引人的是，风能可以在大范围内无污染地发电，提供给独立用户或输送到中央电网。因此，风能也是世界范围内发展最快的可再生能源技术。

如图 7-2 所示，风能发电的原理是利用风力带动风轮旋转，再通过增速器将旋转的速度提升，来促使发电机发电。风能技术分为大型风电技术和中小型风电技术，虽然其工作原理相同，但属于完全不同的两个行业，具体表现在政策导向不同、市场不同、应用领域不同、应用技术也不同。为满足市场不同需求，延伸出来的风光互补技术不仅推动了中小型风电技术的发展，还为中小型风电开辟了新的市场。

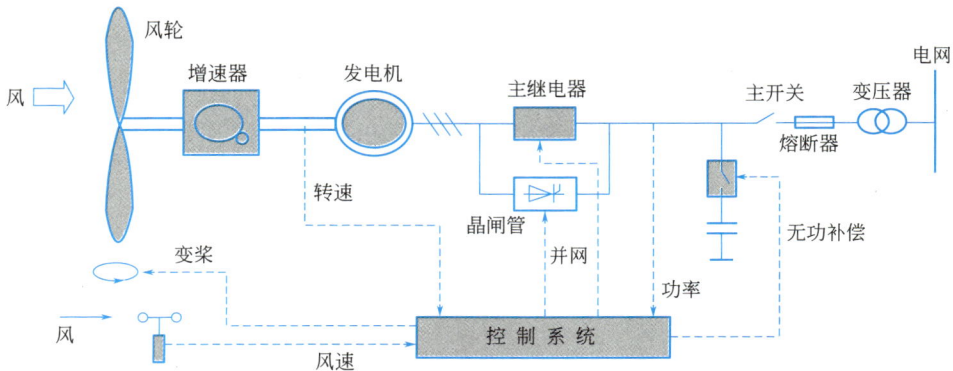

图 7-2　风能发电原理

1. 大型风电技术

大型风电技术起源于丹麦、荷兰等欧洲国家，由于当地风能资源丰富，风电产业受到政府的助推，大型风电技术和设备的发展在国际上遥遥领先。大型风电技术都是为大型风力发电机组设计的，应用区域对环境的要求十分严格，环境的复杂多变性大幅增加了技术难度。目前，我国政府也大力助推大型风电技术的发展，并出台一系列政策引导产业发展，但国内大型风电的核心技术仍然依靠国外，完全拥有自主知识产权的大型风电系统技术和核心技术尚少，大型风电技术中发电并网技术的一系列问题还在制约大型风电技术的发展。

2. 中小型风电技术

我国中小型风电技术最初被广泛应用于送电到乡项目，为农牧民家用设备供电。随着技术的不断完善与发展，中小型风电技术被广泛应用于分布式独立供电。中小型风电技术成熟，受自然资源限制相对较小，作为分布式独立发电效果显著，不仅可以并网，而且还能结合光电形成更稳定可靠的风光互补技术，技术已完全实现国产化，无论是技术还是价格在国际上都具有竞争优势。目前，我国中小型风电技术中的"低风速启动、低风速发电、变桨距、多重保护"等一系列技术已处于国际领先地位。

3. 风光互补技术

风光互补技术整合了中小型风电技术和太阳能技术，综合了各种应用领域的新技术，其涉及的领域之多、应用范围之广、技术差异化之大，是各种单独技术无法比拟的。如图 7-3 所示，风光互补发电系统有两套发电设备，夜间和阴天无阳光时由风力发电机发电，晴天由太阳能电池发电，在既有风又有太阳的情况下两者同时发挥作用，因此可以全天候发电，比单用风力发电机或太阳能更经济、科学、实用。风力发电机、太阳能电池发出的多余电能还可以转化成直流电，储存到这个系统的蓄电池组里。风力发电和太阳能发电两者互补性的结合，实现了两种新能源在资源配置、技术整合方面的合理利用，不但降低了发电成本，还扩大了市场的应用范围，提高了产品的可靠性。

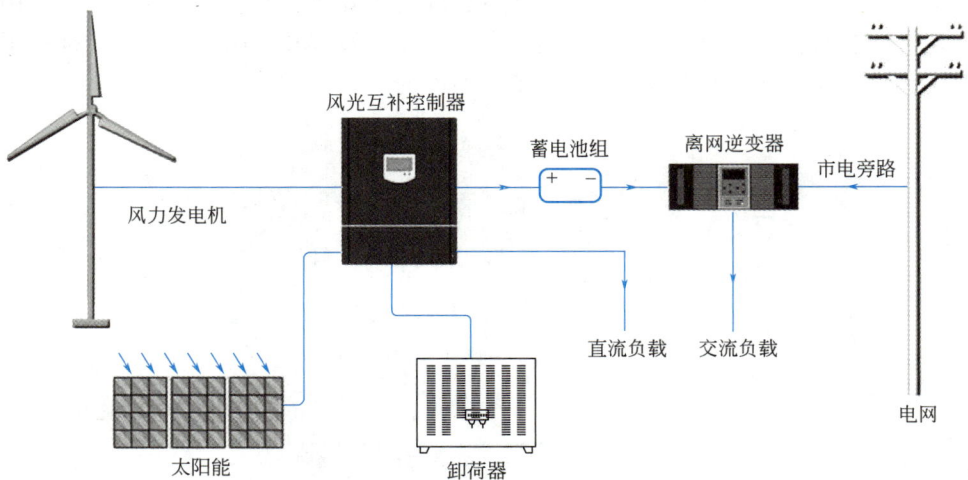

图 7-3 风光互补系统发电原理

7.2.3 水电和潮汐能

水电作为一种可再生、无污染的清洁能源，早已受到人们的重视。早在3000多年前我国就开始利用河水流动的动能，利用从堤坝、瀑布上落下水流的势能，通过水车、水磨、水碓等机械来提水、磨面和春米。从19世纪末开始，人类开始在大江大河上建设水坝，利用水位的落差推动水轮机发电。到现在，大中型水电站已经是世界范围内广泛应用、较为成熟的可再生能源技术。

尽管大中型水电站为经济发展提供了巨大的电力来源，并且不消耗传统能源，减少了温室气体排放，但人们逐渐意识到大中型水电站对环境有很多负面影响。例如，大坝阻挡天然河道的畅通，阻隔泥沙的下泄，改变陆地和水生生态系统，淹没土地，造成大量移民，以及工程施工造成水土流失、植被破坏和空气污染等。小水电作为一种经济而可再生的能源，对生态环境的影响则要小得多，因而日益受到人们的重视。

1. 我国水电和潮汐能发电站的开发情况与类型

我国拥有的水力资源居世界首位，全国水力资源蕴藏量约6.8亿kW，其中小水电为1.52亿kW；总的可开发水力资源约为4亿kW，小水电为0.75亿kW。目前，全国已建成的小水电站（通常将装机容量小于2.5万kW的水电站称为小水电站）有5万多座，总装机容量超过2300万kW，全国有1/3以上的县主要依靠小水电供电。我国目前已开发的水力资源占可开发资源量已超过30%，水资源开发利用已逼近红线，但小水电仍然有很大的发展空间。

小水电站大多是高水头、小流量，而海洋能中的潮汐能电站的特点则是低水头、大流量，它们都属于对环境比较友好的可再生能源。抽水蓄能电站是利用水能发电的一个重要组成部分，它具有储存能量、调节电力峰谷差的环保节能作用，其蓄能发电原理如图7-4所示：当电力需求较低、有电能盈余时，利用电能将位于较低海拔处水库的水抽至较高海拔处水库，将暂时多余的电能转化成势能进行储存；当电力需求较高、有电能短缺时，将高海拔水库的水释放，使其回到低海拔水库并且推动水轮机发电，实现势能到电能的转化。上述三种电站的原理都是利用天然水位落差的势能这一可再生能源，而且都有利于保护和改善环境。

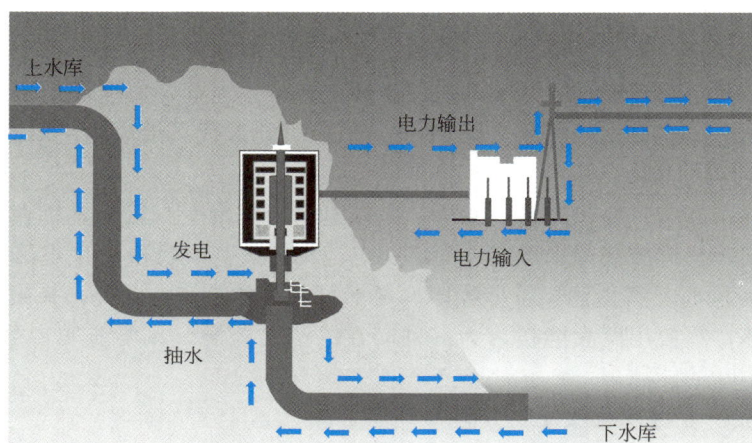

图7-4　抽水蓄能发电原理图

潮汐发电与普通水力发电原理类似，通过储水库，在涨潮时将海水储存在水库内，以势能的形式保存；在落潮时放出海水，利用高低潮位之间的落差，推动水轮机旋转，带动发电机发电。我国东部海岸线绵长，潮汐能资源在世界上处于领先地位，目前潮汐能的开发与利用主要集中在电力和旅游业。潮汐能发电站主要分布在福建、江苏、浙江、山东等几个沿海省份，其中福建省的潮汐能资源最为丰富。表 7-1 是我国部分潮汐能发电站的基本情况。

我国部分潮汐能发电站的基本情况　　　　　　　　　　表 7-1

名称	所在地	装机容量（kW）	总发电量（亿 W·h⁻¹）	发电方式	平均潮差（m）
江厦潮汐电站	浙江	3000	100	单库双向	5.08
幸福洋潮汐电站	福建	1280	31.5	单向退潮式	4.54
白沙口潮汐电站	山东	40000	1.03	单库单项	2.5
海山潮汐电站	浙江	150	3.1	双库单项	—
岳浦潮汐电站	浙江	—	0.0031	单库单项	3.6
浏河潮汐发电站	江苏	150	0.0025	双向发电	

2. 我国水电和潮汐能发电站的发展潜力与展望

从发展前景方面看，虽然目前我国潮汐发电面临一些困难，但我国潮汐能资源在技术、政策、产业链等方面仍有很大的潜力待挖掘。

经过近十年的技术发展，我国的潮汐能发电产业在一步步走向成熟。今后的研究重心主要集中在以下几个方面：一是通过不断的技术研究和国际交流，更新和完善发电方式和机械装置，从而降低发电成本；二是加强选址规划和可行性论证工作，提高发电站建设的质量，为后期运行提供有力保障，减少长期利用的成本；三是借鉴欧洲国家的相关政策，为新能源开发提供政策优惠，拉动其经济效益增长；四是在发电站周围发展水产养殖、旅游观光等附属产业，带动周边地区经济发展。

7.2.4　氢能

氢能是一种新的二次能源，常用的电能、汽油、柴油、酒精等属于传统的二次能源。随着人类社会能源供需矛盾的加剧和化石燃料造成的环境污染威胁，对新的二次能源开发日益迫切，氢能就是一种人类所期待的清洁二次能源。氢能可以输送、储存、大规模生产和可再生利用，同时对环境友好，基本上没有环境污染。当前，氢能源的研究、开发和利用正受到越来越广泛的重视，到 21 世纪中叶，氢有可能取代石油成为使用最广泛的燃料。

1. 氢能源利用的技术方向

氢能源的利用方向主要包括氢内燃机、燃料电池和核聚变。氢内燃机直接燃烧氢，无需昂贵的催化剂，且排放仅为水蒸气。而燃料电池则将氢与氧反应产生电能，转化效率高达 60%～80%，同时具有低污染、低噪声、灵活可调节的特点。此外，核聚变技术将氢原子核聚变成氦核，释放出巨大能量，为一种潜在的清洁能源，只要能实现受控热核反应，就能提供源源不断的能源。

2. 我国氢能产业链现状及发展方向

氢能产业链分为制氢、储运、加氢站、氢燃料电池应用等多个环节。相比锂电池产业链而言，氢能产业链更长、复杂度更高、经济价值含量更大。我国氢能产业链正处于起步期，政策扶持显得尤为重要，政策扶持下产业进入"规模化-降成本-开拓市场"的良性循环。此外，持续的技术进步也将反哺解决各环节核心技术的成本制约，进一步提升商业化竞争力。

（1）制氢

为了区分制氢途径的清洁度，可再生能源电解水得到的氢气称为"绿氢"，包括可再生能源制氢和电解水制氢等，核心特点为生产过程可以做到零碳排放。"灰氢"是指以化石能源为原料，通过甲烷蒸气重整或自热重整等方法制造的氢气，虽然成本较低，但是碳排放强度较高。清洁度介于"绿氢"和"灰氢"的是"蓝氢"，其核心技术是在生产过程中增加了碳捕集和贮存环节（CCS），降低了生产过程中的碳排放量，但是无法消除所有的碳排放，是一种相对适中的制氢方式。由"灰氢"向"绿氢"发展、大规模、低成本是制氢产业的主要发展方向。

（2）储氢

作为氢气从生产到利用过程中的桥梁，储氢技术的核心是将氢气以稳定形式的能量储存起来以便后续使用。氢气的储存主要分为三种方式：气态储氢、液态储氢和固体储氢。在国内，高压气态储氢应用相对广泛，低温液态储氢在航天等领域得到一定应用，有机液态储氢和固态储氢尚处于示范阶段。

（3）运氢

氢的输运按其形态分为气态运输、液态运输和固体运输，其中气态和液态是主流运输方式。目前，运氢主要以高压气态长管拖车运输为主，但其加压与运力仍有待提高；液态氢运输在国外技术成熟地区得到广泛运用，我国尚未达到民用水平。截至 2019 年，美国已有约 2600km 的输氢管道，欧洲已有 1598km，而我国氢气管道仍停留在"百公里"级别，总长度约 400km，主要分布在环渤海湾、长三角等地，位于河南省的济源与洛阳之间的氢气管道是我国目前里程最长、管径最大、压力最高、输送量最大的氢气管道，其管道里程为 25km，管道直径 508mm，输氢压力 4MPa，年输氢量达到 10.04 万 t。按照《中国氢能产业基础设施发展蓝皮书》预计，到 2030 年我国氢气管道将达到 3000km。

（4）加氢

加氢站的技术路线主要分为站内制氢技术和外供氢技术。当前国内正在运营的加氢站中，仅大连新源加氢站、北京永丰加氢站等少数加氢站具备站内制氢能力，其余加氢站的氢气主要来源于外部供氢，使用氢气长管拖车（运输高压气态氢）、液氢槽车（运输低温液态氢）往返加氢站与氢源之间。站内制氢技术包括天然气重整制氢和电解水制氢。据 2022 年中国加氢站产业发展白皮书不完全统计，截至 2022 年 7 月初，中国已累计建成 272 座加氢站。从各省市在营加氢站数量来看，截至 2021 年底，中国共拥有在营加氢站 192 座，其中广东省在营加氢站数量最多，共 36 座，山东省、江苏省分别拥有在营加氢站 24 座、18 座，分列第二、第三位，如图 7-5 所示。

根据《加氢站技术规范》GB 50516—2010（2021 年版），加氢站可以单站建设，但需要重新选址，投入成本高，而建设综合加注站可以降低运营成本。目前，国内正积极探索"油、氢、气、电"联合建设运营模式，中石油、中石化等央企已开始进行相关的研发和建设。由图 7-6 可以看出，国内合建站占比在 2018 年开始上升，2021 年国内建成合建站比例在 50% 以上。

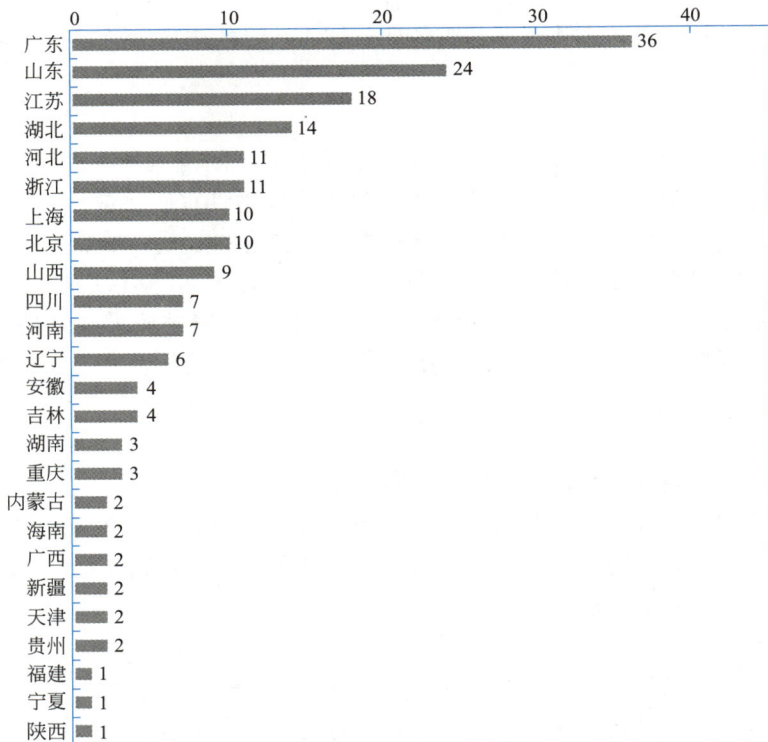

图 7-5 我国部分省份加氢站分布情况

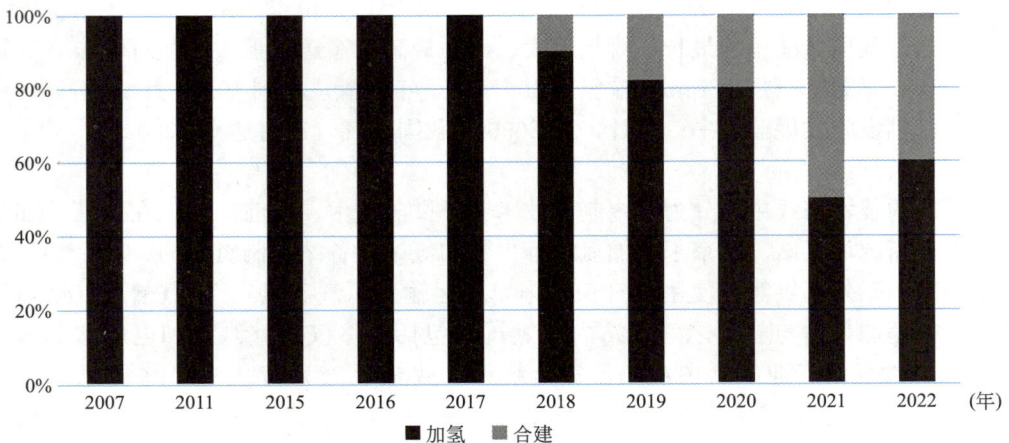

图 7-6 2007～2022 年中国建成加氢站功能分布（单位：%）

（5）燃料电池

国家能源集团、中国石油化工股份有限公司、中国石油天然气集团公司等 20 余家大型央企纷纷跨界发展氢能产业。截至 2022 年底，我国氢燃料电池汽车保有量 12682 辆，燃料电池汽车已进入商业化初期。根据美国能源部测算，系统成本中最核心的部分是燃料电池电堆和空压机。由图 7-7 氢燃料电池系统成本结构可以看出，电堆占燃料电池系统成本的 44%，而空压机占比超过四分之一。可见，电堆和空压机两部分是降低燃料电池系统综合成本的关键。目前，催化剂、质子交换膜、膜电极等核心零部件尚未实现国产化，生产效率较低和成本居高不下仍然是我国燃料电池发展中的核心问题。

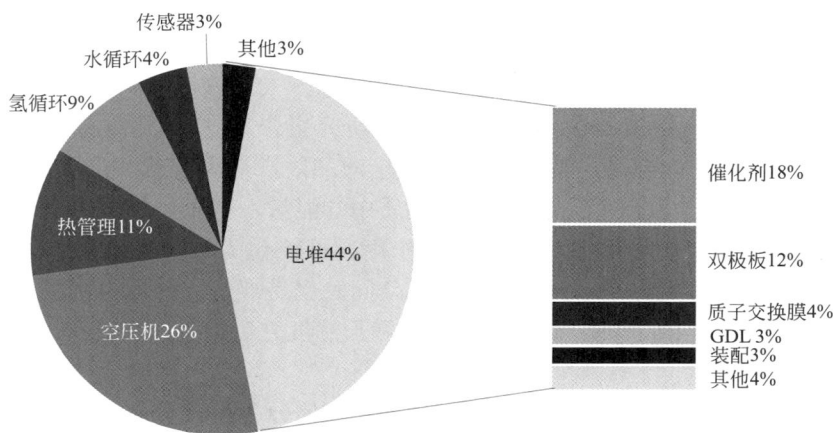

图 7-7　氢燃料电池系统成本结构

3. 我国氢能产业的挑战与机遇

（1）制运氢成本高是我国氢能普及面临的首要挑战

氢气的大规模、低成本生产是降低氢气价格需要首先解决的难题。目前国内氢气出售价格为 60～70 元/kg，公交车跑 100km 需要氢气约 8kg，费用为 480～560 元，相对于使用柴油（220 元/100km），费用仍然较高。而普通轿车跑 100km 需要氢气约 1kg，相对应费用为 60～70 元，与普通汽油车成本相差不多。运氢成本是降低加氢站加氢价格的关键，站内制氢的加氢站与外供高压氢气的加氢站相比，加氢的成本更低。由于中国大部分加氢站没有站内制氢能力，因此充分利用长管拖车的运输能力变得十分重要，降低运氢成本可以弥补与发达国家的成本差距，使加氢的价格降低。

（2）氢电耦合是构建我国现代能源体系的重要途径

目前，我国能源发展逐步从数量扩张向提质增效转变，能源效率、能源结构、能源安全已经成为影响我国能源高质量发展的三大关键因素，氢能与电能结合将成为构建我国现代能源体系的重要途径。我国兼具发展氢能的产业基础和应用市场，根据中国氢能联盟预计，到 2030 年中国氢气需求量将达到 3500 万 t，在终端能源体系中占比达到 5% 左右；到 2050 年氢能在中国终端能源体系中占比将至少达到 10%，氢气需求量接近 6000 万 t，可减排约 7 亿 t 二氧化碳，产业链年产值约 12 万亿元。其中，交通运输领域用氢 2458 万 t，约占该领域用能比例的 19%，相当于减少 8357 万 t 原油或 1000 亿 t 天然气；工业领域用氢 3370 万 t，建筑及其他领域用氢 110 万 t，相当于减少 1.7 亿 t 标准煤。

（3）氢能燃料电池技术链和汽车产业链的构建是主要发展方向

"十四五"规划纲要中将氢能及储能作为未来产业进行前瞻规划，从国家战略高度引领氢能产业未来发展。而国务院发布的《新能源汽车产业发展规划（2021—2035 年）》和中国汽车工程学会发布的《节能与新能源汽车技术路线图（2.0 版）》更是对我国氢能发展道路提出了更为明确的要求与指引，对于氢气的"制""储""运""加""用"各环节都有所布局，未来利好的板块包括风光能电解水制氢、加氢站等基础设施建设、氢燃料电池汽车等。受到国家大方向的指引，以及"以奖代补"等有关激励政策的出台，各地政府也纷纷响应国家号召，发布相关的氢能政策指导工作，对未来几年内氢能行业发展提出具体规划。截至2023年2月，广东、天津、四川、山东、福建、江苏、河北、宁夏、上海9个省级行政区陆续发布了35项省级重点氢能项目名单，总投资超过650亿元。

7.2.5　生物质能

根据中国工程院《中国可再生能源发展战略研究报告》，中国含太阳能的清洁能源开采资源量为21.48亿t标准煤，其中生物质能占54.5%，是水电的2倍和风电的3.5倍。生物质能是太阳能以化学能的形式贮存在生物质中的能量，即以生物质为载体的能量。生物质能直接或间接地来源于绿色植物的光合作用，可转化为常规的固态、液态和气态燃料，取之不尽、用之不竭，是一种可再生能源，同时也是唯一一种可再生的碳源。生物质能占世界一次能源消耗的14%，是继煤、石油和天然气之后的第四大能源。

1. 生物质能分类

依据来源的不同，可以将适合于能源利用的生物质分为林业资源、农业资源、生活污水和工业有机废水、城市固体废物、畜禽粪便五大类。

（1）林业资源

林业生物质资源是指森林生长和林业生产过程中提供的生物质能源，包括薪炭林，在森林抚育和间伐作业中的零散木材、残留的树枝、树叶和木屑，木材采运和加工过程中的枝丫、锯末、木屑、梢头、板皮和截头，以及林业副产品的废弃物等。

（2）农业资源

农业生物质资源主要包括农作物秸秆，专门种植用以提供能源原料的草本和木本植物如甜高粱、薯类、甘蔗和油菜等，农产品加工业副产品如稻壳、玉米芯、甘蔗渣等。能源植物泛指各种用以提供能源的植物，通常包括草本能源作物、油料作物、制取碳氢化合物植物和水生植物等几类。

（3）生活污水和工业有机废水

生活污水主要由城镇居民生活、商业和服务业的各种排水组成，如洗浴排水、盥洗排水、洗衣排水、厨房排水、粪便污水等。工业有机废水主要是酒精、酿酒、制糖、食品、制药、造纸及屠宰等行业生产过程中排出的废水，其最主要特点是富含有机物。

（4）城市固体废物

城市固体废物主要由城镇居民生活垃圾，商业、服务业垃圾和少量建筑业垃圾等固体废物构成，其组成成分比较复杂，受当地居民的平均生活水平、能源消费结构、城镇建设、自然条件、传统习惯以及季节变化等因素影响。

（5）畜禽粪便

畜禽粪便是畜禽排泄物的总称，它是其他形态生物质（主要是粮食、农作物秸秆和牧草等）的转化形式，包括畜禽排出的粪便、尿液及其与垫草的混合物。

生物质能转化利用途径主要包括燃烧、热化学法、生化法、化学法和物理化学法等，如图7-8所示，可将生物质能转化为电力、固体燃料（如木炭或颗粒燃料）、液体燃料（如生物柴油、甲醇、乙醇和植物油等）和气体燃料（如氢气、生物质燃气和沼气）等二次能源。

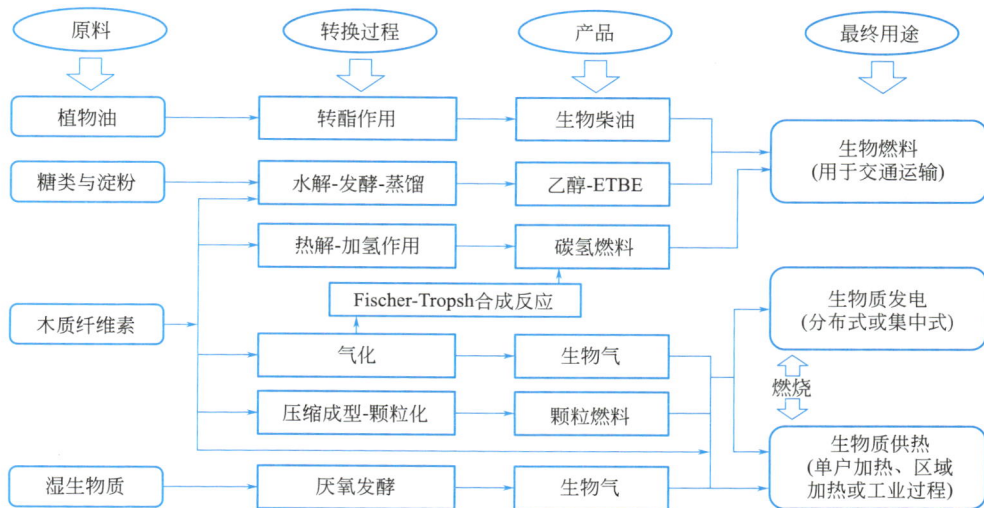

图 7-8　生物质能转化利用途径

2. 我国生物质能发展现状

目前，我国的生物质能产业发展初具规模，积累了一些成熟的经验，少数生物质能转化利用技术初步实现了产业化应用，如农村户用沼气、养殖场沼气工程和秸秆发电技术；生物质发电、生物质致密成型燃料、生物质液体燃料等正进入商业化早期发展阶段。随着我国大力鼓励和支持发展可再生能源，生物质能发电投资热情迅速高涨，各类农林废弃物发电项目纷纷启动建设，生物质能发电技术产业呈现出全面加速的发展态势。2015～2022年我国生物质累计装机容量及新增装机容量如图 7-9 所示，截至 2022 年底，全国生物质发电并网装机容量 4195 万 kW（不含自备电厂），同比增长 8%。

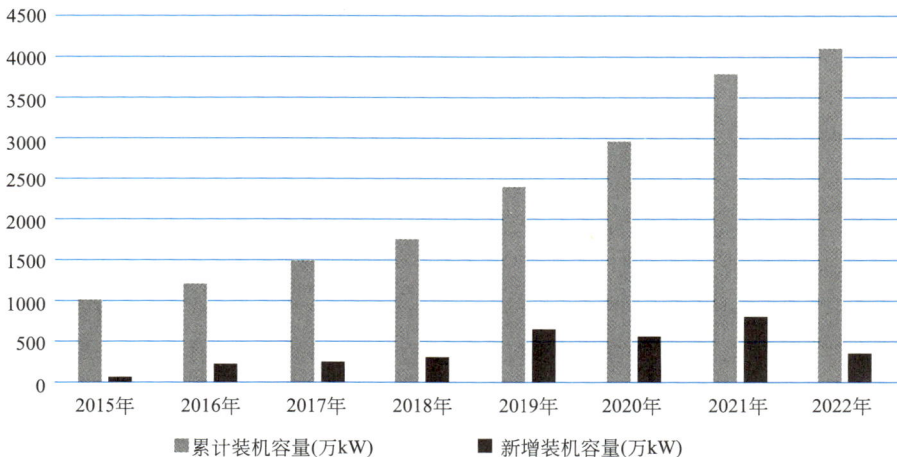

图 7-9　2015～2022 年我国生物质累计装机容量及新增装机容量

从发电项目分布来看，山东省拥有农林生物质发电项目数量最多，高达 43 个；黑龙江省和安徽省的农林生物质发电项目数量分别为 34 个和 27 个，分列第二和第三位；江苏、湖北、河南、湖南、河北、山西和吉林的农林生物质发电项目位列第3～第10位，项目数量从21个到12个不等。

3. 生物质能源利用的产业发展趋势

在能源危机的大背景下，生物质能源作为可再生、无污染（或污染小）的能源，受到国际社会的高度重视，也是科学家研究的焦点。开发利用生物质能源具有深远的战略意义，美国已制定了能源农场计划，印度计划实施绿色能源工程，日本制定了阳光计划，诸多国家正在为破解生物质能源技术瓶颈，实现能源替代不断加大努力和投入。

（1）政策方面

各国为支持生物质能源产业发展，出台了一系列税收优惠、政府补贴、用户补助等激励政策。《可再生能源法》的颁布，为我国生物质能源产业发展提供了法律保障，但行业规章、细则并没有及时跟进，扶持政策没有具体化。目前，我国正在制定操作性较强的生物质能源发展规划、政策，设立专门领导小组，统筹各部门为生物质能源生产企业提供服务，缩短项目审批时间，推动产业快速发展。

（2）技术方面

国际上技术相对成熟的生物质能源产业项目有玉米制燃料乙醇、甘蔗制燃料乙醇、大豆制生物柴油、菜籽油制生物柴油等，均属于第一类生物质能源范畴，存在与粮争地、占用耕地问题。因此，需要从技术上进行突破，走非粮生物质能源之路。第二代生物质能源以纤维类秸秆、木质边角料、灌藤草为主，需实现生物纤维转化为生物乙醇、生物柴油、合成燃料、生物制氢及化学衍生产品等。第二代生物质能源生产工艺成本高、转化率低的缺点成为其发展的直接瓶颈，因而其尚未实现大规模商业应用。

7.3 负碳技术——碳捕集、利用与封存技术（CCUS）

7.3.1 CCUS技术简介

CCUS（Carbon Capture，Utilisation and Storage）是指二氧化碳捕集、运输、利用和封存4个技术环节。CCUS作为快速有效降低碳排放量的负碳技术，在全球范围内受到广泛的关注。

早在20世纪70年代，国外就已经开始对碳捕集进行相关研究。国际能源署在2016年报告中提出解决全球气候变化的主要手段是：发展清洁能源、提高能效和碳捕集与封存（CCS）。IPCC《决策者第五次评估报告摘要》指出，如果没有CCS，绝大多数气候模式运行都不能实现缓解气候变化的目标，重要的是，如果不采用CCS技术，要想在2050年前实现全球能源相关和工业过程相关的二氧化碳净零排放，其成本会增加138%。

我国对CCUS技术的研究起步较晚，2006年北京香山会议学术讨论会上，与会专家首次提出CCUS概念，并建议近期二氧化碳减排必须与利用紧密结合，主要利用途径是二氧化碳强化采油和资源化利用。该建议得到高度重视，我国政府通过国家自然科学基金、国家重点基础研究发展计划（"973"计划）、国家高技术研究发展计划（"863"计划）、国家科技支撑计划和国家重点研发计划、国家科技专项等支持了CCUS领域的基础研究、技术研发和工程示范等。目前，全球变暖形势严峻，CCUS作为一项有望实现化石能源大规模低碳利用的新兴技术，是控制温室效应、实现人类社会可持续发展的重要技术选项。

经过多年国际交流与推介，CCUS概念已在全球得到认可与使用。国际石油工程师协会和油气行业气候倡议组织都成立或设置了专门的CCUS技术指导委员会或议题，中国也成立了CCUS产业技术创新战略联盟。2019年，二十国集团能源与环境部长级会议首次将CCUS技术纳入议题。

近十年来，CCUS产业技术取得较大进步，体现在从捕集、利用，再到封存各个产业链条的新技术不断涌现，技术种类不断增多并日趋完善，如图7-10所示。

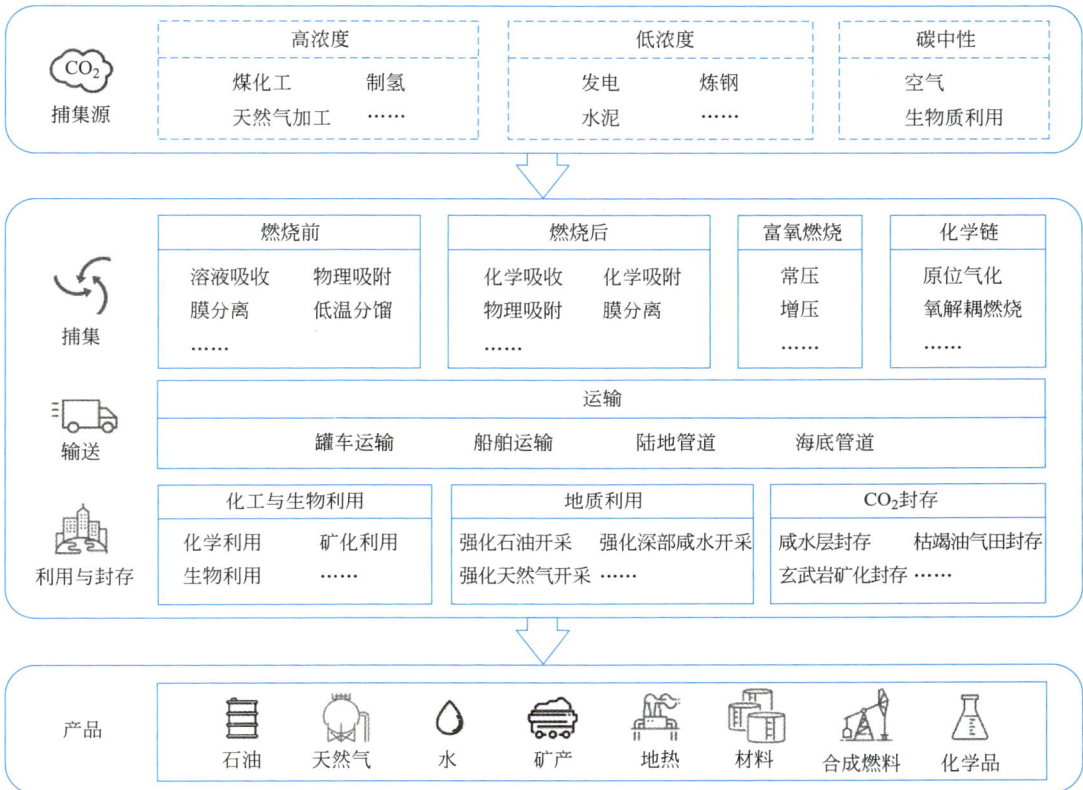

CO_2 捕集源	高浓度		低浓度		碳中性
	煤化工　制氢		发电　炼钢		空气
	天然气加工　……		水泥		生物质利用

	燃烧前	燃烧后	富氧燃烧	化学链
捕集	溶液吸收　物理吸附 膜分离　低温分馏 ……	化学吸收　化学吸附 物理吸附　膜分离 ……	常压 增压 ……	原位气化 氧解耦燃烧 ……

输送	运输			
	罐车运输　船舶运输　陆地管道　海底管道			

	化工与生物利用	地质利用	CO_2 封存
利用与封存	化学利用　矿化利用 生物利用　……	强化石油开采　强化深部咸水开采 强化天然气开采　……	咸水层封存　枯竭油气田封存 玄武岩矿化封存　……

产品	石油　天然气　水　矿产　地热　材料　合成燃料　化学品

图 7-10　CCUS 技术流程及分类示意

7.3.2　CCUS 技术基本原理与开发应用

1. 捕集技术

为减少二氧化碳排放，实现二氧化碳资源化利用或进行封存，首先需要将化石燃料电厂、钢铁厂、水泥厂、炼油厂、合成氨厂产生的二氧化碳进行捕集分离，这是碳捕集、利用与封存技术的第一步。捕集环节主要涉及捕集、吸收两大模式，根据二氧化碳捕集系统的技术基础和适用性，二氧化碳捕集技术通常分为燃烧前捕集技术、燃烧后捕集技术、富氧燃烧技术等，如图7-11所示。

燃烧前捕集技术主要通过高压下化石燃料与氧气生成水煤气，而后一氧化碳与水蒸气反应生成二氧化碳和氢气，提升浓度后进行捕集；燃烧后捕集技术主要是从燃烧后的气体中直接捕捉、吸附、分离二氧化碳；富氧燃烧技术可利用高纯度氧气替代空气进行助燃，并辅以烟气循环，提升二氧化碳纯度和浓度。二氧化碳捕集模式技术路线对比如图7-12所

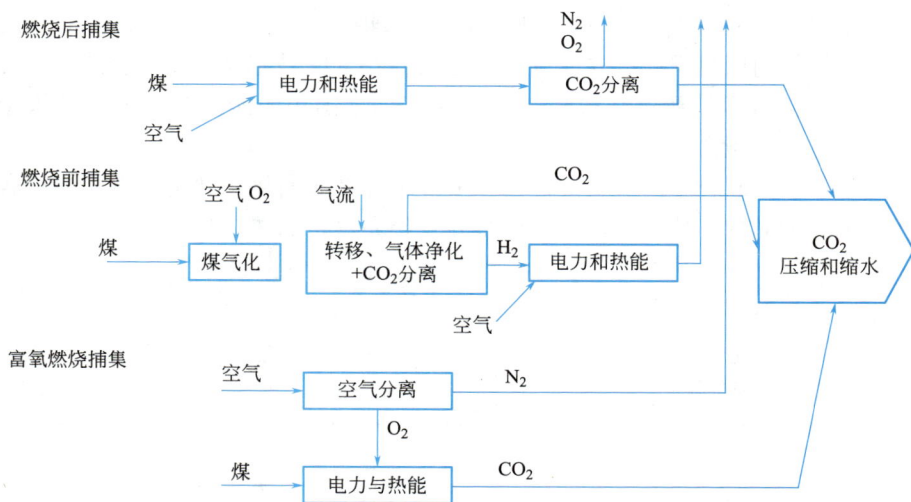

图 7-11　二氧化碳捕集技术

示，燃烧后捕集技术应用最广，捕集效率最高的是富氧燃烧技术，预计在 2025 年可开启大规模应用示范。

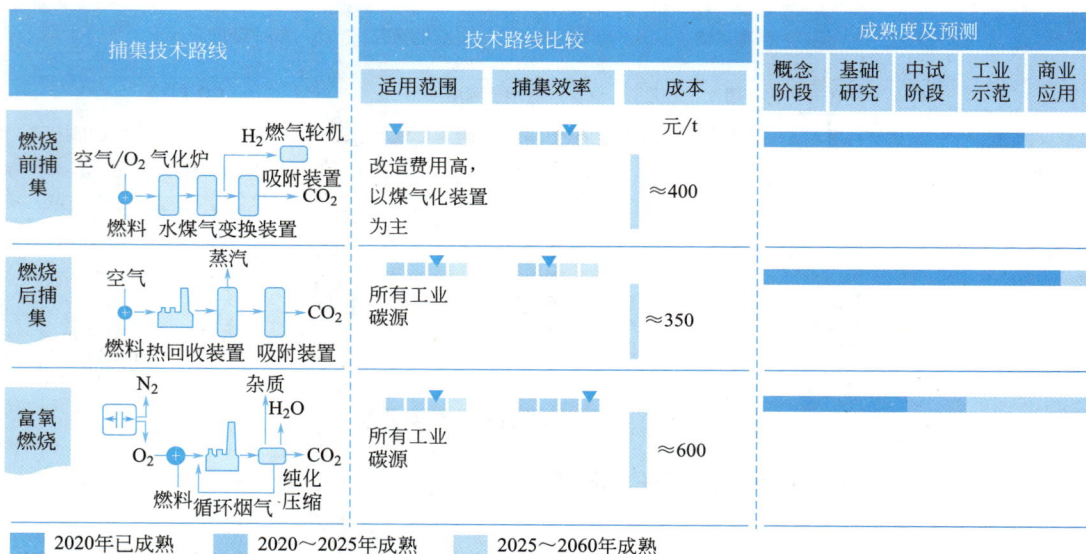

图 7-12　二氧化碳捕集模式技术路线对比

在吸收模式中，化学吸收技术主要通过化学反应进行吸收，根据溶剂不同可分为有机胺法、氨吸收法、热钾碱法、离子液体吸收法等。物理吸附技术主要利用水、甲醇等溶液或沸石等材料吸附二氧化碳，而后通过改变温度、压力等解吸。生物吸收技术是利用植物、微生物等的光合作用来吸收二氧化碳，未来将主要与生物燃料制备配合使用。膜分离技术利用不同气体组分对膜的渗透率差异实现气体分离。在实际应用方面，短期仍将以化学吸收为主，长期来看膜分离有望与化学吸收模式结合使用，成为主流模式。二氧化碳吸收模式技术路线对比如图 7-13 所示。

吸收技术路线	技术路线比较				成熟度及预测				
	吸收速率	吸收容量	投资规模	可持续性	概念阶段	基础研究	中试阶段	工业示范	商业应用
化学吸收			投资规模适中	溶剂再生能耗有望持续降低					
物理吸附			投资规模适中	运行能耗高					
生物吸收			占地面积大	完全可持续					
膜分离			装置简单	薄膜耐久性有望持续提升					

■ 2020年已成熟　■ 2020～2025年成熟　■ 2025～2060年成熟

图 7-13　二氧化碳吸收模式技术路线对比

2. 运输技术

运输环节主要涉及罐车、管道、船舶三大模式，如图 7-14 所示。目前，罐车模式已经全面实现商业应用，且灵活性最高。管道模式的运输量与运输距离最大，但初始投资最高。船舶模式在初始投资、输送量、输送距离与灵活性方面均介于罐车和管道之间，在 2019 年以前该技术整体处于中试阶段。2024 年 8 月，我国自主设计建造的全球首艘二氧

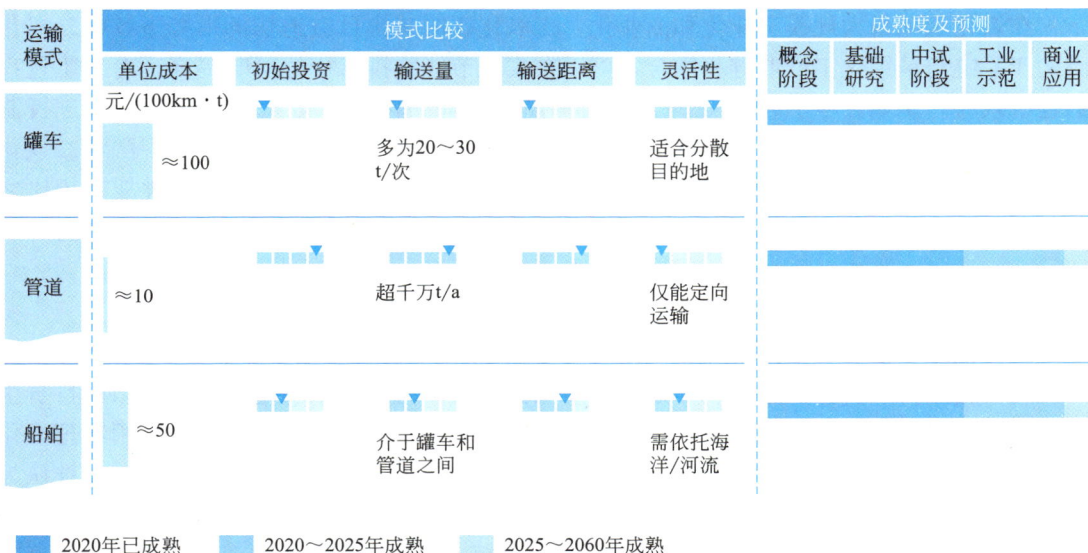

运输模式	模式比较					成熟度及预测				
	单位成本 元/(100km·t)	初始投资	输送量	输送距离	灵活性	概念阶段	基础研究	中试阶段	工业示范	商业应用
罐车	≈100		多为20～30 t/次		适合分散目的地					
管道	≈10		超千万t/a		仅能定向运输					
船舶	≈50		介于罐车和管道之间		需依托海洋/河流					

■ 2020年已成熟　■ 2020～2025年成熟　■ 2025～2060年成熟

图 7-14　二氧化碳运输模式对比

化碳运输和海上碳捕集及存储业务船舶"北极光先锋"轮从大连海工码头首次出海试航，并于 2024 年 11 月 29 日在辽宁大连交付国外用户。该船舶将用于欧洲地区的二氧化碳捕集及储存，收集的二氧化碳会被运至挪威西海岸地区二氧化碳接收端码头加以处理后注入海底地下 2600m 永久封存。

3. 利用与封存技术

（1）二氧化碳利用技术

将捕获的二氧化碳进行合理利用不仅能减缓温室效应的压力，而且能回收捕集二氧化碳的成本，创造一定的经济价值。目前处于商业应用和工业试验的二氧化碳利用技术有二氧化碳化工领域利用技术、二氧化碳微藻炼油技术、二氧化碳驱油技术、二氧化碳驱气技术和二氧化碳驱替苦咸水技术等。

1）二氧化碳化工领域利用技术

二氧化碳分子很稳定，难以活化，但在特定催化剂和反应条件下，仍能与许多物质反应，用于生产化工原料产品，从而创造一定的经济价值。二氧化碳化工利用途径如图 7-15 所示。

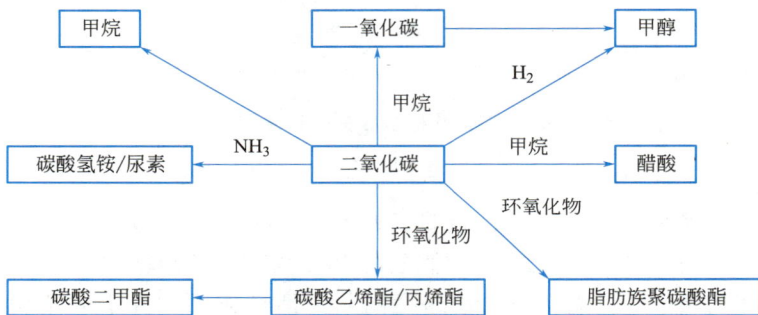

图 7-15　二氧化碳化工利用途径

在煤化工项目大规模工业化和商业化、二氧化碳的减排日益迫切的形势下，将二氧化碳的产品链与精细化工产业链相结合，可以在实现节能减排目标的同时提高现有化工过程的经济效益。例如，甲醇作为一种分子结构简单的有机溶剂，可以利用二氧化碳进行制备。目前研究得较多的二氧化碳制甲醇的技术路线为二氧化碳电催化还原制甲醇和二氧化碳加氢制甲醇。其中，二氧化碳电催化还原制甲醇工业化尚存一些关键性挑战，相比之下，二氧化碳加氢制甲醇被证明是最具可实施性和可规模化的路线，其反应流程如图 7-16 所示。

2）二氧化碳微藻炼油技术

微藻油脂含量高，某些单细胞微藻可积累相当于细胞干重 50%～70% 的油脂，是最具潜力的油脂生物质资源。微藻制油是指利用微藻光合作用，将二氧化碳转化为微藻自身生物质从而固定碳元素，再通过诱导反应使微藻自身碳物质转化为油脂，然后利用物理或化学方法把微藻细胞内的油脂转化到细胞外，进行提炼加工，从而生产出生物柴油，被认为是"第三代生物柴油技术"。21 世纪以来，二氧化碳微藻生物制油技术备受关注，该技术具有以下优点：光合作用效率高，微藻生长周期短，倍增时间仅需 3～5 天，有的微藻甚至一天可以收获两季，可充分利用滩涂、盐碱地、沙漠、山地丘陵进行大规模培养，也可

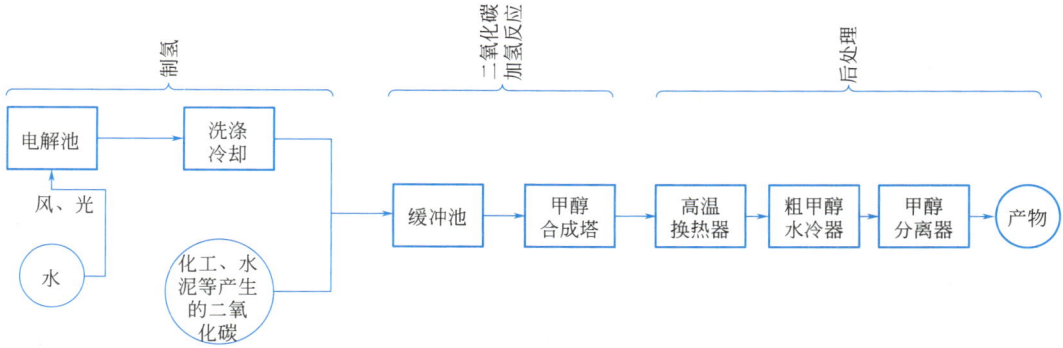

图 7-16 二氧化碳加氢制甲醇全流程图

利用海水、咸水、废水等非农用水进行培养；微藻生长过程中吸收大量二氧化碳，具有二氧化碳减排效应，理论上每生产 1t 微藻可吸收 1.83t 二氧化碳；利用微藻生产生物柴油的同时，副产大量藻渣生物质，可作为生产蛋白质、多糖、色素、碳水化合物等的原料，用于制作高值化学品、保健品、食品、饲料、水产饵料等，提高经济效益。当然，微藻制油也有缺点：大规模微藻生物质资源获得比较困难；微藻制油生产成本较高；大规模培养占地面积较大、基建投资较高、加工过程能耗及物耗较大。

3）二氧化碳驱油技术

二氧化碳驱油是一种把二氧化碳注入油层中以提高油田采收率的技术，如图 7-17 所示。二氧化碳驱油技术主要有混相驱替和非混相驱替，混相驱替是原油中的轻烃被二氧化碳萃取或汽化出来，形成混合相，使表面张力降低，进而提高原油采收率；非混相驱替也是降低了表面张力，提高了采收率，是由二氧化碳溶于原油中，降低了原油黏度造成的。实际工程中，混相驱替技术应用较多，而非混相驱替技术应用较少。

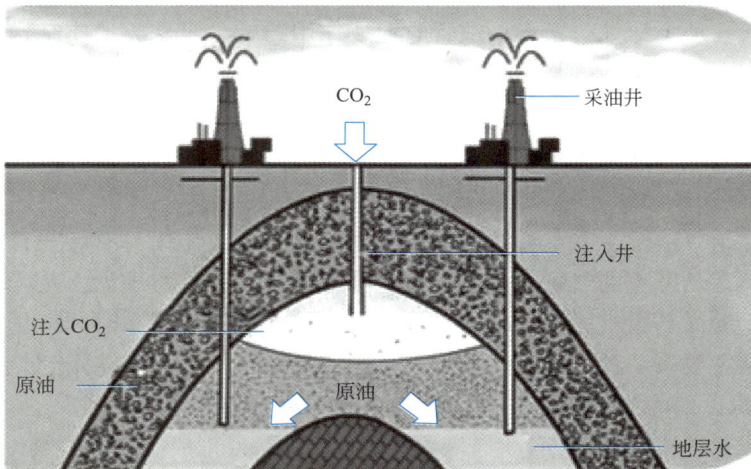

图 7-17 二氧化碳驱油原理

（2）二氧化碳封存技术

二氧化碳封存是指将大型排放源产生的二氧化碳捕集、压缩后运输到选定地点长期封

175

存，而不是释放到大气中，如图 7-18 所示。目前，二氧化碳封存已发展出多种方式，包括注入一定深度的地质构造（如咸水层、枯竭油气藏）、注入深海，或者通过工业流程将其凝固在无机碳酸盐之中。

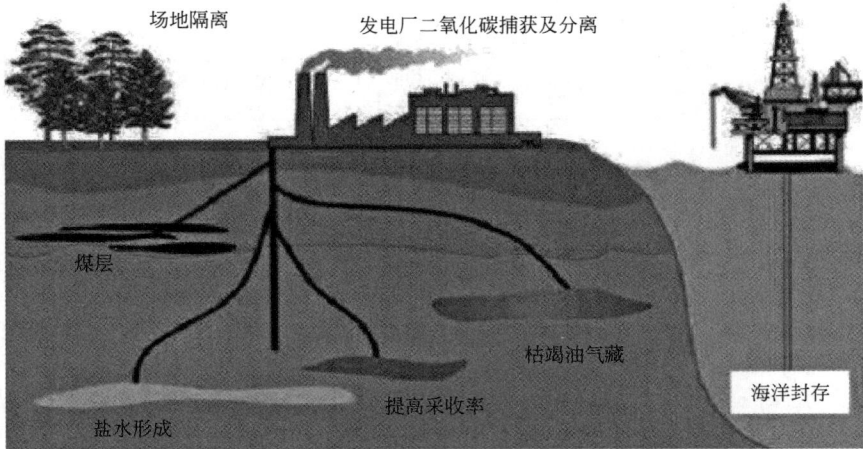

图 7-18　二氧化碳封存技术

1）地质封存

地质封存方法是直接将二氧化碳注入地下的地质构造当中，如油田、天然气储层、含盐地层和不可采煤层等。根据 IPCC 的研究，二氧化碳性质稳定，可封存相当长的时间。若地质封存点选择正确，注入其中的二氧化碳约有 99％可封存 1000 年以上。

将二氧化碳注入油田或气田用以驱油或驱气可以提高采收率，有实践证明，使用强化采油技术可提高 30％～60％的石油产量；注入无法开采的煤矿可以把煤层中的煤层气驱出来，即所谓的提高煤层气采收率。然而，若要封存大量的二氧化碳，最适合的地点是咸水层。咸水层一般在地下深处，富含不适合农业或饮用的咸水，这类地质结构较为常见，同时拥有巨大的封存潜力。不过与油田相比，人们对这类地质结构的认识还较为有限。2012年 8 月 6 日，由中国最大的煤炭企业——神华集团实施的中国首个二氧化碳封存至咸水层的全流程示范工程项目获重大突破。截至 2015 年 4 月，累计封存二氧化碳 30 多万 t。

2）海洋封存

由于二氧化碳可溶解于水，通过水体与大气的自然交换作用，海洋一直以来都在"默默"吸纳着人类活动产生的二氧化碳。海洋封存二氧化碳的潜力理论上是无限的，但实际封存量仍取决于海洋与大气的平衡状况，注入越深，保留的数量和时间就越长。目前二氧化碳的海洋封存主要有两种方案：一种是通过船或管道将二氧化碳输送到封存地点，并注入 1000m 以上深度的海水中，使其自然溶解；另一种是将二氧化碳注入 3000m 以上深度的海洋，由于液态二氧化碳的密度大于海水，因此会在海底形成固态的二氧化碳水化物或液态的二氧化碳"湖"，从而大大延缓了二氧化碳分解到环境中的过程。但是，海洋封存也会对环境造成负面的影响，比如过高的二氧化碳含量将杀死深海的生物、使海水酸化等。

3）矿石碳化

矿石碳化利用二氧化碳与金属氧化物发生反应生成稳定的碳酸盐，从而将二氧化碳永久地固化起来。这些物质包括碱金属氧化物和碱土金属氧化物，如氧化镁和氧化钙等，一般存在于天然形成的硅酸盐岩中，例如蛇纹岩和橄榄石。这些氧化物与二氧化碳发生化学反应后，产生诸如碳酸镁和碳酸钙等物质。由于自然反应过程比较缓慢，因此需要对矿物作增强性预处理，但这是非常耗能的，据推测，采用这种方式封存二氧化碳的发电厂要多消耗 $60\%\sim180\%$ 的能源。并且，由于受到技术上可开采的硅酸盐储量的限制，矿石碳化封存二氧化碳的潜力可能并不大。

综上所述，封存与利用环节中主要涉及地质封存与利用、化学利用、生物利用三大模式。在众多技术路线中，地质封存与利用模式中固碳潜力最高的 5 种技术为：石油开采技术，即向油层中注入二氧化碳作为驱油剂，通过混相效应等原理将地层原油驱替到生产井；铀矿浸出增采技术，即通过 CO_2+O_2 地浸采铀工艺进行绿色采铀；深部咸水开采技术，即将二氧化碳注入矿化度大于 $10g/L$ 的深部咸水层，驱替开采；煤层气开采技术，即通过二氧化碳驱替将不可开采煤层中的甲烷等气体采出；页岩气开采技术，主要通过二氧化碳驱替将吸附和游离在页岩中的天然气采出。化学利用模式中固碳潜力最高的技术是重整制备合成气技术，即利用二氧化碳与甲烷重整反应生成一氧化碳和氢气。生物利用模式中固碳潜力最高的技术是生物燃料技术，即通过微藻培植等模式利用二氧化碳制备燃料。二氧化碳封存与利用模式技术对比如图 7-19 所示。

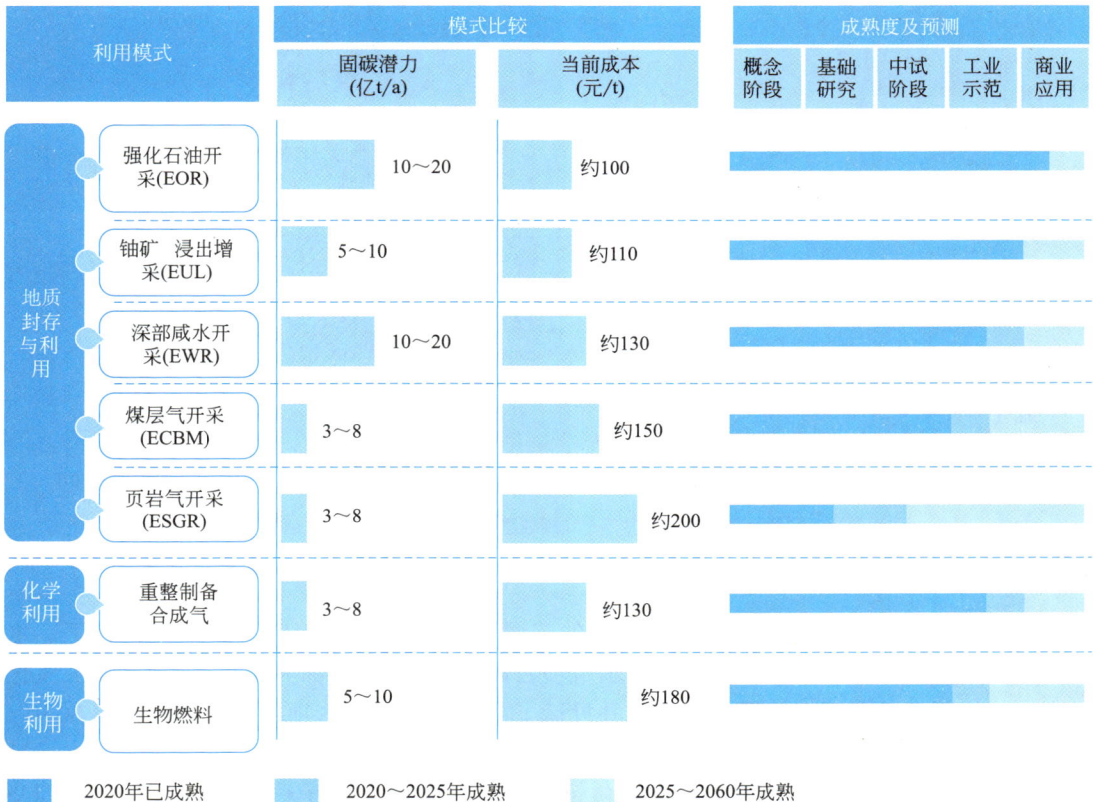

图 7-19　二氧化碳封存与利用模式技术对比

7.3.3 CCUS技术发展现状与前景

全球碳捕集与封存研究院（GCCSI）于2022年发布的《全球碳捕集与封存现状2022》报告指出，全球共有196个CCUS商业设施，总捕集能力超过2.4亿t CO_2/年，较2021年新增了61个正在筹备中的CCUS项目。在试点与示范项目中，国内某领先电力公司联合多家国内外知名机构，建设了亚洲第一个超临界燃煤电厂CCUS示范项目。该项目于2013年宣布启动，总投资1亿元人民币，于2019年5月正式投运，当前二氧化碳捕集与封存规模达2万t/a。

据不完全统计，截至2022年底，中国已投运和规划建设中的CCUS示范项目已接近百个，如图7-20所示，其中已投运项目超过半数，具备二氧化碳捕集能力约400万t/a，注入能力约200万t/a，分别较2021年提升33％和65％左右。其中，10万t级及以上项目超过40个，50万t级及以上项目超过10个，多个百万t级以上项目正在规划中。

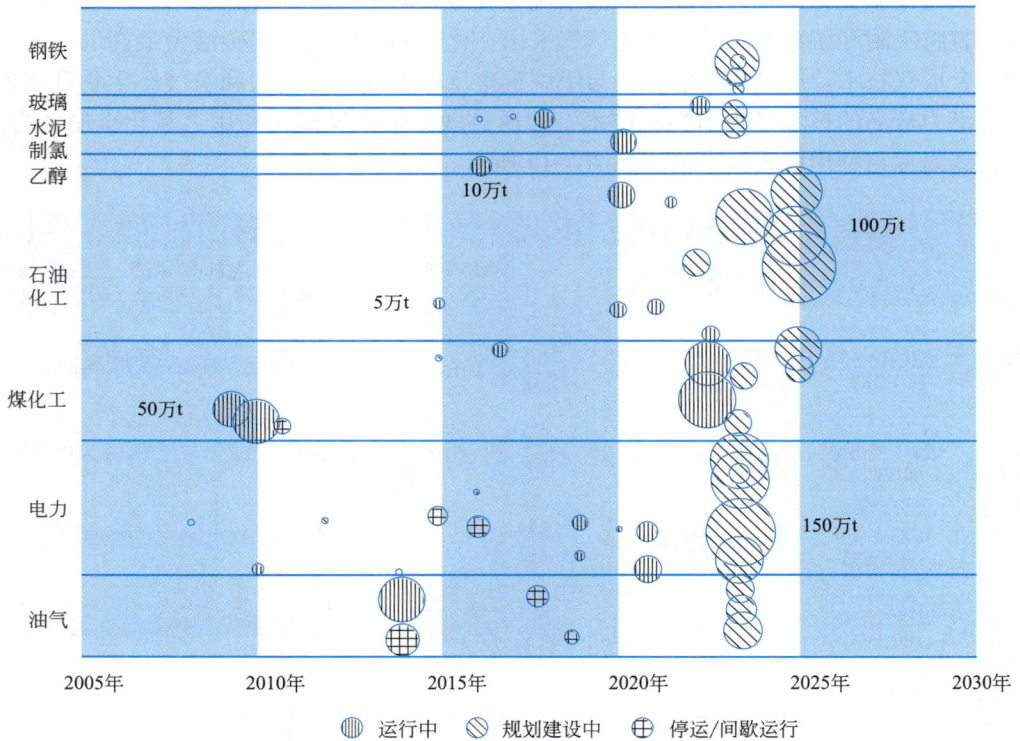

图7-20 中国主要CCUS示范项目规模与行业分布

（1）捕集：目前中国CCUS示范项目的二氧化碳捕集源涵盖电力、油气、化工、水泥、钢铁等多个行业。其中，电力行业示范项目超过20个。继锦界电厂15万t/a二氧化碳捕集示范项目后，国家能源集团建成并投运了泰州电厂CCUS项目，每年可捕集50万t二氧化碳，成为目前亚洲最大的煤电厂CCUS项目。2022年以来，水泥与钢铁等难减排行业的CCUS示范项目数量明显增加。包钢集团正在建设200万t（一期50万t）CCUS示范项目，预计建成后将成为国内最大的钢铁行业CCUS全产业链示范工程。2022年10月，中建材（合肥）新能源光伏电池封装材料二期暨二氧化碳捕集提纯项目正式建成投产，成为世界首套玻璃熔窑二氧化碳捕集示范项目，年产5万t液态二氧化碳。2022年12月，国内印染行业首个CCUS项目——佛山佳利达万吨级二氧化碳捕集与碳铵固碳项目正式建成投产，年捕集二氧化碳1万t。

（2）地质利用与封存：二氧化碳强化油田开采技术和二氧化碳地浸采油技术发展水平较高，已接近或达到商业应用水平；强化深部咸水开采技术已完成先导性试验研究，与国外发展水平相当；强化天然气、页岩气开采，置换水合物等技术与国际先进水平仍存在一定差距，目前尚处于基础研究阶段。在封存方面，继国家能源投资集团鄂尔多斯示范项目之后，中国海油在恩平15-1海上石油生产平台建设完成了中国首个海上二氧化碳封存示范工程项目，预计高峰期每年可封存30万t二氧化碳。

（3）化工、生物利用：中国二氧化碳化学和生物利用技术与国际发展水平基本同步，整体上处于工业示范阶段。在制备高附加值化学品方面，二氧化碳重整制备合成气和甲醇技术较为领先。中国科学院大连化学物理研究所和中国中煤能源集团有限公司在内蒙古鄂尔多斯立项开展10万t/年二氧化碳加氢制甲醇工业化项目。二氧化碳合成化学材料技术已实现工业示范，如合成有机碳酸酯、可降解聚合物和氰酸酯/聚氨酯，以及制备聚碳酸酯/聚酯材料等。在二氧化碳矿化利用方面，钢渣和磷石膏矿化利用技术已接近商业应用水平。包钢集团开展了碳化法钢渣综合利用产业化项目，利用二氧化碳与钢渣生产高纯碳酸钙，每年可利用钢渣10万t，成为全球首套固废与二氧化碳矿化综合利用项目。

7.4 生态碳汇

通过生态系统中的绿色植物、微生物等生物学特性，把大气中的二氧化碳固定到植物体、微生物体和土壤中，在一定时期内能起到降低大气中温室气体浓度的作用。生态系统按不同类型可分为陆地生态系统和水域生态系统。如图7-21所示，人类活动引起的全球碳排放中约54%的碳流向了陆地和海洋生态系统，因此增强生态系统碳汇功能对减缓大气二氧化碳浓度上升和全球变暖、实现我国碳中和目标具有重要意义。

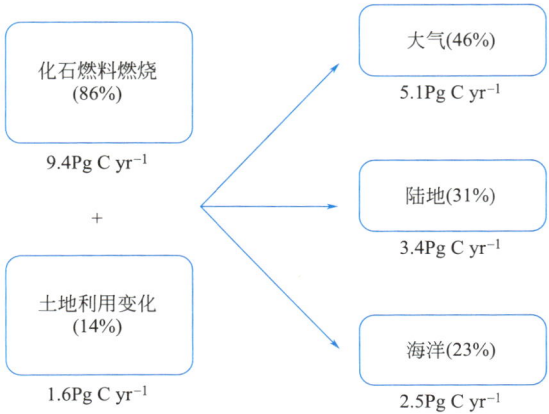

图7-21　人类活动引起的全球碳排放及其去向示意图

7.4.1 陆地生态系统碳汇

陆地生态系统碳汇是全球碳汇的重要组成部分，被称为"绿色碳汇"。陆地碳汇能力主要来源于植物的光合作用，陆地生态系统的碳包括植物碳和土壤碳两部分。植物（包括树、草、农田作物）通过光合作用将二氧化碳转变为有机物并储存起来，这部分由植物固定的碳称为植物碳。植物碳是不稳定的，在短时间内能以秸秆形式还田、燃烧或被动物及人类食用或随着植物死亡被分解，以二氧化碳形式回归大气。植物凋落物、残体、根系分泌物等有机物质可以直接进入土壤，以土壤有机碳的形式储存在土壤中，这部分碳称为土壤碳，可保持几百年甚至几千年。

陆地生态系统主要包含森林、草地、灌木荒原、湿地、农田和城市等。

1. 森林碳汇

全球的森林面积超过 $4.0×10^9\,hm^2$，约占全球陆地总面积的 32%，其碳储量占陆地生态系统碳总量的 80% 以上。森林作为陆地生态系统中最大的碳库，在维持全球生态平衡中发挥着至关重要的作用。据估算，森林植被碳储量为 450～650Pg C，碳密度为 2～133Mg C/hm^2。

（1）森林固碳原理

森林的固碳能力是指森林植被通过自身光合作用吸收大气中的二氧化碳，并将其转化为有机物储存在植物或土壤中的能力。与陆地表面上其他生态系统相比，森林生态系统具有生产力水平高、碳汇效率高的特点。亚马孙森林是地球上最大的森林生态系统，其在生物量和土壤中储存碳约 150～200Pg，在陆地碳汇中发挥了重要作用。

截至 2022 年，我国森林面积达 2.31 亿 hm^2，蓄积量超 194.93 亿 m^3，如图 7-22 所示。根据国家林业和草原局数据，2022 年，我国森林覆盖率达 24.02%，如图 7-23 所示。2020 年 6 月，国家发展和改革委员会、自然资源部联合印发《全国重要生态系统保护和修复重大工程总体规划（2021—2035 年）》，规划指出，2035 年我国森林覆盖率将达到 26%，森林蓄积量达到 210 亿 m^3，相较 2005 年增加 85.44 亿 m^3。随着我国森林蓄积量和森林覆盖率的提高，森林吸收、固定二氧化碳量逐步增加，林业碳汇效应凸显。

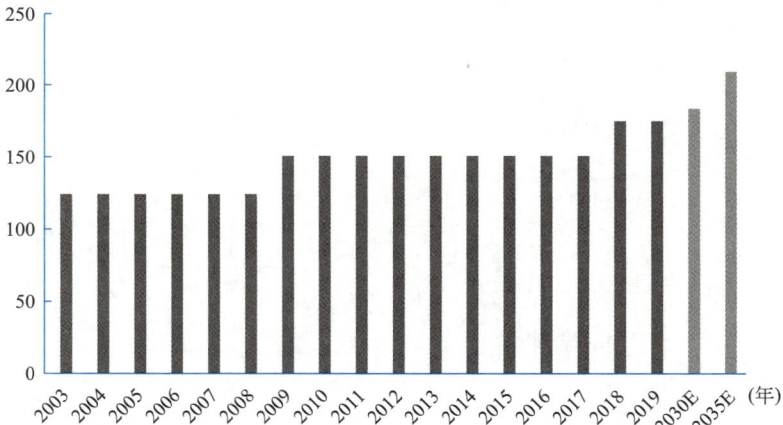

图 7-22 我国森林蓄积量（单位：亿 m^3）

注：E 指该年份的数值为预测值。

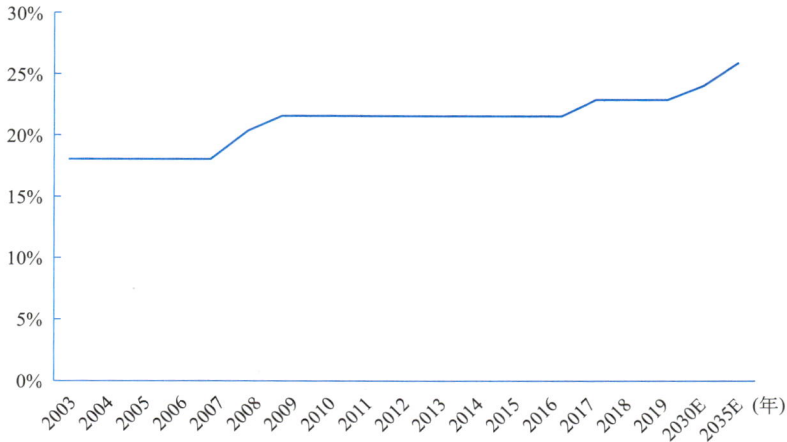

图 7-23 我国森林覆盖率

注：E 指该年份的数值为预测值。

（2）影响森林固碳的因素

如图 7-24 所示，影响森林固碳的因素包括树木类型、火灾、氮沉降、降雨、地形等。树木类型是影响森林固碳能力、释氧能力的主要因素。一般来讲，杨树和桉树是人工林的主要固碳贡献者，其固碳能力显著高于其他树木类型。火灾是陆地生态系统碳循环的重要影响因素，森林火灾发生的过程中，不仅直接造成森林生态系统的碳排放，而且还破坏了原有森林生态系统的结构和功能，从而改变了整个森林生态系统的碳固定、分配和循环，并影响与大气间的气体交换。主要表现在以下几方面：①火灾直接燃烧森林植被，引起林木生产力的降低和木材损失，直接降低了森林生态系统植被的固碳能力。②火灾通过直接影响凋落物数量和间接影响凋落物的分解速率，减少凋落物碳库并加速凋落物的分解。③火灾对森林土壤碳库的影响表现在增加土壤有机质分解、增加土壤呼吸碳释放、减少地

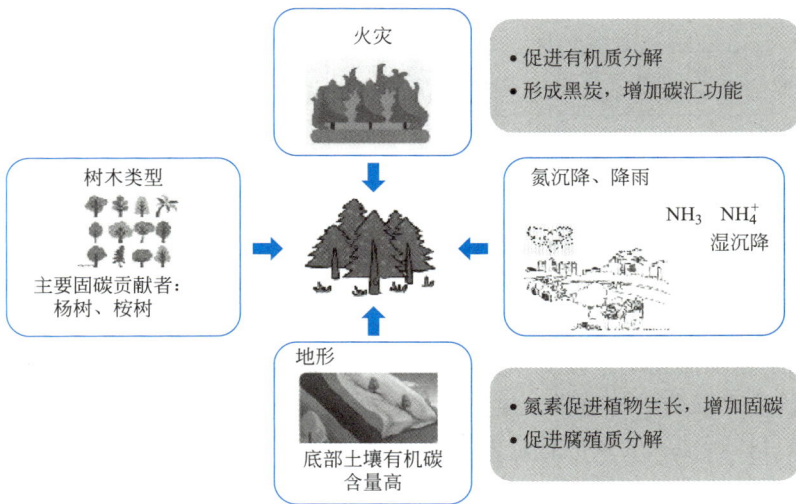

图 7-24 影响森林固碳的因素

上植被输入土壤的碳素，以及增加黑碳的碳汇功能。④火灾对森林生态系统净初级生产力（NPP）的影响。森林生态系统 NPP 是反映森林固碳能力的一个重要指标。火灾后，在生态系统恢复的过程中，NPP 首先随着林龄的增大而增大，直至恢复到干扰前的水平。但是，不同生态系统的恢复时间和增长模式不同，如北美北方针叶林火干扰迹地 NPP 恢复的时间为 9 年，加拿大北方林区火灾后 15 年内 NPP 随时间大致呈线性增加，20 年后达到生产力较为稳定的水平，在火灾后 20～30 年时增长速率减慢。氮沉降可以直接促进植物生长，从而增加固碳量；但氮沉降也会在一定程度上促进腐殖质类物质分解，增加碳释放。受雨水冲刷、土壤侵蚀等外界因素的影响，斜坡底部的森林生态系统土壤有机碳含量较斜坡上部高。

（3）森林碳汇强化技术

干旱、增温等气候变化现象会破坏森林的结构及其生态功能。人为干预可改变森林树种组成、结构与功能，调节森林的恢复能力，从而提高森林系统的固碳能力。图 7-25 为森林碳汇强化技术路线图，人为干预包括以下基本途径：

1）通过造林、再造林、退化生态系统恢复、加强森林可持续管理等措施，增加陆地植被和土壤碳储量。

2）通过减少毁林、改进采伐作业方式、提高木材利用效率以及加强森林防火和病虫害防治等，保护现有森林生态系统中储存的碳，减少其向大气中的排放。

3）寻找碳替代，包括以耐用木质林产品替代能源密集型材料、采伐剩余物的回收利用等林业生物质能源开发利用。

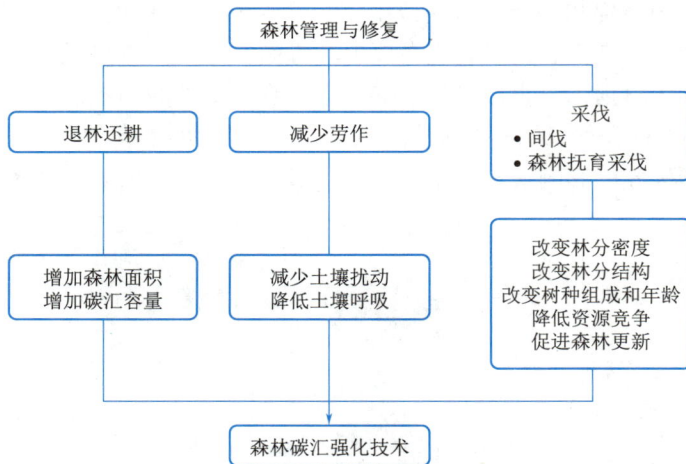

图 7-25　森林碳汇强化技术路线图

我国开展了多项国家生态修复项目以增加森林系统的碳汇，如退耕还林工程、天然林保护工程、长江/珠江防护林等重大生态工程。据统计，2011～2020 年国家天然林资源保护工程二期项目执行地区的碳汇总量为 4.16 亿 t。在人工干预条件下，我国森林生态系统贡献了陆地生态系统固碳总量的 36.8%（7.4×10^{11} kg），可抵消 45% 的化石燃料碳排放。

2. 草原碳汇

草地是地球上分布最广的生态系统。世界草原面积约为 2.4×10^9 hm²，约占陆地面积的 1/6，在全球陆地碳循环过程中起着重要作用。

（1）草原碳汇原理

草地可以吸收二氧化碳，并实现碳的高效转化，将其固定在土壤中，如图 7-26 所示。同样，土壤碳库也是草地生态系统碳汇增加的主体。据估计，草原生态系统总碳储量约为 $25.4 \sim 29.1 Pg\ C$，其中 $95\% \sim 97\%$ 的碳储量为土壤有机碳。草原也会产生大量的温室气体（包括二氧化碳、甲烷、氧化亚氮等），主要来源于畜牧养殖排放、土壤植被呼吸释放及凋落物分解过程释放。

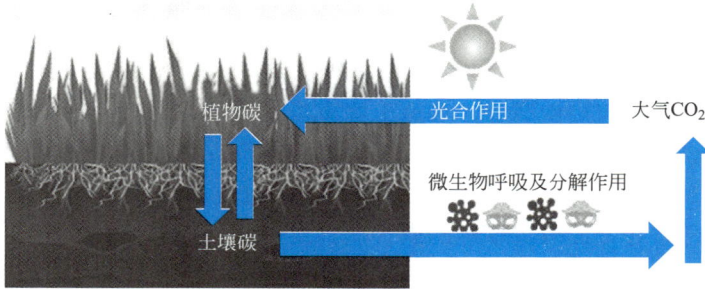

图 7-26　草原碳汇原理图

我国的天然草原面积为 $4.0 \times 10^8 hm^2$，约占我国土地面积的 42%，约占全球草原生态系统总面积的 $6\% \sim 8\%$。我国草地碳密度为 $0.22 \sim 0.35 kg\ C/m^2$，土壤碳密度为 $8.5 \sim 15.1 kg\ C/m^2$。

（2）影响草原碳汇的因素

草原生态系统的碳储存总量受自然因素及人为因素影响，如图 7-27 所示，自然因素包括降雨、温度、土壤质地等；人为因素包括放牧、围栏等。其中，人为因素影响较大。

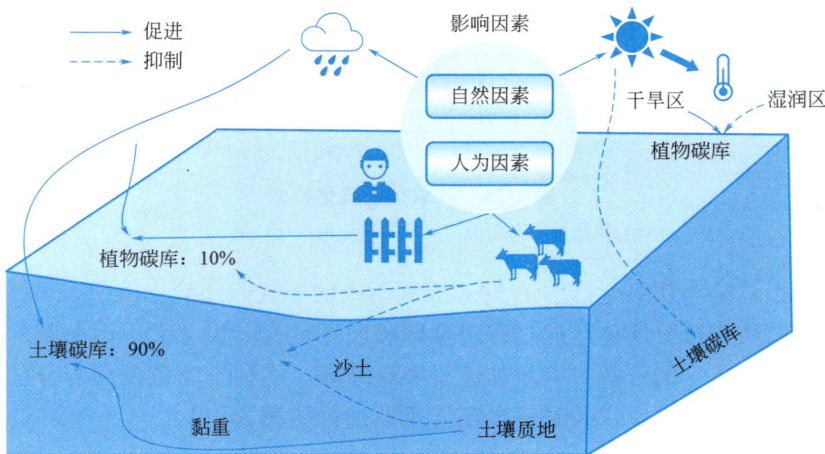

图 7-27　影响草原固碳的因素

1）自然因素

降雨决定了我国草地的分布及生物量，草地生物量的时空分布规律与降水量密切相关。土壤碳密度随降雨增加而增加，但当土壤湿度大于 30% 时趋于平缓。此外，温度也是影响生物量空间分布的重要因素，如干旱区草地生物量与年平均气温呈负相关，而在湿润区与气温呈正相关。在干燥的草地上，温度升高可能导致水分流失，从而抑制植物生长；但在潮湿的条件下，温度升高会促进植被的生长。土壤碳库随黏粒含量的增加而增加，随沙粒含量的增加而减少。土壤碳储存总量的变化与土壤水分和质地密切相关。

2）人为因素

过度放牧是造成草地退化和植被碳流失的主要因素之一。过度放牧会导致土壤碳流失，草地产量下降30％～50％，在高寒地区草地，表现为地上和地下生物量分别下降20％～40％和30％～43％。过度放牧会降低地上部生物量，降低土壤团聚体的稳定性，从而降低草原生态系统植物碳及土壤碳储量。

（3）草原碳汇强化技术（图7-28）

草地的退化会降低植被生产力、加速土壤有机质分解，引起土壤碳输入小于土壤碳排放，导致草地释放更多的温室气体。因此，寻找既能维持草原生物量又能降低温室气体排放的管理模式，对草地的管理及生态系统维护十分重要。可从添加抑制剂、优化管理措施、调节凋落物分解等方面减少草地的碳排放，维持草地的可持续经营。

采用围栏可增加草地生物量，增加土壤碳储量。近几十年来，家畜围护已成为全国各地常见的草原恢复手段。减少放牧后，草原生物量、土壤有机碳储量可显著恢复。草地添加氮肥可促进土壤大粒径团聚体聚集，提高团聚体稳定性，从而改善土壤结构，提高土壤固碳能力。同时，肥料的施用可提高土壤肥力，增加植物的生物量，提高植物碳储量。此外，由于豆科木本和草本植物的固氮作用和菌根真菌的存在会提高土壤养分的有效性，从而提高土壤固碳潜力，所以增加豆科植物补播也可增加土壤的有机碳储量。

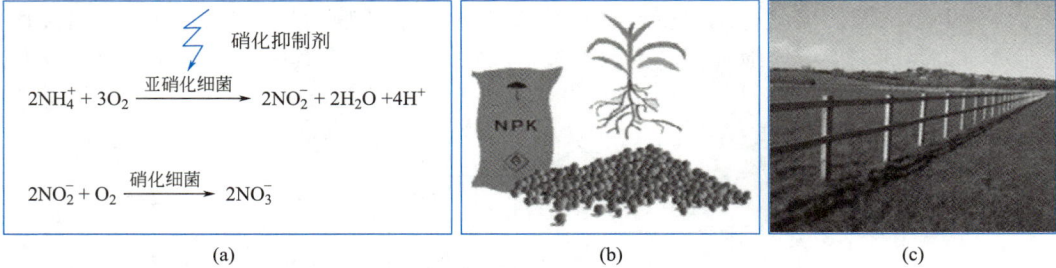

图 7-28　草原碳汇强化技术

（a）硝化抑制剂添加；（b）肥料施用；（c）家畜围护

一般而言，草地净初级生产力的50％以凋落物的形式归还到土壤中，最终在微生物的作用下形成腐殖质或被分解掉，此过程对全球碳循环具有重要意义。而氮肥的添加可促进凋落物中纤维素和单宁的分解，有效加速土壤碳循环，不利于腐殖质层养分的积累，因此氮肥施用对草原整体的碳输入及碳输出还需重新进行估算。

3. 灌丛荒原碳汇

（1）灌丛碳汇

灌丛是胁迫条件下形成的典型植被类型，现存面积约占全球陆地面积的10％，是"寒冷、干旱、贫瘠、干扰严重"生态环境中的重要碳库。近年来，全球气候变化和人类活动加剧使得原生植被类型被次生或入侵的灌丛取代，全球灌丛分布范围正不断扩大。因此，灌丛生态系统将在陆地生态系统碳循环中扮演更加重要的角色。全球和区域尺度的研究均发现灌丛生态系统通常表现为碳汇，据估算，全球灌丛的植被碳储量约为 24.2Pg C，土壤碳储量约为 123.8Pg C。然而，灌丛碳汇强度存在较大的空间差异，甚至在少数区域表现为碳源。

（2）荒原碳汇

全球荒漠生态系统面积为 27.7 亿 hm²，约占全球陆地面积的 20%。由于荒漠植被的覆盖率和生产力远低于其他生态系统，该类生态系统中的碳主要以土壤碳的形式存在。按照目前的估计，全球荒漠生态系统总碳库约为 250Pg C，其中土壤有机碳储量约为 239Pg C。近些年，随着气候变暖和大气二氧化碳浓度上升，全球不同地区均观察到荒漠地区植被地上生物量增加的现象，但总体而言，考虑到荒漠植被生产力的极大变异性，目前还没有足够证据证明荒漠生态系统能形成稳定的植被碳汇。

4. 湿地碳汇

湿地生态系统仅占全球陆地总面积的 4%～6%，但其碳储量占全球陆地碳储量的 12%～24%。湿地生态系统在调节径流、改善气候、维护生物多样性和保持区域生态平衡等方面发挥着重要作用。

（1）湿地碳汇原理

植被作为沼泽湿地生态系统重要的组成成分，是沼泽湿地生态系统固碳的基础。沼泽植物通过吸收二氧化碳合成有机物，并将其储存在活的植物组织中。当植物死亡后，植物残体形成腐殖质和泥炭，并贮存于土壤碳库。同样，湿地固定的碳主要集中在土壤。据估算，我国草本沼泽植被地上部生物总量为 22.2Tg C，地上部生物量平均密度为 0.23g C/m²。若尔盖湿地是我国重要的湿地之一，位于青藏高原东部，平均海拔 3500m，是黄河上游重要的水源涵养地之一。若尔盖湿地也是中国重要碳储存区，其储存的泥炭总量为 28.78Pg，占全国泥炭总量的 30% 以上，被列为国家级生态功能区。

（2）泥炭碳汇技术

泥炭是煤化程度最低的煤，泥炭又被称为草煤或草炭。当地下水位稳定在近地表时，枯死植物的残体长期处在被水浸泡和缺氧环境下，不能完全腐烂，并随着时间的推移不断积累，通过生物活动转化为泥炭。

泥炭地是湿地的一种，是地球上价值较大的湿地生态系统之一。泥炭土是泥炭和泥炭质土的统称，是由有机残体、腐殖质以及矿物等物质组成的特殊土壤。据统计，泥炭土在全球 59 个国家和地区均有分布，总面积约为 415 万 km²，我国泥炭土分布面积约为 420 万 hm²。其中，若尔盖草原是我国面积最大的高原泥炭沼泽分布区，在碳循环方面发挥着重要作用。由于气候变化、修路等因素影响，部分泥炭资源出现退化。如果不积极对泥炭进行修复，泥炭将逐渐被氧化，其涵养水源的能力也会下降，导致温室气体排放增加。

（3）湿地碳汇强化技术

近年来，随着气候变化及人类活动的影响，湿地植被多样性及数量锐减、湿地水土遭到污染，严重影响湿地生态功能。目前，可通过湿地的植被恢复、污水处理、表层土壤的保护等方式恢复湿地生态功能。

1）植被修复

湿地长期处于淹水状态，因此，在湿地植被恢复中，针对常水位状态下的滩地植被恢复，可以种植低矮的湿生植物；针对常水位下的植被带恢复，可选择高大的挺水植物；对于湿地边界的植被，可配置高大的乔木、灌木以形成隔离带，来保护湿地内部环境；针对坡度较陡的区域，可选择种植根系发达的植物。

2）污水处理

在湿地中污染水体的改善过程中，可充分发挥湿地自身的净化功能，达到自净的目的。此外，还可通过增设污水处理厂、关停或搬迁部分高污染的企业、引水换水等方式来降低污染物的毒害作用，逐渐恢复湿地的生态功能，从而提高湿地的固碳能力。

3）表层土壤的保护

提升湿地表土质量，有利于优化湿地植被生长环境，提升其固碳能力。还可通过改善土壤物理性质、增加土壤肥力等来实现湿地生态功能的恢复。

5. 农田碳汇

农田生态系统以利用光合作用生产农作物为主要目的，是一种特殊的二氧化碳交换生态系统。作为陆地生态系统的重要组成部分之一，农田生态系统土壤碳排放及碳吸收对全球碳循环也会产生重要影响。整体而言，农田系统是重要的碳汇，利用农田固碳是一种低成本且安全的长期碳封存方法，我国农田土壤面积为 $1.30 \times 10^8 hm^2$，是主要的碳汇。

（1）农田碳循环

农作物通过光合作用将二氧化碳转化成有机物，成为固定在作物体内的有机碳。根系、凋落物等植物残体可转变为土壤有机质储存在土壤中，这两部分为农田系统的碳汇。其中，作物固定的碳可在短时间内通过呼吸、分解、还田等方式被释放出来，是不稳定碳。

农田土壤碳源表现在土壤呼吸（包括根系、微生物呼吸作用）释放碳。因此，土壤有机碳的长效稳定性是关乎农田碳汇长效性的重要指标。一般来说，土壤有机质稳定性越高，土壤呼吸越弱，碳储存能力就越强。农田生产具有碳源和碳汇双重功能，可为气候变化调节提供生态系统服务。

（2）农田碳汇技术

农田管理措施与农田生态系统碳平衡密切相关，合理的农田管理措施可加强农田碳汇作用、降低土壤碳排放，如图 7-29 所示。研究表明，合理的农田措施如保护性耕作、间歇性种植、合理施肥等可以弥补农田生产过程中土壤损失有机碳的 $60\% \sim 70\%$。

根据低碳农业评价发展过程，可将低碳农业的发展分为三个阶段：第一阶段仅考虑田间温室气体直接排放的温室效应；第二阶段的评价指标扩展到了涵盖固碳效应的净温室效应，研究如何提高农田生态系统碳储量和固碳速率，增加农田生态系统的固碳效益；第三阶段是基于生命周期评价碳排放的综合净温室效应及兼顾作物产量的温室气体排放，考虑了化学品投入和农事操作造成的直接或间接碳排放。固碳减排是未来可持续农业生产过程中重要的生态目标之一。

6. 城市碳汇

（1）城市碳储量

全球城市面积相对较小，不到全球陆地面积的 3%。由于城市化往往被视为局地现象，长期以来城市生态系统未被纳入全球碳循环研究框架，直到近年城市生态系统碳循环研究才逐渐成为气候变化应对策略的热点之一。21 世纪以来，学术界对城市碳储量开展了大量工作，其中，美国城市尤其受到关注。根据当前的报道，美国城市森林碳储量总体上高

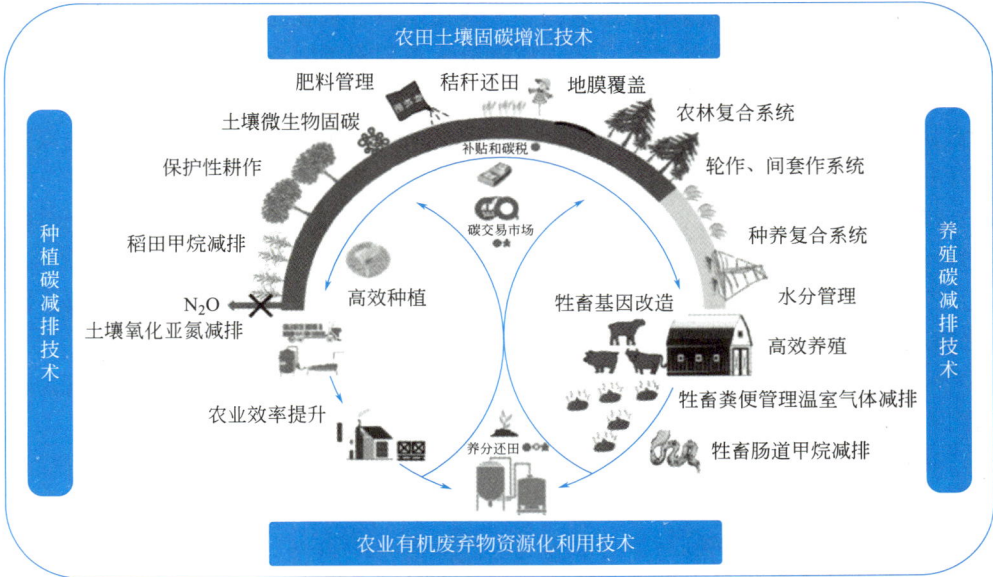

图 7-29　农田碳汇强化技术路线图

于其他国家城市，其中，西雅图市森林地上生物量碳密度高达 89Mg C/hm²。不同国家和城市之间碳储量的差异可能源于城市所处的生物物理背景、社会经济条件、城市人为活动、不同植被类型等因素的差异，但也有可能是不同估算方法和对城市的不同界定等因素导致的结果。

除了植被部分，城市建成区（如建筑物、水泥及沥青等）封存的土壤和城市绿地（如林地、灌丛、草坪及农业用地等）土壤均可存储碳。来自全球 116 个城市的观测证据显示，城市土壤碳密度甚至高于对应的自然生态系统，前者约是后者的两倍。整体而言，国家和全球尺度的研究均显示城市植被和土壤中储存着大量碳。2021 年杨元合等人在《中国及全球陆地生态系统碳汇特征及其对碳中和的贡献》一文指出，美国城市植被和土壤有机碳库分别为 0.233Pg C 和 0.651Pg C，我国则分别为 0.042Pg C 和 0.324Pg C。而全球城市植被和土壤有机碳储量分别达 2.4Pg C 和 7.3Pg C，对应的植被和土壤有机碳密度分别为 13~36Mg C/hm² 和 69~111Mg C/hm²。

城市系统人为组分碳库也是城市生态系统碳库的重要组成部分。例如，美国城市系统建筑物和家具的碳储量和碳密度分别为 (0.626±0.352)Pg C 和 (660±370)Mg C/hm²；垃圾填埋场碳库约为 1.6Pg C，碳密度为 168Mg C/hm²。相应地，我国城市系统建筑物和家具的碳储量为 (0.21±0.02)Pg C，碳密度为 (61±6)Mg C/hm²。并且，我国城市垃圾填埋场碳储量由 1978 年的 (2.6±0.1)Tg C 急增至 2014 年的 (0.24±0.01)Pg C。2000~2014 年间，垃圾填埋场碳汇分别相当于同期我国陆地碳汇和化石燃料年排放量的 9% 和 1%。在全球尺度上，建筑物和垃圾填埋场碳储量分别可达 6.7Pg C 和 30Pg C。总之，随着城市化进程的持续推进以及资源消耗和废弃物的不断增加，城市生态系统中人为组分碳将在区域和全球陆地碳循环中起到更为重要的作用。

（2）城市碳汇强化技术

作为城市空间中唯一的自然碳汇，城市绿地生态系统的固碳增汇作用日益突出。如果按照传统的人工营建思路加强城市绿地的碳汇建设，只种植在当前情景下碳汇能力强的少数植物则很可能会减少生物多样性。基于植物分配有限资源时存在权衡关系的生态学一般原理，不仅选取当前情景下碳汇能力强的植物，还要考虑适应环境变化、在未来环境下碳汇能力强的植物，以及遭遇极端环境时有一定碳汇能力的植物。在此框架下，选取恰当的植物多样性组合有望实现更好的城市绿地碳汇功能。具体的做法包括：

1）扩展绿地物种库信息，纳入植物的碳减排能力、适应环境变化能力、应对极端变化能力等信息。

2）考虑植物在碳汇能力与应对气候变化能力之间的权衡关系，将植物分成不同类型组，比如高碳汇低适应、低碳汇高适应等。

3）根据不同城市的环境和未来气候变化特点，因地制宜地选择恰当植物组合营建城市绿地。

4）开展城市绿地建设的全生命周期碳计量，以近自然方式营建和管护城市绿地，减少管护过程的碳排放。

7.4.2　海洋生态系统碳汇

海洋作为地球上最大的碳库，其溶解的无机碳储量约为37400Gt。以海洋为基础的碳汇技术称为"蓝色碳汇"，在蓝色碳汇生态系统中，二氧化碳通过光合作用被固定下来。尽管海洋初级生产者生长面积不到全球海洋面积的2%，但其固定碳量可达54～59Pg C/a，占全球碳捕提和封存总量的50%（总固碳量为111～117Pg C/a），占海洋沉积物碳存储的71%。在蓝色碳汇中，海洋对碳的吸收取决于海洋与沿海的生物及其构成的生态系统，如红树林、盐沼、海草床、藻类、微生物等，这些系统可经过有效管理实现海洋增汇。

1. 红树林碳汇

红树林主要生长在热带、亚热带隐蔽海岸的潮间带，具有较高的初级生产力。红树林作为典型的滨海湿地中的"蓝碳"和潮间带植物的"碳泵"，是海陆生态系统间物质交换的重要场所，其固碳量约占全球热带陆地森林生态系统固碳量的3%，约占全球海洋生态系统固碳量的14%，在全球碳循环中起着关键作用。红树林生态系统固碳能力的大小取决于红树林面积和固碳速率的大小。

（1）红树林固碳过程

红树林生态系统固碳过程如图7-30所示。在生物因子（如物候、虫害、鱼塘养殖、生物入侵等）和非生物因子（如干旱、强降雨、海平面上升、光照、温度等）的综合作用下，红树林湿地生态系统与大气间进行二氧化碳的交换。

红树林植被系统中，红树林的凋落物产量是评价红树林生态系统功能的重要指标之一。凋落物产量约占红树林净初级生产力的1/3，是红树林植被生态系统中碳封存的重要方式之一。凋落物会被动物、微生物及藻类等直接分解，产生二氧化碳、甲烷等，直接排到大气中。红树林生长所处位置会受到周期性潮汐以及河流水位变化的影响，红树林生态系统通过潮汐将凋落物及分解后的碎屑、颗粒有机碳、溶解有机碳、溶解无机碳等向周围河流水源不断输出，进行碳交换。

（2）影响红树林固碳能力的因素

红树林生长带处于海陆交界的敏感区域，受自然和人为活动的干扰较大，影响其生态功能。整体而言，影响红树林生态系统固碳能力的因素主要有水环境的含盐量、植被组成

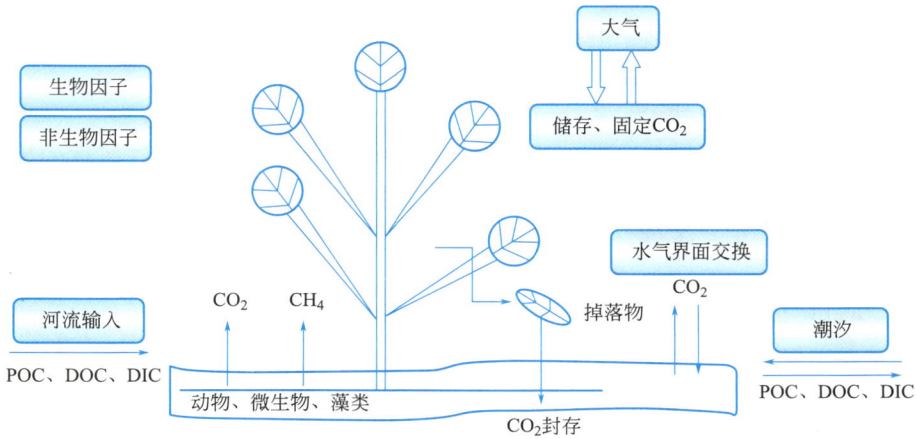

图 7-30 红树林生态系统固碳过程

及树龄、土壤类型、温度以及人类活动。

1）水环境的含盐量

红树林一般分布在含盐量较低的河岸地区。红树林的生长会受到水中含盐量的调控，一般在盐度处于 2.2‰～34.5‰ 范围的海岸地区生长最好。当水中含盐量过高或过低时，会抑制其光合作用、蛋白质合成、物质循环和能量交换等一系列过程，进而影响红树林生物量的积累，降低其固碳能力。

2）植被组成及树龄

各类型红树林植物的生长速率存在较大差异性。一般情况下，各类型红树林植物的生长速率从高到低依次为速生乔木、乔木、灌木。在环境适宜条件下，宜优先选择生长速率高的物种以提高红树林植物的固碳能力。树龄也是影响红树林植被固碳能力的因素之一，一般来说，红树林植物在幼年时的固碳效率较高，随着红树年龄的增长，其固碳效率逐渐降低。

3）土壤类型

红树林植被分布在砂质土壤、基岩、泥炭甚至珊瑚礁海岸上，其中在泥质潮滩上红树林植被分布最广、生长最好，其次是砂质土壤、玄武岩铁盘层或者砾石潮滩。土壤类型对红树林的组成、分布和生长有着重要影响，反过来，不同红树林植被又会通过促淤保滩等作用，对土壤沉积物及其类型产生不同的影响。

4）温度

环境温度是影响红树林生长的重要因素之一，红树林所处的周围环境温度（包括大气温度、土壤温度和水环境温度等）决定了红树林的面积大小、生物质累积能力以及固碳能力。随着纬度的降低和温度的升高，红树林植被的物种类型不断增多。同时，红树林植被的固碳能力与植被株高呈现出较强的相关性，即随着植被株高增加，红树林植物的固碳能力表现出逐渐增强的趋势。

5）人类活动

目前人类对红树林所拥有的固碳能力认识不足，导致大面积的红树林植被受到人为的干扰破坏。大量红树林植被被乱砍滥伐，红树林所需的生长环境被人类侵占和污染，直接导致红树林生态系统退化。但是，也有一些人类活动会间接增强红树林的固碳能力，如含植物养分的污染性较低的生活家庭废水排放会增加红树林植被根系对养分的吸收，从而间接提高红树林的固碳能力。

（3）红树林碳汇强化技术

红树林生态系统的修复技术可以强化碳汇过程，即通过修复受损红树林的生态结构，促进自然结构和生态系统功能的恢复，并保持可持续固碳的目标。红树林生态系统的修复需要为其创造适宜的生长条件，一般运用生态工程，结合生态水文原理来达到修复目的，包括两种手段：

1）设计自然状态下红树林生长所需的生态位，促进红树林幼苗定居，如通过建立防波堤、竹子保护栏、篱笆等方式来防止污泥沉积，为红树林幼苗生长创造适宜的条件。

2）通过移植红树林幼苗来改造生态环境，红树林移植的方法有胚轴插植、直接移植、无性繁殖和人工育苗。将从野生红树林收集到的繁殖体在育苗室内进行培育，并将这些幼苗进行移植，移植过程中的间苗及剪枝方法是成功移植的关键。

2. 盐沼湿地固碳

盐沼湿地的碳储存量占全球海洋生态系统碳储存量的 14%～30%，是一个巨大的碳汇。

（1）盐沼湿地固碳过程

一般来说，盐沼湿地的地表水呈碱性，主要生长着芦苇、碱蓬、柽柳等植物。如图 7-31 所示，盐沼湿地土壤所积累的含碳有机物分为内部输入和外部输入两种。

1）内部输入　来源于盐沼湿地植被的地面凋落物和地下根部产生的根系残体、浮游植物、底栖生物的初级生产和次级生产的输入。

2）外部输入　主要来自地下水、地表径流、海平面上升和潮汐等由外部水源输入带来的颗粒态含碳物质及溶解态有机物。

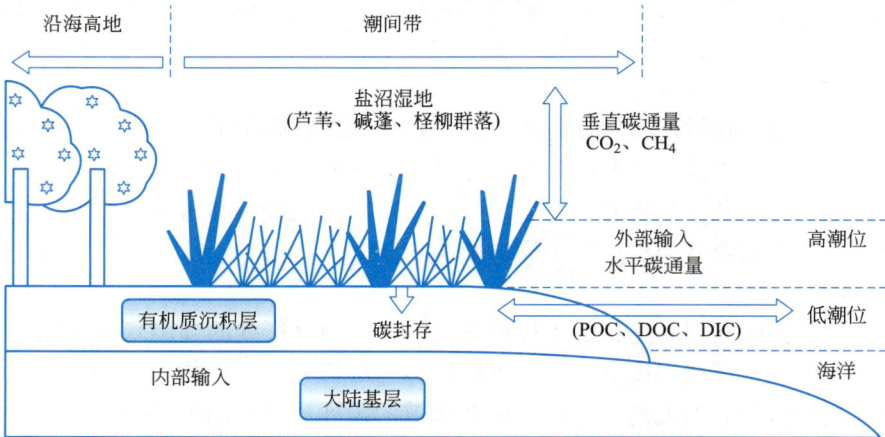

图 7-31　盐沼湿地生态系统固碳过程

（2）影响盐沼湿地固碳能力的因素

1）生物入侵

以中国为例，我国盐地分布的植被群落以芦苇群落和盐地碱蓬群落为主，但大多湿地位于沿海的 11 个省份和港澳台地区，极易受到外来生物的入侵，例如互花米草的生长范围的扩大，会对整个盐沼湿地的生态结构和功能完整性造成严重影响，进而影响本土植物的生长发育及本土生态系统结构。

2）人工围填海

从 20 世纪 50 年代开始，大量的人工围填海活动造成了盐沼湿地面积的退化。目前，因围填海活动造成的盐沼面积退化达到 50%，相应地，盐沼湿地表层的有机碳储存量也大幅下降。

3）海平面上升及海岸侵蚀

全球气候变化所引起的海平面上升、海岸侵蚀等现象会导致盐沼湿地分布面临陆海两个方向的挤压，进而造成较大面积的盐沼湿地受损及退化，使得滨河海岸的盐沼湿地面积减少，盐沼湿地所固定的碳也随即向河口或大陆架转移，造成碳流失。季节性的潮汐和海岸侵蚀亦会造成盐沼湿地的生物量下降、有机质矿化，使得二氧化碳、甲烷排放量增大，排放速率增加。

4）海滩养殖

人类在滨海盐沼湿地进行的滩涂养殖、围垦等活动会造成盐沼湿地面积减小，降低土壤的水土保持能力，进而导致土壤固碳量降低。同时土壤内部有机碳的分解速率逐渐提高，向大气中所释放的二氧化碳量也逐渐增多，从而降低盐沼湿地的碳储量。

（3）盐沼湿地碳汇强化技术

通过研究退化滨海盐沼湿地生态系统的生物修复能力，重建高质量、高碳汇型的盐沼湿地，改善盐沼地域土壤的水土保持和固碳能力，建立相应的退化盐沼固碳增汇技术体系。修复增汇技术主要包括生物措施和人工措施两个方面。

1）生物措施修复　生物修复措施旨在通过湿地生态系统的生物修复、改善土壤及水体环境、重建高生物量及高碳汇型水生生物群落等措施，提高盐沼湿地固碳植被的生物量，从而提高系统固碳增汇能力。如我国提出的"南红北柳"计划，明确提出增加芦苇、碱蓬、柽柳林等盐沼固碳植物的种植面积，从而增加盐沼湿地碳汇面积，并逐渐改善盐沼湿地土壤固碳能力，达到增加碳汇的目的。

2）人工措施修复　人工措施修复主要采用"退养还滩"，即减少盐沼湿地旁的滩涂养殖围垦等活动，扩大盐沼湿地生态系统的固碳空间，并针对盐沼湿地中的固碳植被进行土壤水分、养分和盐分的调控，从而实现最大化的固碳减排。

第 8 章　重点行业碳减排、碳中和路径与低碳发展

8.1　电力行业碳排放现状与碳中和路径

据国际能源署统计，2021 年全球碳排放总量为 363 亿 t，其中电力行业碳排放量为 146 亿 t，占全球碳排放总量的比重高达 40.22％。我国作为全球碳排放量最大的国家，2021 年碳排放量为 112.17 亿 t，占世界碳排放总量的比重达到 30.9％，其中，电力行业碳排放占全国碳排放总量的 45％，成为首批被纳入全国碳交易市场的碳排放行业。在当前低碳经济发展新模式、电力行业能源结构转型、碳中和等背景下，电力行业作为我国能源消耗和主要污染物排放的重点领域，面临着提高经济效益、加快能源转型、顺应市场潮流趋势等多重压力。同时，电力行业作为中国经济社会发展的基础，是我国实现"碳达峰、碳中和"目标的关键行业，也是带动其他行业低碳转型的重要载体和领军行业。

8.1.1　电力行业碳排放现状

1. 全球电力行业碳排放现状

全球电力行业碳排放量自 1990 年的 76.22 亿 t 增长到 2021 年的 146 亿 t，占全球碳排放总量的比例由 1990 年的 37.15％提高到 2021 年的 40.22％。从行业来看，2021 年二氧化碳排放量增加最多的是电力及供热行业，为 9 亿 t 以上，占全球增量的 46％，主要原因是所有化石燃料的使用量增加，以满足电力需求的增长。根据国际能源机构等组织对全球碳预算的估算，为了实现"1.5℃或 2℃"的温升控制目标，全球碳预算一般被限定在 3000 亿～4000 亿 t 二氧化碳的范围内，这意味着全球社会在未来几十年内只能排放这么多的碳，超出部分将导致气温继续上升，加剧气候变化。

2. 中国电力行业碳排放现状

2022 年，我国能源消费产生的二氧化碳排放中，电力行业占能源行业二氧化碳排放总量的 46.5％左右。同时，我国电力行业碳排放量占全球电力行业碳排放量的比例由 1990 年的 8.42％提高到 2021 年的 34.57％，占比超过三分之一。因此，我国电力行业的碳减排效率对中国实现"双碳"目标以及全球碳预算将何时以何种水平达到预算约束值均发挥着非常重要的作用。

如图 8-1 所示，我国煤电、油电、气电碳排放量占火力发电碳排放总量的比重分别由 1990 年的 91.77％、7.93％、0.30％变动到 2021 年的 97.09％、0.50％、2.41％。由此可见，煤电碳排放在火力发电碳排放中占据绝对比重，油电碳排放占比大幅度下降，而气电碳排放占比虽然出现了增长趋势，但增长幅度在近 30 年间仅为 2％。此外，我国煤电、油电、气电碳排放占全球煤电、油电、气电碳排放的比重分别由 1990 年的 12.18％、4.30％、0.15％变化至 2021 年的 46.99％、3.75％、3.84％，其中煤电碳排放在世界煤电碳排放中的比重增长超过了 30％，已达到全球煤电碳排放比例近 50％。因此，降低我国

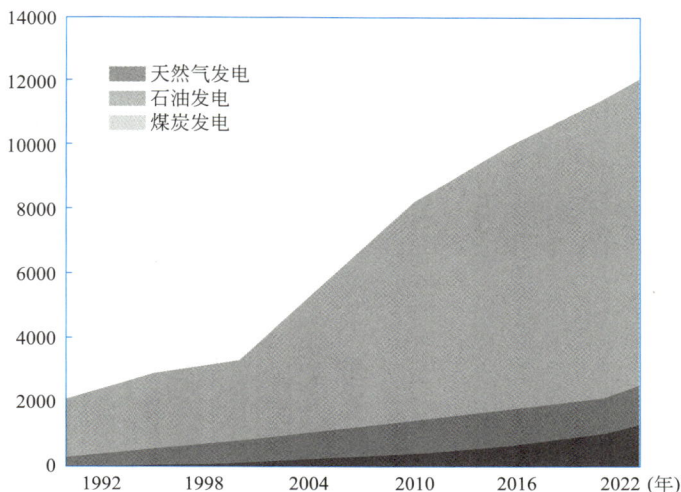

图 8-1　我国电力行业碳排放（单位：Mt CO$_2$）

煤电碳排放比重，至少能为推动全球煤电行业碳排放贡献一半的减排量。

8.1.2　电力行业碳中和路径

碳中和是指二氧化碳的排放量与吸收量相等，而电力行业只要发电就会排放二氧化碳，且对于化石能源发电来说，即使加装碳捕集工程（如 CCS 或 CCUS），由于脱除效率所限，二氧化碳排放也不可避免，因此电力行业自身实现碳中和不是二氧化碳零排放，而是在保障电力供应的同时，尽可能减少二氧化碳排放。

1. 构建多元化能源供应体系

坚持集中式和分布式并举，大力提升风电、光伏发电规模。以西南地区主要河流为重点，有序推进流域大型水电基地建设；安全有序发展核电，合理布局适度发展气电；按照"控制增量、优化存量"原则，发挥煤电托底保供作用，适度安排煤电新增规模；因地制宜发展生物质发电，推进分布式能源发展。

2. 发挥电网基础平台作用

为优化电网主网架建设并提高资源配置能力，可以新增跨区跨省输电通道，并建设先进智能配电网，这将实现地区间电力互补和平衡，提高供电的稳定性和可靠性。智能配电网利用先进技术，实时监测电网状态和负荷情况，实现精细调度和管理，降低损耗，提高供电安全性。另外，可以支持部分地区率先达峰，通过清洁能源发展、能源效率措施和产业结构调整来减少排放量，为全国碳减排作出贡献。优化电网建设、跨区输电、智能配电网和率先达峰将推动资源配置和可持续发展，实现电力供需平衡，应对气候变化。

3. 合理布局低碳能源，大力发展风电与太阳能光伏发电

我国要实现"双碳"目标，需构建清洁低碳安全高效的能源体系，构建以新能源为主体的新型电力系统。目前，国内外有商业应用的低碳能源有 8 种，而我国目前能够大规模发展乃至取代化石能源电力的就是风电和太阳能发电。如图 8-2 所示，我国的风电与太阳能发电均取得快速发展，风电装机从 2009 年的 1613 万 kW 增长到 2021 年 32850 万 kW，太阳能则从 2009 年的 2 万 kW 增长到 2021 年 30600 万 kW。达到碳中和时，我国可再生

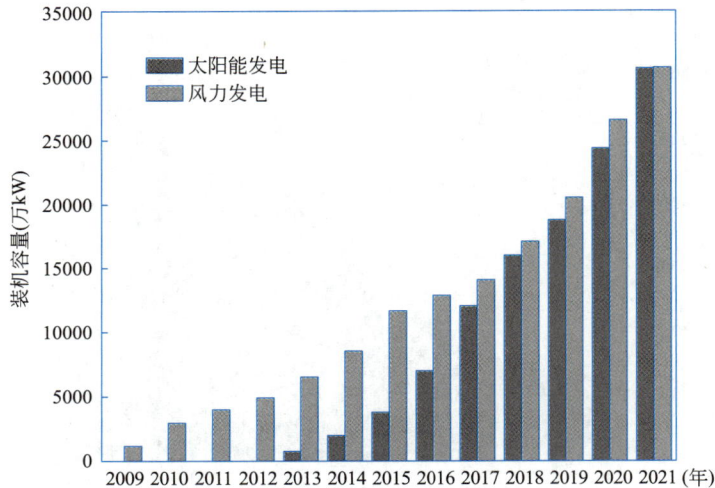

图 8-2　我国风电与太阳能发电的发展状况

能源的发展预计将达 50 亿 kW，主要是风电与太阳能发电，会有少量的地热发电及潮汐能发电。

4. 健全和完善市场机制

为了进一步推动资源优化配置和碳减排工作，可以积极发挥碳市场的低成本减碳作用。通过建设全国统一的电力市场，持续深化电力市场建设，可以实现电力资源的高效配置和交易，并促进清洁能源的发展和利用。同时，还需要推动全国碳市场与电力市场的协同发展，以实现碳排放权的交易和管理，鼓励企业采取低碳技术和措施，降低碳排放量。通过扩大碳市场的规模和参与主体，可以提高碳交易的效率和灵活性，促进碳减排成本的降低。这样不仅可以为企业提供经济激励，也有助于全社会共同应对气候变化挑战。

8.1.3　电力行业低碳发展模式

根据党的二十大报告和我国电力工业发展的客观要求，电力工业转型升级以科技创新为引领，以转变发展方式为中心，以结构调整节能增效为重点，以体制改革和机制创新为保障，加快非化石能源电源结构建设，在电力工业的关键技术领域取得突破，实现清洁能源的优化配置。

1. 结合需求侧管理制约碳排放

有效结合电力需求侧管理，通过对电力供给或是节能投入的选择，可在一定程度上制约电力消费中的碳排放。在传统电力发展规划中，依靠资源进行控制和约束的管理方式，已经无法适应低碳经济发展模式的基本要求，这种资源约束需要逐步向二氧化碳排放约束转型，从而达到对整个电力发展结构含碳量的约束。

2. 调整电力行业运行技术和管理模式

就电力发展模式下的电力企业而言，低碳经济要求其在不断研发新型清洁、可再生能源的同时，对电力行业各种运行技术、管理模式做出相应的调整。一方面，要将特高压与智能电网技术落实到实处，并结合清洁能源的应用，实现分布式能源与主网的交互供电与无缝整合，将输送损耗降至最低，从而最大限度地降低碳排放量；另一方面，要创新节能发电调度模式，优先安排可再生、节能、高效的机组进行发电，限制高耗能、污染大的机组运行，通过对各类发电机组按能耗和污染物排放水平排序，实施节能发电高效调度运行模式。

3. 国家层面加大宏观调控

电力结构与安全问题要在国家宏观调控、政府积极干预下才能实现。众所周知，低碳经济发展的关键在于解决能源电力结构问题，电力发展的需求与节能量势必会对应一定的能源生产。社会和行业对碳排放量的不同需求导致了电力结构和电力成本的差异。据此，国家及政府的调控、干预能够帮助电力行业针对不同的电力结构成本进行经济效益与可行性分析，并衡量一定碳排放量制约下的电力结构是否能够与之适应。

8.2 钢铁行业碳排放现状与碳中和路径

钢铁是推动经济增长和社会发展的重要原材料。2021 年，全球钢铁产量达到 18.61 亿 t，其中一半以上用于建筑和基础设施建设，同时还广泛应用于工程、制造、运输和能源生产等领域。国际能源署相关数据显示，到 2050 年，钢铁需求增长预计超过三分之一，其中中国和印度等新兴市场国家的需求增长尤为显著。然而，钢铁生产过程伴随着大量的碳排放。国际钢铁协会统计数据显示，全球吨钢生产的平均二氧化碳排放量为 1.8t，钢铁行业二氧化碳排放量约占全球二氧化碳总排放量的 6.7%。

8.2.1 钢铁行业碳排放现状

1. 全球钢铁行业碳排放现状

如图 8-3 所示，在过去的二十多年里，全球粗钢生产过程中的直接二氧化碳排放强度一直保持相对稳定。2001 年和 2002 年出现小幅度下降，之后的 5 年里，基本保持 17.4 亿 t 的平均水平。随后的 2008 年，达到 18.53 亿 t，并在 2009～2011 年维持在 20 亿 t 的水平。2012 年突破 21 亿 t，随后在 2013～2021 年保持整体下降的趋势，但从 2022 年起逐渐上升，2023 年达 17.98 亿 t。

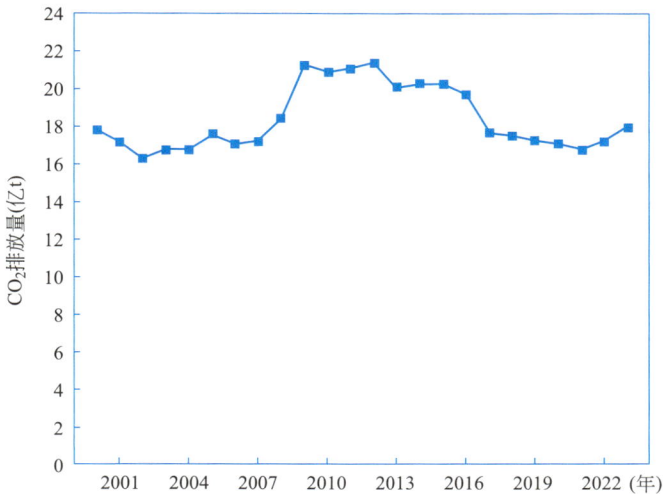

图 8-3　全球近年钢铁工业二氧化碳排放总量

2. 我国钢铁行业碳排放现状

如图 8-4 所示，随着我国钢铁工业能源消耗总量的增加，钢铁工业的碳排放总量也随之增加，从 1991 年的 2.92 亿 t 增加到 2021 年的 16.83 亿 t，增加了约 4.76 倍。此外，由于我国钢铁产业结构的升级及生产工艺的技术进步，吨钢生产能耗和二氧化碳排放量也有所降低，由 1991 年的 3.87t 下降到 2022 年的 1.63t，下降了近 50%，但仍然高于全球平均水平。

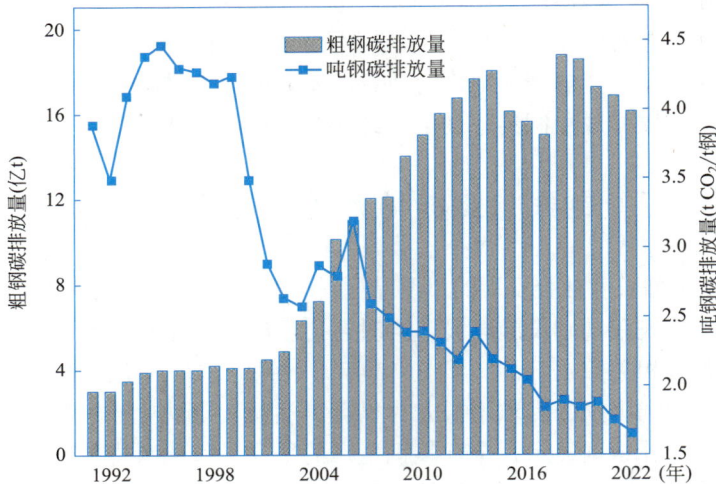

图 8-4　1991～2022 年我国钢铁工业粗钢碳排放量和吨钢碳排放量

8.2.2　钢铁行业碳中和路径

钢铁行业碳中和是非常复杂的系统性工程，不是简单的节能环保问题，而是发展方式的问题，需要在冶炼技术、生产原料、配套设施等方面对原有生产方式进行革新。

1. 由高炉-转炉法转向电弧炉冶炼法

推广使用电弧炉冶炼法可以显著降低炼钢过程中的二氧化碳排放量，我国目前电弧炉冶炼法产量占比有很大的提升空间，因此可以通过将钢厂现有的大量高炉-转炉生产线转为电弧炉生产线来实现减碳。工业和信息化部在 2020 年 12 月 31 日发布《关于推动钢铁工业高质量发展的指导意见（征求意见稿）》，要求到 2025 年我国电炉钢产量比例提升至 15% 以上，力争达到 20%。

2. 在冶炼过程中使用可再生能源

无论钢厂采用何种炼钢工艺，生产过程中都需要消耗大量电力。目前我国发电仍以消耗化石能源的火电为主，在 2020 年火电占比就达 69%，水电、光伏发电、风电及核电的占比仍较低。为了降低耗电导致的二氧化碳排放，钢铁企业可以通过布局余热余能发电系统、利用工厂空间建设光伏电站或风电站等方式提高自发电比例，也可以尽可能地利用水电资源来生产，例如电炉炼钢企业可以将生产线建设在水电资源丰富的西南地区。

对于传统炼钢过程中要用到的煤、天然气或石油，未来可以逐步用可再生的氢能予以替代。目前，瑞典钢铁行业是全球第一个实现"无化石燃料钢铁制造"价值链的国家，其采用的就是新一代氢还原冶炼技术，国内部分钢企也已采用氢能炼钢。氢气可以通过不消耗化石能源的方式制取，例如电解水、收集其他化工生产中的副产氢。对于以铁矿石为原料的炼钢工艺来说，使用氢能是解决化石能源碳排放问题最可行的路径。

3. 针对钢铁生产特点开发应用 CCUS 技术

通过 CCUS 技术可以把生产过程中排放的二氧化碳进行提纯，继而投入到新的生产过程中，实现二氧化碳资源化利用。钢铁行业在实现碳中和的过程中如果完全消除对化石能源的消耗，不仅在技术上实现难度很大，而且在经济上也会极大地增加钢铁生产成本。因此，保留一定程度的化石能源使用才是钢铁行业实现碳中和最现实的情景。在这种情景下，钢铁行业就需要使用 CCUS 技术对这部分碳排放进行处理。

8.2.3　钢铁行业低碳发展模式

2021 年第十二届中国钢铁发展论坛将钢铁行业碳达峰目标初步定为：2025 年前，钢铁行业实现碳排放达峰；到 2030 年，钢铁行业碳排放量较峰值降低 30%，预计将实现碳减排量 4.2 亿 t。实现碳达峰目标的五大路径分别是：推动绿色布局、节能及提升能效、优化用能及流程结构、构建循环经济产业链、应用突破性低碳技术。然而，碳达峰仅是实现碳中和的第一步，未来还需要在生产技术、产业链等方面进行深度改造。

1. 加快改造升级

在高炉冶炼新工艺成熟之前，我国存量规模最大的高炉炼铁产能要以实现碳达峰为目标，强化源头治理、过程控制、末端治理，通过工艺流程优化、先进节能降碳工艺技术的推广应用、数字化新技术融合等手段，加快推动绿色低碳改造升级，提高资源能源的利用效率和水平，推进减污降碳协同发展。

2. 坚持创新引领

传统钢铁工业路径减污降碳潜力有限，难以满足碳中和的目标要求，必须以工艺创新为主攻方向，积极支持企业聚焦以氢冶金为代表的颠覆性工艺技术、以 CCUS 为代表的碳利用技术，围绕基础理论、工艺路线、装备制造、系统集成等，开展全流程、全产业链的系统攻关，攻克钢铁生产低碳技术难题。

3. 推进结构优化

积极推进用能结构、工艺结构、产品结构优化，降低过程排放，减少全生命周期排放。在用能上，要积极推进煤炭减量替代消费，加大新能源利用比例。在工艺上，要加快完善废钢回收利用体系建设，持续发展电炉炼钢，推进废钢资源高效利用。在产品上，要增强高端产品供给能力，加快产品迭代升级，加强高强高韧、耐蚀耐磨、轻量化长寿命钢材的应用，降低钢材的消费强度。

4. 坚持开放合作

低碳发展是世界钢铁工业面临的共同挑战，我国作为第一钢铁工业大国，虽然在氢冶金、低碳冶金等方面比欧盟、日本等钢铁强国起步晚，但是我国钢铁工业也具备后发优势，目前基本处于同一水平。我们要坚持以开放的态度发挥产业链配套齐全、产业规模大、从业人员多等优势，加强与各国钢铁企业、研究机构合作，共同探索钢铁工业低碳绿色的未来发展之路。

8.3　石化行业碳排放现状与碳中和路径

8.3.1　石化行业碳排放现状

石油化工行业作为传统高排放行业，从多个方面受到双碳浪潮的重大影响。根据中国化工报数据显示，截至2021年，石油化工行业年碳排放量超过2.6万t的企业约2300家，约占生产型企业总量的1.9%，但这2300家企业的碳排放量之和占全行业碳排放总量的65%，因而石油化工行业碳减排任务艰巨。世界银行同样公布了我国化石燃料消耗产生的二氧化碳排放数据及其占所有燃料的比重情况，我国使用石油作为燃料消耗产生的二氧化碳排放整体呈上升的趋势，这是由于我国的石油使用量仍处于每年不断增加的状态。气体燃料消耗产生的二氧化碳量及其所占比重均处于快速上升的趋势，固体燃料燃烧产生的二氧化碳量在近几年趋于平缓，所占比重也迅速下降。近几年，我国推动了石油和天然气等相对清洁能源的快速发展，特别是天然气。但固体燃料燃烧产生的二氧化碳依然在我国占据主导地位，2016年，我国固体燃料碳排放占比仍超7成，这同样也预示着我国的能源结构改革还需走较长的技术革新道路。我国碳强度在2000年后快速增加，但在2007年后趋于平缓，2020年中国碳强度比2005年下降约48.4%，基本扭转二氧化碳高速增长的局面，但仍要高于全球平均水平，进一步证实了我国能源结构和科学技术改革的必要性。

8.3.2 石化行业碳中和路径

1. "蓝氢"和"绿氢"代替"灰氢"和焦炭

根据我国氢能发展预测，近期以天然气制氢替代煤制氢，中期继续推进天然气制氢技术优化与普及，远期以CCUS技术捕集化石能源制氢排放的二氧化碳，在经济可行的条件下，逐步以"绿氢"替代"灰氢"。通过"蓝氢"和"绿氢"加氢，可以补足原油中碳氢比，增产化工轻油，并减少自用石油焦的消耗。

2. CCUS技术

制氢装置、催化裂化装置烧焦单元等尾气中二氧化碳浓度较高，可作为CCUS技术试点，优先开展尾气中二氧化碳的捕集回收试验，并逐步推广至其他炼油装置。

3. "绿电"代替火电和自发电

炼油厂燃料煤主要用作锅炉的原料，在产生蒸汽的同时发电，发电的部分随着"绿电"的普及比较容易实现替代，但蒸汽涉及全厂蒸汽平衡和安全生产，调整难度较大，调整时间较长，因此初步按照比外购火电替代晚5年的速率，用"绿电"逐步替代燃料煤自发电。

4. 节能减耗

工业和信息化部通过具体分析各工艺装置的能耗情况，统计了2019年47类、1000余套主要炼油装置的总碳排放量和单位加工量碳排放量。从总碳排放量来看，由于常减压蒸馏装置加工量最大，因此其总碳排放量显著高于其他装置，其余总碳排放量较大的装置为延迟焦化、连续重整、油制氢、柴油加氢、污水汽提、加氢裂化等工艺流程的装置，总碳排放量均在200万t以上。催化裂化装置在不计算烧焦的情况下，其总碳排放量很小，但如果将烧焦计入则其总碳排放量也在200万t以上。从单位加工量碳排放量来看，天然气制氢和煤制氢装置最高，超过了30t CO_2/t单位加工量，连续重整、瓦斯回收、烷基化装置的碳排放量也较高。

8.3.3 石化行业低碳发展模式

我国双碳目标的实现，需要在未来几年以二氧化碳排放达峰为导向，提升非化石能源占比，保证天然气发挥更大作用。化石能源总体上不再增长，煤炭消费下降，石油消费量达到峰值，天然气增长降低的碳排放能够抵消煤炭消费的碳排放，才能基本实现二氧化碳排放达峰。在碳达峰之后，需要进一步推进温室气体快速减排，无论从能源结构优化还是行业温室气体排放控制的角度，石化行业的行动在我国应对气候变化工作中的重要性都将逐步提升。

1. 降碳技术为主

降碳技术包括能效提升、智能化提升过程效率、短流程化学品生产、组分炼油、工艺过程降碳、工艺供热电气化和可再生能源供热、低碳基础化学品生产、废塑料化学循环、专有设备降低工艺排放等。实现能源资源高效利用是降碳的途径之一，如采用换热网络集成优化技术、蒸汽动力系统优化技术、低温余热高效利用技术、氢气资源高效利用技术和组分炼油技术等。其中，组分炼油是提升石油炼制效率、降低炼油能耗的优选路径。传统炼油将石油按照不同沸点切割成若干馏分，将不同馏分进一步加工生产石油产品。在该过程中，各馏分中的部分组分不能被充分合理利用，炼油的过程选择性和反应效率仍有进步空间。组分炼油核心是采用分离技术对原油或其不同馏分进行烃组分分离，然后对分离后的组分进行炼制。基于同类烃组分的集中加工，可大幅提高反应过程选择性、提升产品附加值、降低加工过程碳排放。对于千万吨级炼厂，采用组分炼油理念进行流程再造，每年可降低碳排放近 45 万 t，万元产值碳排放降低 0.26t，碳强度降幅超过 10%。

2. 发展零碳技术

零碳技术包括生物基燃油与润滑油、风能、太阳能、核能等零碳能源供电技术，其中生物航煤、生物柴油、生物基润滑油是典型的生物基燃油与润滑油技术。与化石能源相比，生物基油品具有实现可持续发展的独特优势，可与现代交通运输体系融合，在减少对化石能源的依赖、大幅降低产品生命周期碳足迹方面具有重要意义。

3. 应用负碳技术

负碳技术包括绿氢保障技术以及 CCUS 技术。电解水制氢技术、生物质气化制氢技术都属于绿氢保障技术。其中，质子交换膜电解水制氢以水为原料，在可再生能源电力的驱动下将水转化为氢气和氧气，几乎不产生碳排放。相比于煤制氢和天然气制氢，质子交换膜电解水制氢每生产 1t 氢气将分别减少 20t 和 10t 左右的二氧化碳排放。CCUS 技术是全球应对气候变化的关键技术之一，其可消纳、转化大量的二氧化碳，因而被认为是实现碳中和有效且必要的步骤。CCUS 技术包括二氧化碳捕集、二氧化碳合成利用（如制备合成气、甲醇）、二氧化碳生物利用（如海藻养殖）、二氧化碳地质利用和封存（如强化油气开采）等。

8.4 化工行业碳排放现状与碳中和路径

根据《关于推进生态环境部门全面履行生态环境职责的通知》，在"十四五"期间全国碳市场将逐步把石化、化工、建材、钢铁等行业纳入其中。化工行业属于资源型和能源型产业，在化工产品的不同生产工艺中，产品均以煤炭、天然气等化石能源为原材料，故生产过程中温室气体排放量大，在低碳发展中扮演着极其重要的角色。

在我国所有工业部门中，化工行业作为传统高排放行业，将从多个方面受到双碳规划的影响。同时，化工行业在我国国民经济中扮演着十分重要的角色，很多行业以化工行业提供的产品作支撑，而这些产品几乎涉及所有的工业品和消费品。

8.4.1 化工行业碳排放现状

1. 全球化工行业碳排放现状

化学工业约占世界能源需求的 10%、温室气体排放的 7%。化工行业主要产品包括氨、乙烯、芳烃、丙烯、甲醇等，其中氨的产量、能耗和碳排放量遥遥领先。世界上第一个合成氨工厂于 1913 年在德国奥堡工厂建成投产，当时合成氨每天大概能产 5t。如图 8-5 所示，目前俄罗斯、中国、美国、印度等 10 个国家合成氨产量最高，占世界总产量的一半以上。由于三分之二以上合成氨的原料都是煤炭，而生产 1t 合成氨，以煤炭为原料进行化学反应或转化的生产方式二氧化碳排放量约为 4.2t，以天然气为原料进行化学反应或转化的生产方式约为 2.04t。2020 年，我国合成氨产业二氧化碳总排放量为 2.19 亿 t，占合成氨产业排放总量的 19.9%。

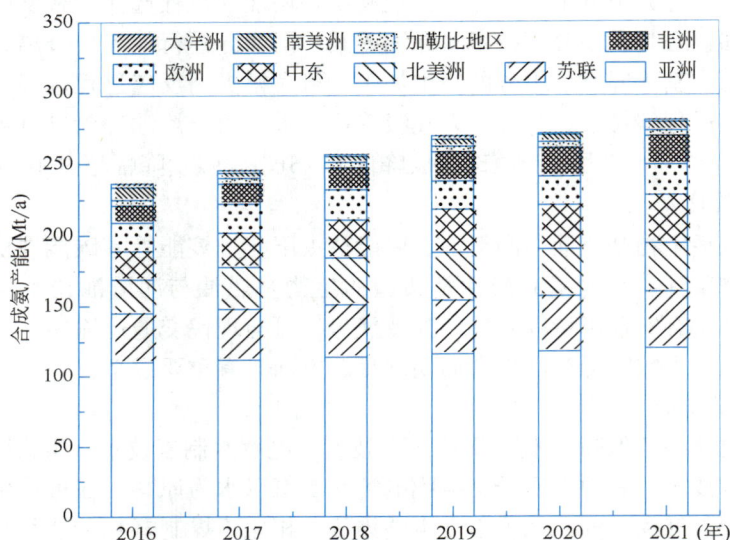

图 8-5　全球各地区合成氨产能

2. 我国化工行业碳排放现状

近年来，化工产品产量的显著上升使单位能耗有所降低，但整个行业的能耗水平依然呈上升趋势。我国化工行业 2000～2021 年分行业碳排放情况如图 8-6 所示。

2021 年，我国化工行业的碳排放量估算约 6.73 亿 t，约占工业领域的 16.7%，占全国能源碳排放总量的 6%。可以看出，与电力、水泥等行业相比，化工行业并非排放大户。但从碳排放强度看，化工行业的单位产值经济收入碳排放量明显高于工业行业单位产值经济收入碳排放量的平均水平。并且，由于不同省份的经济结构、资源禀赋以及当前发展水平、未来发展规划的差异，化工行业在部分地区可能会面临来自碳排放的发展限制。

8.4.2　化工行业碳中和路径

2021 年 1 月，17 家石油和化工企业、园区以及石化联合会联合签署发布了《中国石油和化学工业碳达峰与碳中和宣言》，表明现阶段我国石油与化学工业体系是世界上最为完整、齐全的。在工业生产过程中，我们采用了世界一流的工艺、设备、技术，并且大力

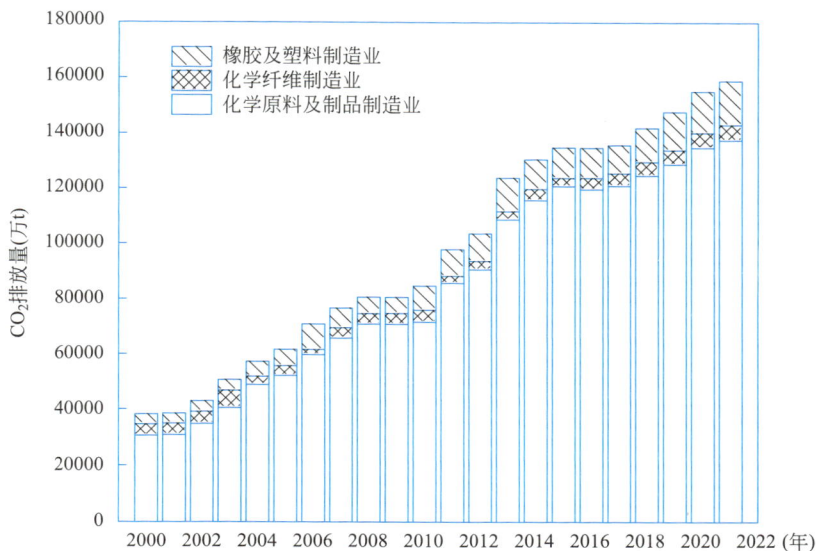

图 8-6 我国化工行业 2000～2021 年分行业碳排放情况

提升节能环保水平，现已进入世界先进行列。国内一批企业的能效水平已达到世界先进水平，并建设成为绿色工厂和低碳工厂，产品已经属于绿色产品、低碳产品，许多工业园区已经成为绿色园区和生态园区。

1. 深入推进产业结构调整

我国甲醇生产原料包括三类：煤炭、天然气和焦炉气，煤制甲醇是我国甲醇生产的主要途径。近年来，随着大型煤气化技术和大型甲醇合成技术的成熟，煤制甲醇的原料煤种得到扩大，装置规模不断提升，工艺技术逐渐完善，能耗和污染物排放大幅下降，以煤为原料的甲醇产能快速增加，在原料结构中的比重不断上升。特别是以煤制烯烃为代表的大型上下游一体化项目的建设，使我国煤制甲醇规模和技术达到世界先进水平，但产能在 30 万 t/a 以下和采用非大型气流床气化工艺的仍有约 30% 的产能。

2. 存量企业持续推进系统优化，实现节能减排

我国多数现代煤化工工厂已具备安全、稳定、可持续、高效的生产能力，"十四五"期间，应继续优化完善已建成的现代煤化工工厂，实现满负荷条件下的连续、稳定、安全、清洁生产运行，降低生产成本，提高生产运行管理水平，积极改善生产经济性。同时，运用智能化、工业物联网技术和高级分析工具，加大力度管控现代煤化工生产过程，进一步提高工厂运行效率，提升核心技术指标，提高目标产品收益率，减少能耗、水耗和污染物排放。

3. 探索工艺过程降碳新途径

现代煤化工产业碳排放中约 60% 来自于工艺排放，主要通过变换净化工序排放。变换是为了将合成气中的一氧化碳变换为氢气，以调节后续合成反应的 H_2 与 CO 之比。在煤气化中获得合成气中的碳元素，有相当一部分通过后续变换生成二氧化碳排放到了大气中。所以，工艺过程中降低变换比或者不变换，将大大降低工艺过程的二氧化碳排放。

（1）与低碳原料制备的富氢气互补。单纯以天然气为原料生产甲醇合成气很容易得到

较多的氢气，而碳源需从烟道气回收或通过两段转化来实现。而以煤为原料生产甲醇合成气中的氢气较少，需要进行一氧化碳变换，同时需脱除二氧化碳并直接放空。采用煤和天然气联合造气工艺，充分考虑了两种原料的特点，利用两种原料生产合成气的优势，实现碳氢互补。通过降低粗煤气中一氧化碳变换深度，甚至取消一氧化碳变换工序，从而节省粗煤气一氧化碳变换和脱除二氧化碳过程中消耗的额外能量，降低单位产品能耗，减少二氧化碳的排放。

（2）绿氢用作补氢原料。现代煤化工与可再生能源制氢的深度结合，可能是化工行业生产化工品的理想路径。如果不发生变换反应，煤气化后进入合成气中的碳只有少量二氧化碳在后续工序排放，大部分都通过合成反应进入产品。后续合成反应所需要的氢气大部分由可再生能源制氢补充，这样可以做到工艺过程基本不排放二氧化碳。

8.4.3 化工行业低碳发展模式

1. 调整技术路线

调整技术路线，实现全产业链碳排放强度的下降。例如，以 CCUS 技术与 Power-to-X（指将电能转化为可用于其他领域的能源或化学物质的过程）生产路径相结合的生产方式从原料端促进减排。CCUS 技术可以捕捉工业过程中产生的二氧化碳，并将其封存或转化为有用的产品，从而降低大气中的二氧化碳浓度。将 CCUS 技术与 Power-to-X 生产路径相结合，通过使用清洁能源来驱动电解水制氢、电解二氧化碳制甲醇等过程，不仅可以减少化石燃料的使用，还可以将二氧化碳转化为低碳产品。此外，在生产过程中还可以优化能源利用、提高资源利用效率、减少废弃物的产生。

2. 循环经济模式促进碳减排

采用循环经济模式，提高化工固废循环利用率以实现原料需求下降，可以进一步降低化工行业的碳排放。开展固体废物"减量化、无害化、资源化"技术研发与应用，发展废塑料、废橡胶、废锂电池循环利用技术，提升固体废物绿色循环水平。

3. 调整能源结构，大力利用氢能

深度调整能源结构，提高过程用能中氢的比例，淘汰落后产能降低电耗。中国石化于2021 年 4 月宣布，"十四五"期间将规划建设 1000 座加氢站，结合氢制造、氢储运、氢应用优势，在氢能交通和绿氢炼化两个领域发力，实现每年绿氢碳减排规模在 1000 万 t以上。

4. 加强人工智能探索

对于化工行业这个典型的技术密集型产业来说，仍有众多核心催化剂和高端化学品被国外公司垄断，人工智能技术基于大数据和机器学习算法，能够建立"AI＋催化"和"AI＋分离"等绿色化工的人工智能解决方法，有利于解决"卡脖子"问题。

5. 推进行业进入碳市场

利用体制机制创新，探索建立新一代化工碳减排技术商业化运行模式。强化减排技术发展的经济激励，加大对大规模、全流程重大化工碳减排示范项目的直接财政支持。积极利用绿色金融、气候债券、低碳基金等多种方式支持化工碳减排项目示范建设。借鉴欧盟碳税和碳交易双重机制，推动化工行业全面进入碳交易市场，倒逼企业进行碳减排技术创新和清洁能源转型。

8.5　建材行业碳排放现状与碳中和路径

建材行业作为基础性产业，在推动国民经济发展方面扮演着举足轻重的角色。有关数据表明，我国水泥、陶瓷、平板玻璃等多种建材产品产量居于全球首位，二氧化碳排放量占据我国二氧化碳排放总量的 8%。因此，在当前"双碳"目标下，采取有效行动促进建材行业碳减排，为国家实现"双碳"目标作出积极贡献已成为建材行业的普遍认知。

2021 年 1 月，中国建材行业联合会发布《推进建筑材料行业碳达峰、碳中和行动倡议书》，明确提出建筑材料行业要在 2025 年前全面实现碳达峰，水泥等行业要在 2023 年前率先实现碳达峰。建材行业的资源能源均依托于其他产业，这也决定了建材行业要坚持以节能减排为中心，探索实践循环经济、低碳经济等发展理念，走节约发展、清洁发展和绿色发展之路。

8.5.1　建材行业碳排放现状

《中国建筑材料工业碳排放报告（2020 年度）》显示，建材行业 2020 年二氧化碳排放量为 14.8 亿 t，相比于 2019 年，增加 2.7%。建材行业万元工业增加值二氧化碳排放比上年提高 0.2%，比 2005 年减少 73.8%。

如图 8-7 所示，2020 年，水泥工业排放 12.3 亿 t 二氧化碳，占比约 83.1%，比 2019 年增加了约 1.8%；石灰石膏工业排放 1.2 亿 t 二氧化碳，比 2019 年提高了 14.3%，占比约 8.1%；建筑卫生陶瓷工业排放 3758 万 t 二氧化碳，比 2019 年减少 2.7%，占比约 2.5%；建筑技术玻璃工业排放 2740 万 t 二氧化碳，比 2019 年提高了 3.9%，占比约 1.9%。综上可知，我国建筑材料工业中水泥工业的二氧化碳排放量占总排放量的一半以上，位居首位，因此水泥工业是整个建材行业减排的重点和核心。

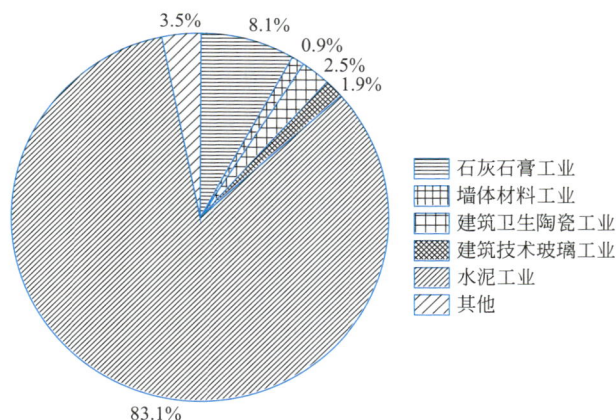

图 8-7　2020 年建筑材料工业碳排放量占比

我国 2001～2021 年水泥工业二氧化碳排放量及增长率如图 8-8 所示。水泥工业的二氧化碳排放量逐年增加，但是增长率呈现下降趋势。熟料生产是水泥生产过程中最主要的二氧化碳排放源，其中石灰石煅烧过程所产生的二氧化碳占整个生产过程碳排放总量的

55%~70%，高温煅烧过程有燃烧燃料，二氧化碳排放量占整个生产过程碳排放总量的25%~40%。近年来，我国水泥熟料产量逐年增多，水泥工业二氧化碳排放从9.71亿t增长到13.75亿t，增长率达41.6%，再次证明水泥工业在整个建材行业碳减排工作中扮演着非常重要的角色。

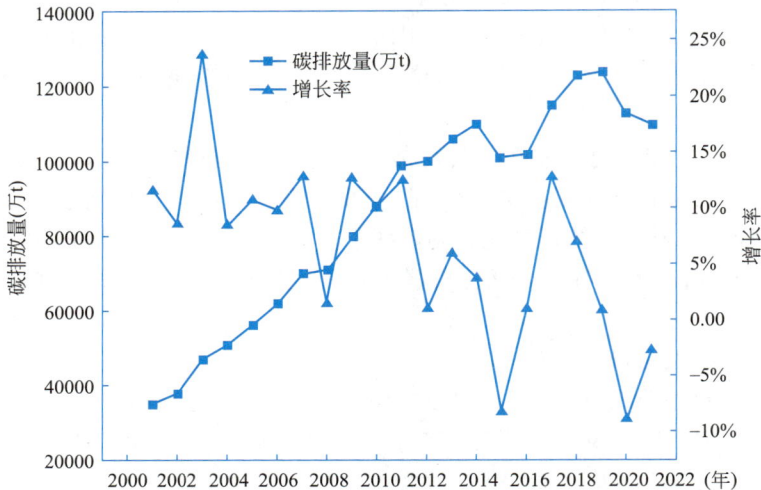

图8-8　我国2001~2021年水泥工业二氧化碳排放量及增长率

8.5.2　建材行业碳中和路径

1. 水泥行业碳中和路径

水泥行业碳减排的途径主要包括：综合标准淘汰落后、产能减量置换、错峰生产等。

《水泥单位产品能源消耗限额》GB 16780—2021在单位水泥产品综合能耗限额、单位熟料产品综合能耗、综合电耗与综合煤耗限额、水泥制备工段电耗限额等方面提出了更加严格的要求。《财政部 国家税务总局关于印发〈资源综合利用产品和劳务增值税优惠目录〉的通知》（财税〔2015〕78号）和《财政部 税务总局关于资源综合利用增值税政策的公告》（财政部 税务总局公告2019年第90号）加大了废渣在水泥、水泥熟料方面资源化利用的政策力度，有效推动了水泥节能降耗，支持了碳减排工作。

2021年，工业和信息化部发布新修订的《水泥玻璃行业产能置换实施办法》，提高了水泥玻璃行业产能置换的比例。修订稿规定：位于国家规定的大气污染防治重点区域实施产能置换的水泥熟料建设项目，产能置换比例为2∶1；位于非大气污染防治重点区域的水泥熟料建设项目，产能置换比例为1.5∶1。2020年12月，工业和信息化部、生态环境部联合发布《关于进一步做好水泥常态化错峰生产的通知》，推动全国水泥错峰生产地域和时间常态化，所有水泥熟料生产线都应进行错峰生产。

2021年1月11日，生态环境部又发布《关于统筹和加强应对气候变化与生态环境保护相关工作的指导意见》，再次提出应推动建材等行业提出明确的碳达峰目标并制定碳达峰行动方案。

2. 整合自然基础的建筑施工方案

基于自然的解决方案是在建筑施工中整合绿色走廊、绿色屋顶、城市树冠和透水路面以及其他绿色基础设施，旨在创造可持续发展的城市环境，这些解决方案能减少高温影响、防止洪水侵蚀、增加碳封存并提供舒适的生活环境。通过种植树木和植被的绿色走廊和绿色屋顶，可以降低热岛效应和能源消耗。城市树冠和透水路面能够吸收雨水、净化空气并降低地表径流和洪水风险。此外，其他绿色基础设施如雨水收集系统和光伏发电系统，有助于减少碳排放和资源浪费。综合应用这些解决方案，可以实现城市的可持续发展、生态平衡和资源有效利用。

3. 制定鼓励使用低碳足迹材料的公共采购政策

公共采购是实现基础设施和建筑行业深度脱碳的有力措施。公共采购占政府支出的很大一部分，例如经济合作与发展组织成员国公共采购支出占国内生产总值的12%和政府总支出的29%。基础设施资产是公共支出的最大领域，这些资产产生的温室气体量在生命周期的所有阶段都是非常显著的。

在我国，对绿色建材使用比例的要求越来越高，在住房和城乡建设部发布的《"十四五"建筑节能与绿色建筑发展规划》中，就提出"在政府投资工程率先采用绿色建材，显著提高城镇新建建筑中绿色建材应用比例。优化选材提升建筑健康性能，开展面向提升建筑使用功能的绿色建材产品集成选材技术研究，推广新型功能环保建材产品与配套应用技术"。

8.5.3 建材行业低碳发展模式

近年来，随着我国生态文明建设步伐的加快，水泥行业从协同处置、超低排放、节能减排、低碳等多方面展开绿色升级，如今正在一步步转变成符合新时代绿色高质量发展要求的现代工业。当今，我国水泥企业在不遗余力地推动水泥工业的绿色可持续发展，水泥行业绿色发展途径正日益明晰。

关于我国水泥工业绿色发展的途径，有学者提出"四零一负"策略。"四零"指在水泥生产中实现对环境的零污染；降低熟料单位电耗，采用余热发电，实现熟料生产对外界电能的零消耗；自身消纳水泥厂的全部废料，实现水泥生产废水、废渣、废料的零排放；水泥窑100%采用替代燃料，实现熟料生产对天然化石燃料的零消耗。"一负"指多用混合材，少用熟料，尽可能多地消纳各种废弃物，用作水泥的替代原燃料，为全社会废弃物的负增长作出贡献。

8.6 有色金属行业碳排放现状与碳中和路径

我国经济发展、人民日常生活及国防、工业、科学技术发展都离不开有色金属，有色金属是必不可少的基础材料和重要战略物资。世界很多国家，尤其是工业发达的国家，竞相发展有色金属工业，增加有色金属的战略储备。

有色金属是指不含铁、锰及铬的金属。有色金属包含64种元素，即铜、铝、铅、锌及镍等常用金属，钨、钼等稀有金属，金及银等贵金属，铈及镧等稀土金属，硅及硒等半金属。从全球来看，有色金属每年的总产量约1.2亿t，2020年，我国有色金属年产量达6168.0万t，同比增长5.5%，产量超过国外其他国家产量总和。

我国作为有色金属生产的第一大国，致力于有色金属的研究，在复杂低品位有色金属资源的开发和利用上取得了重大进展。有色金属产业有完整的产业链，以有色金属生产及服务为中心，形成了一系列相互联系的上下游产业链条，主要环节包括矿产勘探、矿产开采、选矿、冶炼、金属加工、终端消费生产等。上游行业主要包括矿产资源、能源、交通运输，下游行业包括建筑业、汽车、家电业及电力行业。在铜和铝的终端消费中，电力和建筑所占比重最大，锌主要用于电镀板，在汽车、建筑和船舶行业应用广泛。

8.6.1 有色金属行业碳排放现状

近年来，随着社会与经济的不断发展，有色金属行业规模不断扩大，碳排放总量也相应升高，有色金属冶炼行业被纳入全国碳排放交易的重点工业行业之一。据统计，2021年我国有色金属行业二氧化碳排放量约 5.50 亿 t，占全国二氧化碳总排放量的 4.9%，其中有色金属冶炼行业二氧化碳排放量占有色金属行业二氧化碳总排放量的 89%，达 4.89亿 t，矿山采选和压延加工行业碳排放量分别占总排放量的 1% 和 10%。如图 8-9 所示，在有色金属行业中，每吨原铝综合二氧化碳排放量为 11.6t，折合 4.31t 标准煤，有色金属行业二氧化碳总排放量为 4.30 亿 t，占有色金属全行业的 65%；镍、锌、铜、铅行业的碳排放量占比则分别为 6%、5%、4%、2%。可见，铝行业是有色金属行业碳排放第一大户，一直被国家列入"碳排放""去产能"名单。

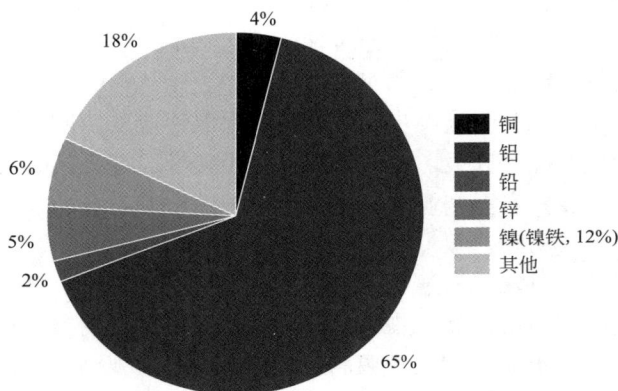

图 8-9 有色金属行业二氧化碳排放量占比示意图

2021 年，我国铝产业链的碳排放量为 6.7 亿 t 左右，约占国内二氧化碳排放量的 6%，仅次于工业品生产环节钢铁的 21.1 亿 t 和水泥的 20.4 亿 t，远高于铜、铅、锌行业的碳排放。在整个铝产业链中，2021 年电解铝环节的碳排放量为 5.05 亿 t，占铝行业碳排放的 75%。综上，要想实现铝产业碳减排，控制电解铝环节能耗是最为关键的一招。

8.6.2 电解铝行业碳中和路径

1. 良好的规划设计

（1）对铝加工行业产业链中的不同节点进行规划设计，打通企业之间不同资源的循环壁垒，能有效促进铝产业链中各类物质以及资源得到更加充分的利用。在整个产业链中，上游企业所生产的各类产品以及生产过程中产生的废物能够提供给下游产业作为生产资料和能源支持，通过有效的规划设计能够使铝产业链中的节点降低废物排放水平，提高企业所在区域的生态恢复水平。

（2）铝行业产业链生产过程中所涉及的各类资源、物质、信息都应控制在同一个系统中，这能够有效促进产业循环链的形成，使其能够为铝产业的发展提供各类资源。

（3）要对铝产业生产过程中所涉及的各类能源消耗进行必要的摸排，并根据调查结果制定相应的措施以降低能源消耗强度，通过引入新的技术和设备对企业生产流程进行必要的改造，最终打造一个铝产业链低碳生态系统，通过对该系统的不断优化使得铝产业链的能源消耗得到有效的控制。

2. 科学的改造方案

通过建立和完善生态型铝产业链，动态调整发展模式，改进生产机制，使得铝产业链的发展具备较好的生态合理性。具体的执行过程应从生态、经济以及技术等多个角度入手，结合企业自身的生产经营状态，引入适合企业发展的各类新型技术和设备，然后再通过科学的管理方式，如信息化管理手段，将这些引入的新技术新设备进行系统融合，使得在实际生产过程中工作人员能够通过一个平台实现对生产流程的监督控制，通过有效提升资源利用率来减少生产过程中产生的各类污染物，使得生产流程符合生态型铝产业链发展的各项要求。

3. 加强企业管理

对产业链生态化低碳发展流程进行分析，结果表明，首先要对企业自身的生产经营状况有明确的了解，在此基础上通过对企业管理方式的优化，特别是生产一线的管理优化来提升企业的整体管理水平，保证企业的各项生产流程和环节都能够依据相应的规范和标准开展。要保证生产过程中涉及的每一个工作岗位都分配到了明确的任务目标，通过严格落实岗位责任和目标，使企业生产过程能够得到有效的约束和控制。工作人员在参与日常生产的过程中要依照标准完成工作内容，并保证生产过程的每一项操作都有相应的标准和规范依据，最终保证企业的碳排放标准符合相关要求。

4. 电解铝新技术的研发和应用

在电解铝行业中，惰性阳极并不是一个新的技术，但是在碳减排的背景下其变得越来越重要，国际各大铝业公司也加强了对这方面的研发投入。惰性阳极可以替换传统的碳阳极，从而使电解铝的还原反应不再产生二氧化碳，同时还能避免发生阳极效应，使原铝生产过程中没有碳氟化合物气体（如四氟化碳和六氟化二碳）产生。除了新技术的改进，中国电解铝企业还可以通过植树造林的碳汇、CCS 等达到碳减排的目的。

8.6.3 铝行业低碳发展模式

铝行业碳减排需要全产业链共同努力。除了优化电解铝环节，还需关注采矿、精炼、制造、产品生产和废弃等环节。改进原材料开采方式、推广低碳技术、提高资源利用率、改进产品设计和制造工艺等都是必要的。政府和行业组织应引导制定环境标准、鼓励技术创新、推动碳排放监管等，以实现可持续发展和碳减排目标。只有全产业链共同努力，才能为铝行业的可持续发展和环境保护作出贡献。

1. 强化绿色发展理念，加快推进产能产量达峰

坚决贯彻落实国家、地方、行业关于实现"碳达峰、碳中和"的各项政策，加快推进电解铝产能指标置换政策落实执行。严格把控新增产能，守住电解铝产能 4500 万 t 底线。实现行业自律，注重行业发展秩序，开展二氧化碳排放达峰行动，提升行业自主贡献力度，"十四五"期间，力争我国电解铝实现产能、产量双达峰，助推铝工业提前实现碳达峰。

2. 持续优化能源结构，加大清洁能源消纳力度

顺应能源结构变化需求，优化产业布局。在清洁能源富集地区，要充分考虑生态及环

境承载力。对于电解铝企业，自身也要积极调整用能结构、利用绿色可再生能源，使我国水电、风电、光伏、核电资源等得到充分利用。推动以煤电为主的电解铝产能向具有清洁能源优势的区域转移，由自备电向网电转化，从源头抓起，减少二氧化碳排放量，综合提升清洁能源冶炼的使用比重。

3. 加大自主创新力度，开发高效低耗减排技术

坚持科技引领，创新驱动，顺应绿色低碳发展方向，开发利用低碳特别是深度脱碳、零碳、惰性阳极、高效用电、可再生能源发电等高效低耗的前沿科技，提升管理水平，实现智能化、信息化，减少能源消耗环节的间接性排放。

针对铝电解过程中不可避免的二氧化碳排放，积极跟踪先进的碳捕集、利用与封存技术，研发适用于铝电解二氧化碳捕集的阳极结构及烟气回收治理技术，实现资源化利用，为碳中和作出贡献。

4. 提高再生铝占比水平，助推铝产业绿色循环发展

探索建立规范的废铝回收体系，明确铝废处理环节的规模、能耗、排放标准等指标。鼓励引导大型铝企业进入废铝回收处理领域，逐步限制、取消零散式废铝回收方式。建设集约化废旧金属回收、分类、提纯、清理园区，提高废铝回收效率和再生铝质量。鼓励铝加工企业与再生铝企业联合发展，形成稳定的供需合作模式，提高再生铝替代原铝生产比例。

5. 深度拓展应用领域，助力绿色低碳社会实现

充分发挥金属铝多种优良的结构和功能特性，通过技术创新延伸产业链，鼓励铝企业探索从源头材料供应商向终端整体解决方案提供商的转变，引导形成"以铝代钢""以铝节木""以铝节铜"的社会共识。特别是在交通轻量化方面，铝材具有天然的优势，在保证车辆强度和安全性能的前提下，能够最大程度降低整车重量，提高动力性能和续航里程，减少燃料消耗，降低碳排放，据欧洲铝业协会报告，车辆每减重 1t，每百公里可节约燃油 6L，减少 8~9kg 二氧化碳排放。因此，应广泛拓展铝的应用领域，助力深度减碳降碳。

6. 全面推进国际合作，构建国内外双循环发展格局

打破我国电解铝国际产能合作的空白状态，积极响应"一带一路"倡议，客观分析我国清洁可再生能源资源禀赋有限和未来电解铝需求可能存在少量短缺之间的矛盾，主动对接产业链上下游企业，发挥各自优势，在政治经济风险较小、资源能源丰富、物流便利的境外地区发展铝工业，带动国内装备、技术出口，加快我国全球铝工业强国建设步伐。

此外，探索通过关税政策调整减少高品质废铝、未锻轧铝、再生铝和部分铝中间产品的出口，同时探索建立全球化的废铝回收、加工、运输体系，以此弥补我国可能出现的供需缺口，推动我国绿色低碳发展进程。

8.7 造纸行业碳排放现状与碳中和路径

8.7.1 造纸行业碳排放现状

1. 全球造纸行业碳排放现状

从全球领域来看，废纸占造纸原料纤维的 60%，而在亚洲，这个比例更是高达 70%。

造纸行业的碳排放主要来源于制浆造纸和废纸再生造纸工艺，通过相关资料可知，不同国家或地区造纸行业每生产 1t 纸所产生的二氧化碳气体排放占比如图 8-10 所示。

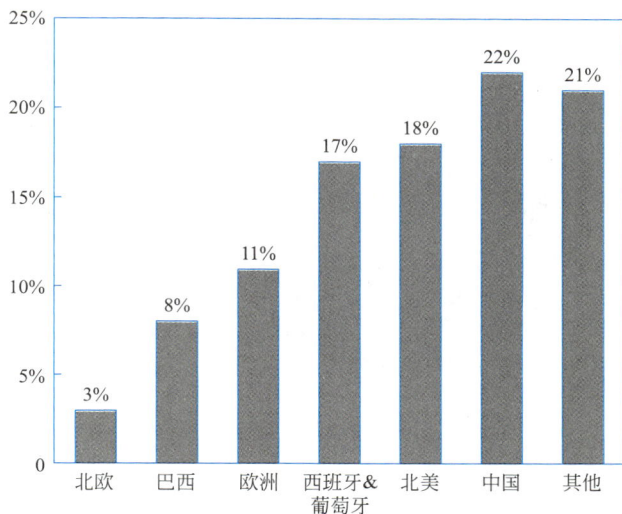

图 8-10　不同国家或地区造纸行业每生产 1t 纸所产生的二氧化碳气体排放占比

2. 我国造纸行业碳排放现状

按照现行的造纸行业温室气体排放核算方法，碳排放源类别包括化石燃料燃烧排放、过程排放、废水厌氧处理排放以及净购入使用电力、热力的排放。据估算，造纸行业碳排放量约为 1 亿 t，占全国碳排放量的 1% 左右。造纸行业虽然在碳排放总量上占比较低，但其大部分碳排放量来自化石燃料燃烧，其中化石燃料里又以高碳含量的煤为主。以湖南某造纸企业为例，因其建有自备燃煤热电厂，故 90% 以上的碳排放量为煤炭燃烧排放。因此，造纸行业的减碳关键在于如何实现能源结构的低碳化。

根据国家统计局公布的行业生产量产值与能耗数据，我国造纸行业能耗和碳排放总量在 2013 年达到峰值之后连续两年有下滑趋势，2015 年排放强度比 2010 年下降 15.74%，节能降碳工作已经取得显著成效。

根据《造纸及纸制品生产企业温室气体排放核算方法和报告指南（试行）》，造纸行业碳排放包括化石燃料燃烧排放、过程排放、净购入的电力产生的排放、净购入的热力产生的排放和废水厌氧处理的排放 5 类。通过对广东省、福建省随机选取的 10 家纳入碳排放交易的造纸企业（主要产品为纸浆、机制纸和纸板，其中 9 家为废纸制浆，1 家为木材制浆）的碳排放数据综合分析，造纸行业典型造纸企业碳排放构成如图 8-11 所示。

由图 8-11 可知，造纸行业的碳排放主要来源于化石燃料燃烧，其中，煤炭的使用占比最大。在造纸企业中，煤炭主要用于小型自备电厂和供热锅炉两方面，发电供热规模小，能源利用效率低，碳排放量高。因此，能源结构的调整是实现碳减排的关键所在。

8.7.2　造纸行业碳中和路径

纸制品与我们的生活联系密切，与"双碳"目标息息相关。绿色低碳是国家未来发展的主旋律，造纸行业全产业链成员都应该抓住这一历史性机遇，实现跨越式发展。

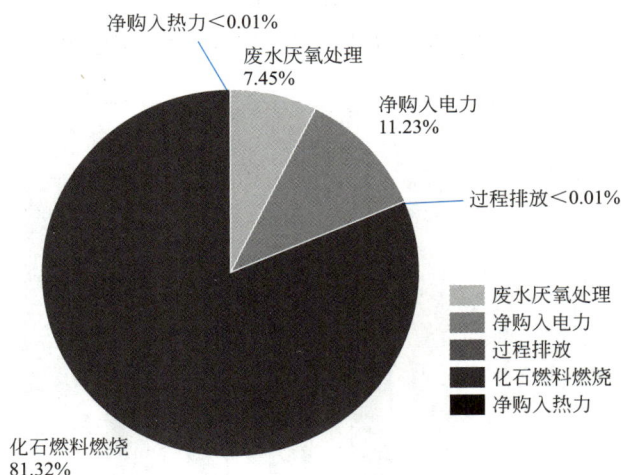

净购入热力＜0.01%
废水厌氧处理 7.45%
净购入电力 11.23%
过程排放＜0.01%

废水厌氧处理
净购入电力
过程排放
化石燃料燃烧
净购入热力

化石燃料燃烧 81.32%

图 8-11　造纸行业典型造纸企业碳排放构成

1. 制定"碳达峰碳中和"行动方案

根据中央经济工作会议和工业和信息化部要求，工业和信息化部将制定钢铁、水泥、造纸等重点行业的"碳达峰"行动方案和路线图。对于造纸行业，工信部的"碳达峰碳中和"行动方案将涵盖多个方面。首先，制定具体的碳达峰目标，明确何时实现碳达峰，并将其落实到造纸企业和区域。其次，推动能源结构优化，鼓励造纸企业采用清洁能源替代高碳能源（如煤炭），以减少碳排放。同时，支持技术创新与升级，促进绿色制造技术应用，提高能源利用效率，降低碳排放强度。此外，鼓励造纸企业积极参与碳交易和碳市场，通过碳配额交易等机制激励减排。推动循环经济发展也是重要一环，鼓励废纸回收利用，降低资源消耗和环境压力。最后，建立完善的碳排放监测体系，对造纸企业的排放情况进行监测和评估，及时发现问题并采取措施。这些措施将有助于促进造纸行业向低碳、环保方向转型，实现"碳达峰碳中和"目标。

2. 增强生态系统碳汇能力

林浆纸一体化循环发展是世界发达国家造纸工业的经验，也是国内大型造纸企业的发展方向。越来越多的造纸企业向上游拓展，种植经营经济林，为下游生产提供原材料。由于森林生态系统的碳汇能力，造纸行业可以通过扩大上游经济林的造林量，延长林地的砍伐周期，以提高生态系统的碳汇能力。然而需要说明的是，经济林本身所贡献的 CCER 林业碳汇量相对较小，因此，其交易价值也较低。

3. 能源消耗低碳化

能源消耗低碳化是减碳的重要路径之一。很多大中型造纸企业都有自备电厂，但由于规模、设备、管理水平等限制，造纸企业自备电厂碳排放水平参差不齐，因此对落后机组的淘汰是低碳化的第一需求。其次，随着碳中和的需求，燃煤机组逐步退出。此外，造纸企业一般会有大型平整的厂房，且耗电量较大，因此，自发自用的分布式光伏是电力低碳化的选择之一。

4. 加强"碳达峰碳中和"能力建设

在绿色低碳发展的背景下，造纸企业要做好充分准备，积极主动向绿色低碳转型。

1）加强绿色治理能力建设

众所周知，传统造纸业的污染十分严重，在发展中面临很大的环保合规压力。中共中央办公厅、国务院办公厅于 2020 年发布《关于构建现代环境治理体系的指导意见》，强调"建立完善上市公司和发债企业强制性环境治理信息披露制度"。同时，加大奖惩力度，真正做到"一处失信，处处受限"，被纳入失信联合惩戒对象名单的环境违法企业，也将被纳入全国信用信息共享平台。

2）构建绿色供应链

在国家的号召下，造纸企业应努力抓住机遇，被动转型不如主动转型，积极调整优化产业结构、能源结构，淘汰落后产能，全面实现供应链绿色化与智能化发展。除此之外，造纸企业应积极参与碳排放权、排污权交易，提升企业绿色供应链的弹性。企业应该把绿色作为中心，贯彻企业发展的方方面面，落实到实际行动中，在新增投资中加大对绿色项目的倾斜力度。

3）建立健全节能降碳管理机制

目前，很多造纸企业都没有建立专门的碳管理部门，管理机制并不健全，专业人才缺失。对此，应该按照相关规定完善体系，切实做好碳核算，根据相关标准和指南要求，做好测试与记录统计，制定详细的监测计划。

8.7.3 造纸行业低碳发展模式

绿色发展强调通过减少环境负荷、保护生态系统和提高资源利用效率来实现经济的可持续性发展。绿色发展主要包括以下五个方面：一是绿色生产过程；二是产品绿色化；三是节能减排；四是清洁生产；五是企业绿色化。对于造纸工业来说，要以绿色发展为主线，努力实现环境效益、经济效益以及社会效益的协同发展。

国内制浆造纸企业存在的问题主要有：集中度低、产品种类多、生产工艺复杂。对于一些小规模企业来说，生产工艺较落后、能源消耗大且效率低。针对制浆造纸工业制定的标准与政策，没有形成完整的政策支持体系，相互之间不能进行有效衔接。另外，我国工业温室气体排放清单数据库仍在编制当中，很多参数仍模糊，在制浆造纸行业温室气体排放系数确定上还有待完善。综上，相对于欧美国家来说，我国的低碳建设才刚刚起步，我们必须积极学习已有的国际经验，逐步完善我国制浆造纸行业的环境政策体系，确保浆纸工业向绿色低碳的方向发展。目前，我们需要做好以下几点。

1. 尽快制定行业温室气体减排目标

与 2005 年相比，2020 年我国温室气体减排目标是年单位国内生产总值二氧化碳排放降低 40%～45%，但没有细分不同行业温室气体的削减目标。因此对各个行业来说，必须尽快制定各自的温室气体的减排目标，建议分为长期目标与短期目标两部分。

2. 加快节能工艺技术的升级改造

"打铁还需自身硬"，想要实现节能减排，必须对现有的技术进行改造。为了达到节能减排和提高能源利用率的目的，制浆造纸企业可以对碱回收炉、热电联产、余热回收等工艺设施进行升级改造。

3. 调整能源结构，大力发展可再生能源

借鉴欧美国家的低碳发展经验可知，增加生物质能的应用是一个重要的举措。在我国，煤炭在制浆造纸工业的能源结构中占比最大，然而煤炭质量参差不齐，能效低且污染较大，导致温室气体排放量较高。为改变这一现状，我们必须积极推动生物质能等可再生能源的大力发展。

4. 科学、客观地完善我国造纸工业污染物排放标准

我国造纸工业污染物排放标准还存在较大的问题，应根据我国的实际情况制定切实可行的标准。在目前造纸工业污染物排放标准中，很多指标的排放限值严于发达国家标准，并不具有实践性。因此，为推进造纸工业整个行业的有效管理，加速实现"碳减排碳中和"的步伐，必须尽快制定合理、有效、科学的标准。

5. 通过清洁生产审核推动企业节能减排

清洁生产是实现碳达峰、碳中和目标的又一助力。从产品的全生命周期出发，推动从源头和生产过程减少二氧化碳的产生，并改革工艺，利用先进的技术提高效率，减少能源消耗。

6. 加强企业自我环境管理

能否最终实现碳减排与碳中和，与企业自我环境管理密不可分。企业的社会责任意识是重中之重，企业按照要求进行管理与改进是制浆造纸行业温室气体减排工作持续推进的保障。除了企业内部要定期进行环境保护方面的教育培训外，政府还可以从行政与经济方面进行约束，采用奖惩结合的方法，激励制浆造纸企业自觉自愿地加强自身的环境管理。

8.8　交通行业碳排放现状与碳中和路径

国际能源署发布的研究报告《燃料燃烧产生的二氧化碳排放》显示，21 世纪以来，全球二氧化碳排放增长了约 40%，2021 年全球二氧化碳排放达到新的历史高点——363 亿 t/a，其中，交通碳排放的贡献率为 25%，在行业贡献率中位列第 2。全球交通领域的碳排放主要涉及道路运输、铁路运输、航空运输、水路运输等多个部门。

2021 年，我国交通运输领域二氧化碳排放总量为 12 亿 t 左右，约占全国碳排放总量 10%，其中，道路交通占 74%、水路交通占 8%、铁路交通占 8%、航空占 10% 左右。

虽然航空碳排放占交通行业总碳排放量的比例尚小，但航空碳排放正处于持续增长态势。航空运输碳排放占全球人为排放碳总量的 2.0%～2.5%，中国航空碳排放量占全球人为碳排放量的 0.22%，航空碳排放问题备受关注。

8.8.1　航空碳排放现状

1. 全球航空碳排放现状

航空运输业作为全球经济活动的重要组成部分和碳排放大户，其行业减碳的迫切性日益突出。根据国际能源协会的统计数据，2021 年航空运输业总碳排放量已经占到全球交通运输行业碳排放量的 10%，约占全球碳排放总量的 2%。从 2013 年到 2021 年，全球民航运输业碳排放量已经超过国际民航组织预测数值的 70%，如果不加以控制，2050 年全世界将有 25% 的碳排放量来源于航空业。在 2019 年新冠肺炎爆发之前的近 30 年中，全球范围内交通运输业产生的二氧化碳排放量已经超过工业碳排放，位列全球第二大碳排放源，仅次于排名第一的电力和热力行业。

2. 我国航空碳排放现状

2004～2021 年，我国航空碳排放总量持续增长，由 2.48×10^7 t 增至 1.16×10^8 t，年

均排放量为 6.09×10^7 t，如图 8-12 所示。航空碳排放主要受到航空运输量的影响，由 2014 年的 2.3099×10^{11} t/km 增至 2021 年的 1.29325×10^{12} t/km，增长了 4.6 倍，年均增长 11.37%。2004~2021 年，中国航空碳排放增长率波动下降，由 30.4% 降至 6.38%，年均增长率为 12.10%。2004 年增长率在研究期内最高，主要是受到 2003 年非典事件的滞后影响。其他增长率较低的年份分别受到不同事件影响，如 2008 年全球金融危机及燃油税调整、2011 年日本地震与叙利亚战争以及全球通胀压力加大导致国内航空需求变小、2017 年的萨德事件导致中国客货运多条航线运力投放下降 20%、2019 年波音 737MAX 飞机停飞事件导致各航空公司的运力安排相应减少等。

图 8-12　2004~2021 年我国航空碳排放总量及增长率变化图

2004~2021 年，我国航空碳排放强度（航空碳排放量与 GDP 比值）波动下降，由 153.5 t/10^8 元降至 117.1 t/10^8 元，年均强度为 121.03 t/10^8 元，如图 8-13 所示，年均增长率为 -0.88%。其中，2004~2013 年航空碳排放强度呈现明显下降趋势，2014~2021 年航空碳排放强度呈现明显增长趋势。

8.8.2　航空行业碳中和路径

1. 保障航空畅通，提高空域利用效率

以单向循环大通道方式对干线航路进行优化改造，是民航空管系统创新行动的重要内容。这一创新举措的主要设想是通过减少一些流量较低的支线航线和增加一部分连接航线的方法，对部分利用率较低的空域资源进行优化整合，对繁忙航路航线进行分流，并形成往返航班单向运行的规划思路。该思路的本质是最大限度地挖掘现有资源潜力，通过少量增量资源盘活现有存量资源。

2. 优化航线结构，缩短航班实际飞行距离

优化航线网络、缩短航班实际飞行距离是最直接节省飞行时间、减少航油消耗和二氧化碳排放的方式。南航通过优化三亚方向航路走向，调整陆地航路为主用航路、海上航路为备用航路，结合西南地区空域调整进行航路优化；新增深圳往返内罗毕、浦东往返纽约航路，节省航程距离，减少飞行时间和航油消耗。数据显示，南航通过调整航路走向累计节省飞行距离约 667 万 km，节省飞行时间 1026min，减少油耗 3077t。

图 8-13　2004～2021 年我国航空碳排放强度及油耗变化图

3. 发展区域特色，建立"共商、共建、共享"机制

"共商机制"除定义个体机场的功能定位和层级结构以外，还会从航权和收费标准两个层面识别邻近机场间平衡的可能性。

"共建机制"则是从渠道和价值链参与者的角度，提出邻近机场可能的协同效应。各机场的功能定位和层级结构不同，盈利能力和投资周期也不尽相同，所在城市或省份的财政实力也有差异，因此，机场群建设更需要从融资、采购、招商和交通一体化等方面，充分挖掘可以通用的渠道资源，来缓解中、小型枢纽机场的建设压力。另一方面，机场群建设需要加大民间资本引入力度，通过"共建机制"的搭建，为经济欠发达地区的机场建设提供资金补充，捆绑后的项目综合吸引力肯定会有明显提升。

"共享机制"是指从数据和运营体系的角度，借助公共资源提高群内各机场运营效率。而对于我国绝大部分的民航机场而言，航空、非航业务的效率提升一直是各机场运营管理机构重点关注的议题之一，因此，各机场群内需要探索如何搭建一个具备数据、经验和管理能力的共享平台，可以短期内复制成功经验、分享管理成果。

4. 创新数字化节能减排，持续关注可持续燃料技术

在节省油耗方面，中国国际航空股份有限公司（简称"国航"）、中国东方航空股份有限公司（简称"东航"）、中国南方航空股份有限公司（简称"南航"）三大航司均提到了机场内车辆"油改电"和"辅助动力装置替代（APU）"方式，其中，APU 是位于飞机尾部的小功率发动机，其在地面供电供气的能耗远高于市电及其他柴油机，通过使用地面电源车、桥载电源替代 APU，减少 APU 使用时间，从而节省油耗并减少废气排放。2021 年，国航使用 APU 替代设施，减少二氧化碳排放 22.6 万 t；东航 APU 替代设施使用率为 99.9%，有害废弃物总量减少 15.1t。

在节能降碳方面，南航、东航等航司已开始创新运用数字化技术。南航研发的航油大数据管理应用平台"航油 e 云"，通过物联网技术手段整合航班加油数据，2021 年实现航班加油时间节约 17%；通过研发节油大数据平台和飞行员电子飞行包节油助手，并创新全

运行链条的节油技术，该航空公司一年累计节省航油约 8.3 万 t。东航 2021 年 6 月在 B777 机队正式启用电子飞行记录本（简称 ELB），这是中国民航首次正式以 ELB 取代纸质飞行记录本。据测算，如果东航股份全机队实施 ELB 运行，每年将节省人工成本和纸张印刷成本达 2000 万元以上，环保减碳成效显著。

8.8.3 航空行业低碳发展模式

1. 主动采用市场导向措施来减少航空业温室气体排放

据国际民航组织理事会的统计数据，2012 年中国航空业的客运量与货运量（含国际与国内航班）均位居世界第二位，仅次于美国。与 2011 年相比，客运量与货运量的增长率分别达到 11% 与 6%，这两个数字同样高于绝大多数国家的同期增长率。据中国学者研究，2005 年中国航空业总排放量（含国际与国内航班）为 2570 万 t CO_2 当量，2010 年增长为 4830 万 t CO_2 当量，预计 2015 年将达到 8530 万 t CO_2 当量，年均增速为 15.4%。因此，尽管中国航空公司短期内无需参加欧盟的碳排放交易体系，并且在国际民航组织的框架下没有强制性的减排义务，但航空业自主减排的紧迫性毋庸置疑。在我国，市场导向措施实质上已经成为应对气候变化、减少温室气体排放的重要政策工具，"积极推行市场化节能减排机制"也已经被写入国务院发布的《2014—2015 年节能减排低碳发展行动方案》。从 2013 年 6 月开始，北京、上海、广东、湖北等 7 省市已经相继启动强制性碳排放交易试点工作，并于 2016 年起逐步构建全国性碳排放交易市场。

2. 积极参与航空减排的国际合作

欧盟碳排放交易制度对外国航空公司的豁免固然是欧盟不得已作出的让步，但客观上也为我国开展航空减排的国际合作提供了空间。为了确保国际航空业的可持续发展，各国政府以及航空公司都应摒弃"以邻为壑"式的成见和短视，积极寻求国际合作的路径。

对中国来说，既然短期内国际民用航空组织的航空减排协议恐难达成，国际合作的可行路径之一就是逐步建立中国与其他国家或地区碳交易市场（特别是欧盟）之间的相互认可与连接机制，这不仅是中国应对气候变化的需要，而且也符合碳排放交易的根本属性。碳排放交易天然地拥有突破地区或国家边界的驱动力，因为该交易体系得以持续运行的基本前提是不同企业的温室气体减排成本不同，减排成本的差异化产生了相应的市场供给与需求。参与企业越多，交易机会也就越多，通过市场交易来降低减排成本或获取利润的可能性也就越大。另外，不同交易市场之间的连接还能促进碳价的稳定，为企业提供比较清晰、可靠的价格信号，同时确保不同国家的同类产业之间的公平竞争。

3. 灵活处理"共同而有区别责任"原则

在国际民航组织气候变化谈判中，我国并不反对通过市场导向措施来减少航空业的温室气体排放，而是主张应遵循"共同而有区别责任"原则，由发达国家先行减排，并允许发展中国家的航空业拥有一定的排放增长空间。但是欧美等反对者的理由似乎也十分充分和妥当，那就是《芝加哥公约》没有明确规定"共同而有区别责任"原则，因此航空减排不应受该原则的制约。

在国内层面，我国应主动采用市场导向措施来减少航空业的温室气体排放，2013 年开始启动的地方性碳排放交易试点已经提供了良好的契机。在国际层面，我国应加强与欧盟等利益相关方的广泛合作，逐步构建不同国家或地区的碳交易市场间的相互认可与连接机制，同时灵活处理航空减排谈判中的"共同而有区别责任"原则。

4. 积极推动"无纸化""限塑"等低碳出行方式

近年来,随着信息技术的发展,电子登机牌、电子客票等无纸化出行方式在国内逐渐流行。据统计,每1亿张纸质登机牌约产生碳排放1500t。民用航空局在印发的《"十四五"航空运输旅客服务专项规划》中提出,至"十四五"末,千万级以上机场旅客全流程无纸化能力达到100%。据南航透露,2021年其累计参与无纸化登机、办理电子发票等"绿色全旅程"服务1500万人次,累计开出电子发票140万张。

另外,针对飞机上的不可降解塑料吸管、搅拌棒、餐/杯具、包装袋产品等一次性用品,航司早已展开"限塑""禁塑"行动,并为此设置目标。东航在2021年6月召开限塑工作阶段性推进会,制定机供品相关标准,全面加强塑料污染治理,还表示2022年正式推行国内限塑航班。南航在2021年年底,停止在航站楼、休息室、国内客运航班中供应一次性不可降解塑料吸管、搅拌棒、餐/杯具、包装袋,并在2022年年底停止在国际客运航班供应一次性不可降解塑料吸管、搅拌棒、餐/杯具、包装袋,2024年年底实现不可降解塑料胶带、一次性不可降解塑料雨布、缠绕膜等货物包装用品使用量大幅下降。

5. 提供碳抵消服务

碳抵消或称碳补偿,是指通过减少其他地方的碳排放来抵消自身的排放,规模不限且适用于各行各业。航司正积极参与其中。事实上,航空业有望成为全球植树造林活动的重要赞助方。全球许多航司在国际民用航空组织发起的国际航空碳抵消和减排计划的要求之外,还郑重作出了碳抵消承诺,并让客户自行支付碳抵消成本。例如,南航推出"绿色飞行,按需用餐"服务,通过提供免餐食兑换积分的选项,帮助旅客实现个人碳抵消。2021年上半年,南航实现餐食减重达1060t,节约机上燃油约80t,同时减少因粮食造成二氧化碳排放约2180t。后续南航还将推出取消免费行李额等低碳出行服务。另外,南航还将推出线上买树、线下植树活动,以抵消航空出行产生的碳排放,实现"碳抵消",同时将植树信息同步给旅客,颁发植树勋章,增强与旅客的互动,提升旅客的参与度和成就感。

参考文献

[1] 姚宏. 工业企业碳中和与绿色发展 [M]. 北京：化学工业出版社，2022.

[2] 余锦华，耿新. 气候及气候变化概念的新认识 [J]. 教育教学论坛，2020（32）：122-124.

[3] 舟丹. 温室气体及其排放清单 [J]. 中外能源，2022，27（01）：9.

[4] APPLE Martha Elizabeth，RICKETTS Macy Kara，MARTIN Alice Caroline. Plant functional traits and microbes vary with position on striped periglacial patterned ground at Glacier National Park, Montana [J]. Journal of Geographical Sciences，2019，29（07）：1127-1141.

[5] 刘玲玲. 热浪横扫欧洲 多国林火蔓延 [N]. 中国煤炭报，2022-07-26（007）.

[6] 王蕾，张百超，石英，等. IPCC AR6 报告关于气候变化影响和风险主要结论的解读 [J]. 气候变化研究进展，2022，18（04）：389-394.

[7] DAI A G，LAMB P J，TRENBRTH K E，et al. The recent Sahel drought is real [J]. International Journal of Climatology，2004，24（11）：1323-1331.

[8] 陈亚宁，李玉朋，李稚，等. 全球气候变化对干旱区影响分析 [J]. 地球科学进展，2022，37（02）：111-119.

[9] 钟丽丽. 世界经济论坛：应对气候变化需关注生物多样性丧失 [N]. 社会科学报，2021-10-14（007）.

[10] 王丽娟，张剑，王雪松，等. 中国电力行业 CO_2 排放达峰路径研究 [J]. 环境科学研究，2022，35（02）：329-338.

[11] 王文堂. 工业企业低碳节能技术 [M]. 北京：化学工业出版社，2017.

[12] 王文堂. 企业碳减排与碳交易知识回答 [M]. 北京：化学工业出版社，2017.

[13] Bandh S A，Shafi S，Peerzada M，et al. Multidimensional analysis of global climate change：a review [J]. Environmental Science and Pollution Research，2021，28：24872-24888.

[14] Zhou S，Wang Y，Yuan Z，et al. Peak energy consumption and CO_2 emissions in China's industrial sector [J]. Energy Strategy Reviews，2018，20：113-123.

[15] 邓旭，谢俊，滕飞. 何谓"碳中和"？ [J]. 气候变化研究进展，2021，17（01）：107-113.

[16] IPCC. Special reporton global warming of 1.5℃ [M]. UK：Cambridge University Press，2018.

[17] 谢伏瞻，刘雅鸣. 应对气候变化报告 [M]. 北京：社会科学文献出版社，2020.

[18] 王萱，宋德勇. 碳排放阶段划分与国际经验启示 [J]. 中国人口资源与环境，2013，23（5）：46-51.

[19] Diffenbaugh N S，Field C B. Changes in Ecologically Critical Terrestrial Climate Conditions [J]. Science，2013，341（6145）：486-492.

[20] Burgess S D，Bowring S，Shen S. High-precision timeline for Earth's most severe extinction [J]. Proceedings of the National Academy of Sciences，2014，111（9）：3316-3321.

[21] Pierre Friedlingstein，Michael O'Sullivan，MatthewW. Jones，et al. Global Carbon Budget 2020 [J]. Earth SystemScience Data，2020，12（4）：3269-3340.

[22] 芦风英，庞智强. 中国与世界主要国家间碳排放转移的实证分析 [J]. 统计与决策，2021（3）：94-97.

[23] 杜立民. 我国 CO_2 排放的影响因素：基于省级面板数据的研究 [J]. 南方经济，2010（11）：20-33.

[24] 平新乔，郑梦圆，曹和平. 中国碳排放强度变化趋势与"十四五"时期碳减排政策优化 [J]. 改革，2020（11）：37-52.

[25] 张雅欣，罗荟霖，王灿. 碳中和行动的国际趋势分析 [J]. 气候变化研究进展，2021，17（01）：

88-97.

[26] 项目综合报告编写组.《中国长期低碳发展转型战略及转型路径研究》综合报告 [J]. 中国人口资源与环境，2020，30（11）：1-25.

[27] 王灿，张九天. 碳达峰碳中和迈向新发展路径 [M]. 北京：中共中央党校出版社，2021.

[28] Dong B, Ma X, Zhang Z, et al. Carbon emissions, the industrial structure and economic growth: Evidence from heterogeneous industries in China [J]. Environmental Pollution, 2020, 262: 114322.

[29] Wang D, He W, Shi R. How to achieve the dual-control targets of China's CO₂ emission reduction in 2030? Future trends and prospective decomposition [J]. Journal of Cleaner production, 2019, 213: 1251-1263.

[30] 周楠，邱波，赵良，等. 我国碳达峰碳中和"1+N"政策体系分析与展望 [J]. 可持续发展经济导刊，2023（Z2）：62-66.

[31] 刘燕华，李宇航，王文涛. 中国实现"双碳"目标的挑战、机遇与行动 [J]. 中国人口·资源与环境，2021，31（09）：1-5.

[32] 新华社. 习近平在全国生态环境保护大会上强调全面推进美丽中国建设加快推进人与自然和谐共生的现代化 [J]. 环境与可持续发展，2023，48（04）：4-7.

[33] 秦博宇，周星月，丁涛，等. 全球碳市场发展现状综述及中国碳市场建设展望 [J]. 电力系统自动化，2022，46（21）：186-199.

[34] 李子翠. 发电企业碳排放权交易模型研究 [D]. 北京：华北电力大学，2022.

[35] 孙悦. 欧盟碳排放权交易体系及其价格机制研究 [D]. 吉林：吉林大学，2018.

[36] 吴娜娜. 我国温室气体监测法律制度的构建 [D]. 湖北：武汉大学，2021.

[37] 樊金璐，傅仙华. 欧盟碳排放权交易体系及我国碳市场业务机遇 [J]. 广东科技，2021，30（10）：58-65.

[38] 刘启龙. 欧美碳排放权交易 MRV 体系及启示 [J]. 环境影响评价，2022，44（06）：38-43.

[39] 袁剑琴. 欧盟碳市场 MRV 机制对我国碳市场建设的启示 [J]. 财经界，2022（16）：33-34.

[40] 程清源. 国际碳交易市场衔接法律制度研究 [D]. 天津：天津财经大学，2021.

[41] 刘学之，朱乾坤，孙鑫，等. 欧盟碳市场 MRV 制度体系及其对中国的启示 [J]. 中国科技论坛，2018（08）：164-173.

[42] 张昕. 建好碳市场的关键是健全市场交易制度 [J]. 中国生态文明，2023（Z1）：50-53.

[43] 王东翔. 欧洲碳市场机制对我国碳市场发展的启示 [J]. 能源，2023（08）：57-59.

[44] 夏凡，王之扬，王欢. 碳排放权交易体系制度建设：国际实践及经验借鉴 [J]. 海南金融，2022（07）：24-30.

[45] 张宁，庞军. 全国碳市场引入 CCER 交易及抵销机制的经济影响研究 [J]. 气候变化研究进展，2022，18（05）：622-636.

[46] 陈勇，黄先宁，董初球. CCER 林业碳汇项目的政策现状及路径建议 [J]. 安徽林业科技，2022，48（04）：39-42.

[47] 翁智雄，马中，刘婷婷. 碳中和目标下中国碳市场的现状、挑战与对策 [J]. 环境保护，2021，49（16）：18-22.

[48] 韩锦玉，刘湘，杨雯迪，等. 中国碳交易市场运行效率研究——基于七个试点的实证 [J]. 全国流通经济，2020（14）：132-137.

[49] 吴宏杰. 碳资产管理 [M]. 北京：清华大学出版社，2018.

[50] 梁进. 碳金融 [J]. 科学，2022，74（03）：5-8.

[51] 袁英. Z 发电企业碳资产管理案例研究 [D]. 贵州：贵州财经大学，2021.

[52] 段慧，苏旭东，杨晋明，等. 集团企业碳资产管理信息化平台设计研究 [J]. 能源与环境，2019

（05）：6-8.

[53] 易兰，于秀娟．低碳经济时代下的企业碳管理流程构建［J］．科技管理研究，2015，35（20）：238-242.

[54] 刘会艳，张元礼，赵纯革，等．企业碳盘查与碳交易在我国的实施［J］．油气田环境保护，2015，25（04）：1-4＋79.

[55] 崔宇．电力集团碳资产信息化管理研究［J］．中国电力企业管理，2020（28）：29-31.

[56] 赵佳．碳资产的定义、识别和评估思路［D］．四川：西南交通大学，2016.

[57] 陶春华．价值创造导向的企业碳资产管理研究［D］．北京：北京交通大学，2017.

[58] 国家畜禽养殖废弃物资源化利用科技创新联盟．碳排放量化评估技术指南之碳资产管理（二）［J］．中国畜牧业，2019（17）：36-39.

[59] 吴莉．A石化企业碳资产管理研究［D］．湖南：南华大学，2020.

[60] 李秋晨．H电力企业碳资产管理现状与对策研究［D］．湖北：华中师范大学，2023.

[61] 王睿彤．铁路企业开发碳资产项目分析［J］．铁路节能环保与安全卫生，2020，10（02）：28-32.

[62] 肖雨薇．"双碳"背景下碳资产管理对价值创造影响研究［D］．河南：河南财经政法大学，2024.

[63] 马文杰．绿色金融—政策激励与市场发展［M］．上海：上海财经大学出版社，2021.

[64] 葛春尧，李强，王梅婷．统筹建立我国绿色金融标准体系［J］．中国金融，2023（03）：59-61.

[65] 赵雪．我国绿色金融发展困境及其发展路径探析——评《探索与构建：新时代中国绿色金融体系》［J］．生态经济，2022，38（05）：230-231.

[66] 王遥，任玉洁．"双碳"目标下的中国绿色金融体系构建［J］．当代经济科学，2022，44（05）：1-13.

[67] 王建发．我国绿色金融发展现状与体系构建——基于可持续发展背景［J］．技术经济与管理研究，2020（05）：76-81.

[68] 李强，陈山漫．绿色信贷政策、融资成本与企业绿色技术创新［J］．经济问题，2023（08）：67-73.

[69] 王馨，王营．绿色信贷政策增进绿色创新研究［J］．管理世界，2021，37（06）：173-188.

[70] 刘晓曙，杨敬成．我国商业银行绿色债券业务发展策略［J］．国际金融，2023（02）：74-80.

[71] 洪艳蓉．论碳达峰碳中和背景下的绿色债券发展模式［J］．法律科学（西北政法大学学报），2022，40（02）：123-137.

[72] 王建魁，孙哲斌．绿色保险助力碳达峰碳中和［J］．中国金融，2021（19）：45-47.

[73] 张科，熊子怡，黄细嘉．绿色债券、碳减排效应与经济高质量发展［J］．财经研究，2023，49（06）：64-78.

[74] 倪培根，秦二娃，程锐．推进绿色基金环境信息披露［J］．中国金融，2022（09）：52-53.

[75] 安国俊，梅德文，李皓．碳中和基金的方案设计和政策建议［J］．中国金融，2022（02）：26-27.

[76] 邝兵．碳排放核查员培训教材［M］．北京：中国质检出版社、中国标准出版社，2016.

[77] 蒋旭东，王丹，杨庆．碳排放核算方法学［M］．北京：中国社会科学出版社，2021.

[78] 丛建辉，刘学敏，赵雪如．城市碳排放核算的边界界定及其测度方法［J］．中国人口·资源与环境，2014，24（04）：19-26.

[79] 郝晓地，刘然彬，胡沅胜．污水处理厂"碳中和"评价方法创建与案例分析［J］．中国给水排水，2014，30（02）：1-7.

[80] 刘明达，蒙吉军，刘碧寒．国内外碳排放核算方法研究进展［J］．热带地理，2014，34（02）：248-258.

[81] 黄强，阮付贤，黎永生，等．基于清单编制的广西温室气体排放统计核算体系现状研究［J］．大众科技，2016，18（04）：35-37.

[82] 曲波，杜怀勤．环评中锅炉房大气污染源强的确定［J］．油气田环境保护，2004（02）：50-52.

[83] 王育宝，何宇鹏．中国省域净碳转移测算研究 [J]．管理学刊，2020，33（02）：1-10.

[84] 李慧，卢学强，刘红磊，等．瑞典污水处理系统对我国的启示与借鉴 [J]．给水排水，2016，52（12）：51-54.

[85] 石春力，田永英，黄海伟，等．我国城镇污水处理碳排放核算方法研究综述 [J]．建设科技，2021（11）：39-43.

[86] 岳远朋，梁宏霞，张显雨．企业级碳排放分析预测研究 [J]．内蒙古科技与经济，2019（18）：69-70.

[87] 郝千婷，黄明祥，包刚．碳排放核算方法概述与比较研究 [J]．中国环境管理，2011（04）：51-55.

[88] 于海琴，李进，安洪光，等．火力发电企业 CO_2 排放量和减排分析 [J]．北京交通大学学报，2010，34（03）：101-105.

[89] 张冬咏，鲁书慧，郝梦阁．基于熵权 TOPSIS 法的居民生活消费碳排放特征分析 [J]．河南科学，2021，39（11）：1887-1892.

[90] 刘客．碳配额分配及其对中国煤炭空间输送格局的影响研究 [D]．北京：中国矿业大学，2018.

[91] 陈红敏．国际碳核算体系发展及其评价 [J]．中国人口·资源与环境，2011，21（09）：111-116.

[92] 童楠楠．我国政府开放数据的质量控制机制研究 [J]．情报杂志，2019，38（01）：135-141.

[93] 朱晓睿．基于 TDLAS 的燃煤电厂温室气体排放检测技术研究 [D]．广东：华南理工大学，2020.

[94] 朱春梅．基于不确定性分析的火电机组经济性能指标计算方法研究 [D]．河北：华北电力大学，2011.

[95] 杨栋，申双和，张弥，等．南京和长三角地区 CO_2 与 CH_4 人为排放清单估算的不确定性分析 [J]．气象科学，2014，34（03）：325-334.

[96] 孙婧．我国社会保障统计体系现状分析 [J]．经济研究导刊，2020（02）：120-123.

[97] 王丽丽．天津市统计工作在地统计制度改革研究 [D]．天津：天津大学，2011.

[98] 沈飞娥．选矿厂能源统计在能源管理中的作用 [J]．商场现代化，2012（17）：121.

[99] 农业农村部．2025 年将在全国建设 1000 家国家级生态农场 [J]．北方牧业，2022（04）：18.

[100] 国家发展改革委气候司．关于推动建立全国碳排放权交易市场的基本情况和工作思路 [J]．中国水泥，2015（03）：40-42.

[101] Yin L，Sharifi A，Liqiao H，Jinyu C. Urban carbon accounting：An overview [J]．Urban Climate，2022，44：101195.

[102] Liu Z，Liang S，Geng Y，et al. Features，trajectories and driving forces for energy-related GHG emissions from Chinese mega cites：The case of Beijing，Tianjin，Shanghai and Chongqing [J]．Energy，2012，37（1）：245-254.

[103] Meng F，Liu G，Yang Z，et al. Structural analysis of embodied greenhouse gas emissions from key urban materials：A case study of Xiamen City，China [J]．Journal of Cleaner Production，2017，163：212-223.

[104] Wright L A，Coello J，Kemp S，et al. Carbon footprinting for climate change management in cities [J]．Carbon Management，2011，2（1）：49-60.

[105] Wang Z H，Li Y M，Cai H L，et al. Comparative analysis of regional carbon emissions accounting methods in China：Production-based versus consumption-based principles [J]．Journal of Cleaner Production，2018，194：12-22.

[106] 马秀琴．我国钢铁与水泥行业碳排放核查技术与低碳技术 [M]．北京：中国环境出版社，2015.

[107] 贺晋瑜，何捷，王郁涛．中国水泥行业二氧化碳排放达峰路径研究 [J]．环境科学研究，2022，35（02）：347-355.

[108] 张舒涵，陈晖，王彬，等．基于水泥企业电一碳关系的碳排放监测［J］．中国环境科学，2023，43（07）：3787-3795.

[109] 杨楠，李艳霞，赵盟，等．水泥熟料生产企业 CO_2 直接排放核算模型的建立［J］．气候变化研究进展，2021，17（01）：79-87.

[110] 沈镭，赵建安，王礼茂，等．中国水泥生产过程碳排放因子测算与评估［J］．科学通报，2016，61（26）：2926-2938.

[111] 张利娜，李冰．钢铁行业碳排放数据统计管理及应对策略分析［J］．环境工程，2023，41（S2）：291-293.

[112] 汪旭颖，李冰，吕晨，等．中国钢铁行业二氧化碳排放达峰路径研究［J］．环境科学研究，2022，35（02）：339-346.

[113] 高春艳，牛建广，王斐然．钢材生产阶段碳排放核算方法和碳排放因子研究综述［J］．当代经济管理，2021，43（08）：33-38.

[114] 秦晓波，王金明，王斌，等．稻田甲烷排放现状、减排技术和低碳生产战略路径［J］．气候变化研究进展，2023，19（05）：541-558.

[115] 唐志伟，张俊，邓艾兴，等．我国稻田甲烷排放的时空特征与减排途径［J］．中国生态农业学报（中英文），2022，30（04）：582-591.

[116] 党慧慧，刘超，伍矞嵘，等．不同播期粳稻稻田甲烷排放及综合效益研究［J］．生态环境学报，2021，30（07）：1436-1446.

[117] 翟郒秋，张芊芊，刘芳，等．我国畜禽养殖业碳排放研究进展［J］．华南师范大学学报（自然科学版），2022，54（03）：72-82.

[118] 顾沈怡，邱子健，詹永冰，等．我国畜牧业碳排放时空特征与趋势预测［J］．农业环境科学学报，2023，42（03）：705-714.

[119] 奚永兰，叶小梅，杜静，等．畜禽养殖业碳排放核算方法研究进展［J］．江苏农业科学，2022，50（04）：1-8.

[120] 徐文倩，董红敏，尚斌，等．典型畜禽粪便厌氧发酵产甲烷潜力试验与计算［J］．农业工程学报，2021，37（14）：228-234.

[121] 张学智，王继岩，张藤丽，等．中国农业系统甲烷排放量评估及低碳措施［J］．环境科学与技术，2021，44（03）：200-208.

[122] 严圣吉，尚子吟，邓艾兴，等．我国农田氧化亚氮排放的时空特征及减排途径［J］．作物杂志，2022（03）：1-8.

[123] 张学智，王继岩，张藤丽，等．中国农业系统 N_2O 排放量评估及低碳措施［J］．江苏农业学报，2021，37（05）：1215-1223.

[124] 陈纪宏，卞荣星，张听雪，等．垃圾分类对碳减排的影响分析：以青岛市为例［J］．环境科学，2023，44（05）：2995-3002.

[125] 李秋虹，孙晓杰，胡心悦，等．中国城市生活垃圾处理的碳排放变化趋势研究［J］．环境污染与防治，2023，45（07）：952-958.

[126] 李欢，周颖君，刘建国，等．我国厨余垃圾处理模式的综合比较和优化策略［J］．环境工程学报，2021，15（07）：2398-2408.

[127] 张玲玲，郭兴芳，申世峰，等．污水处理厂温室气体的产生、核算和减量研究进展［J］．给水排水，2023，59（04）：129-138.

[128] 孟红旗，李红霞，赵爱平，等．市政污水厂典型 A^2O 工艺低碳运行的系统性评估［J］．环境科学，2023，44（02）：1174-1180.

[129] 张岳，葛铜岗，孙永利，等．基于城镇污水处理全流程环节的碳排放模型研究［J］．中国给水排

水，2021，37（09）：65-74.

[130] 蔡博峰，高庆先，李中华，等.中国城市污水处理厂甲烷排放因子研究［J］.中国人口·资源与环境，2015，25（04）：118-124.

[131] 徐润泽，操家顺，方芳.污水处理系统中 N_2O 的生产利用及数据驱动模拟研究进展［J］.环境工程，2022，40（06）：107-115.

[132] 何炯英，刘梅娟，李婷.森林碳汇会计核算研究的回顾与展望［J］.林业经济问题，2021，41（05）：552-560.

[133] 吉雪强，刘慧敏，张跃松.中国省际土地利用碳排放空间关联网络结构演化及驱动因素［J］.经济地理，2023，43（02）：190-200.

[134] 易丹，欧名豪，郭杰，等.土地利用碳排放及低碳优化研究进展与趋势展望［J］.资源科学，2022，44（08）：1545-1559.

[135] 陈科屹，王建军，何友均，等.黑龙江大兴安岭重点国有林区森林碳储量及固碳潜力评估［J］.生态环境学报，2022，31（09）：1725-1734.

[136] 曾伟生.东北落叶松林碳储量生长模型研建及固碳能力分析［J］.林业资源管理，2022（01）：18-23.

[137] 张颖，李晓格，温亚利.碳达峰碳中和背景下中国森林碳汇潜力分析研究［J］.北京林业大学学报，2022，44（01）：38-47.

[138] 尹晶萍，张煜星，付尧，等.中国碳排放与森林植被碳吸收潜力研究［J］.林业资源管理，2021（03）：53-61.

[139] 张煜星，王雪军，蒲莹，等.1949～2018年中国森林资源碳储量变化研究［J］.北京林业大学学报，2021，43（05）：1-14.

[140] 马学威，熊康宁，张俞，等.森林生态系统碳储量研究进展与展望［J］.西北林学院学报，2019，34（05）：62-72.

[141] 江霞，汪华林.碳中和技术概论［M］.北京：高等教育出版社，2022.

[142] 左然，施明恒，王希麟，等.可再生能源概论［M］.北京：机械工业出版社，2021.

[143] 陆诗建.碳捕集、利用与封存技术［M］.北京：中国石化出版社，2020.

[144] 于浩，李宁.湖泊碳循环及碳通量的估算方法［J］.环境科技，2008，21（S2）：1-5.

[145] 杨元合，石岳，孙文娟，等.中国及全球陆地生态系统碳源汇特征及其对碳中和的贡献［J］.中国科学：生命科学，2022：52.

[146] Chen S，Liu J，Zhang Q，et al. A critical review on deployment planning and risk analysis of carbon capture, utilization, and storage（CCUS）toward carbon neutrality［J］. Renewable and Sustainable Energy Reviews，2022，167：112537.

[147] 杨卫东，曾联波，李想.碳汇效应及其影响因素研究进展［J］.地球科学进展，2023，38（2）：151.

[148] Churkina G，Organschi A，Reyer C P O，et al. Buildings as a global carbon sink［J］. Nature Sustainability，2020，3（4）：269-276.

[149] Heinze C，Meyer S，Goris N，et al. The ocean carbon sink-impacts, vulnerabilities and challenges［J］. Earth System Dynamics，2015，6（1）：327-358.

[150] 平晓燕，王铁梅，卢欣石.农林复合系统固碳潜力研究进展［J］.植物生态学报，2013，37（1）：80-92.

[151] 樊钰佳，吴素芳.二氧化碳加氢合成甲醇反应铜基催化剂研究进展［J］.化工进展，2016，35（S1）：159-166.

[152] 赵明月，刘源鑫，张雪艳.农田生态系统碳汇研究进展［J］.生态学报，2022，42（23）：9405-9416.

[153] 卢灿 . 1.5℃约束下中国电力行业碳达峰后情景及效应研究 [D]. 北京：华北电力大学，2020.

[154] 索新良，盛金贵，王大勇，等 . 600MW 燃煤电厂 CO_2 排放量测算和碳减排分析 [J]. 锅炉技术，2019，50 (6)：17-21.

[155] 高广生 . 中国温室气体清单研究 [M]. 北京：中国环境科学出版社，2007.

[156] 上官方钦，张春霞，郦秀萍，等 . 关于钢铁行业 CO_2 排放计算方法的探讨 [J]. 钢铁研究学报，2010，22 (11)：1-5.

[157] 王有亮 . 赣州工业碳排放估算及低碳发展路径思考 [J]. 有色金属科学与工程，2015，6 (1)：95-98.

[158] 王刚，谷少党，赵瑞海，等 . 基于能量流研究的高炉节能分析 [J]. 冶金能源，2012，31 (04)：6-9.

[159] 刘泽森，谢志辉，张泽龙，等 . 焦化工序能耗及 CO_2 排放量计算与参数影响 [J]. 钢铁研究，2016，44 (02)：1-4＋40.

[160] 霍首星，隋智通，娄文博，等 . 含钒硅铁水 CO_2 脱硅保钒实验研究 [J]. 材料与冶金学报，2016，15 (03)：166-170.

[161] 彭全舟 . 石油化工企业催化汽油加氢技术和工艺 [J]. 化工设计通讯，2020，046 (005)：113-114.

[162] 刘致航 . 石油化工产业催化剂应用现状和展望初探 [J]. 中国化工贸易，2020，012 (004)：88-90.

[163] 陈琪 . 催化剂产品全生命周期碳排放及减排措施分析 [J]. 石油和化工节能，2020 (4)：19-34.

[164] 梁丽珊 . 炼油企业节能低碳技术的应用研究 [J]. 化工管理，2019 (23)：98-99.

[165] 殷俊明，江丽君，陆飘 . 碳信息披露对企业价值的影响——基于中国石油化工集团公司的事件研究 [J]. 淮海工学院学报（人文社会科学版），2019，17 (06)：90-94.

[166] 杨光杰，李飞，王旭峰，等 . 合成气制低碳烯烃研究进展 [J]. 现代化工，2020，40 (04)：61-64.

[167] 刘蓉，肖天存，王晓龙，等 . 介孔导向剂制备多级孔结构 SAPO-34 分子筛催化剂及其在甲醇制烯烃反应中的应用 [J]. 工业催化，2016，24 (12)：23-30.

[168] 刘殿栋，王钰 . 现代煤化工产业碳减排、碳中和方案探讨 [J]. 煤炭加工与综合利用，2021 (05)：67-72.

[169] 喻悦 . 积极探索碳减排路径 全球建材同仁在行动 [J]. 中国建材，2021 (08)：35.

[170] 李琛 . 水泥行业碳达峰碳中和的机遇与挑战 [J]. 中国水泥，2021 (05)：40-43.

[171] 高旭东，范永斌，王郁涛 . 水泥行业"十三五"科技发展报告 [J]. 中国水泥，2021 (07)：28-39.

[172] 张文春 . 水泥生产污染控制及低碳环保发展思路探索 [J]. 建材与装饰，2019 (22)：168-169.

[173] 刘楠楠，杨晓松，楚敬龙，等 . 有色金属冶炼企业碳排放核算与减排策略 [J]. 矿冶，2021，30 (03)：1-6.

[174] 刘大钧，汪家权 . 我国电解铝行业现状分析及环保优化发展的对策建议 [J]. 轻金属，2014，(09)：9-13.

[175] 单淑秀 . 我国电解铝工业的现状及发展方向 [J]. 轻金属，2011 (08)：3-8.

[176] 张丽，孟早明 . 碳达峰、碳中和对"十四五"时期造纸行业的影响 [J]. 中华纸业，2021，42 (13)：9-13.

[177] 柴玉宏，范忠清 . 低碳经济背景下中国造纸行业发展现状分析 [J]. 华东纸业，2021，51 (02)：1-2.

[178] 李永智，刘晶晶，孔令波 . 造纸企业温室气体排放核算及其应用 [J]. 中国造纸，2017，36 (10)：24-29.

[179] 邱晓兰，余建辉 . 低碳转型与中国造纸工业发展对策 [J]. 生态经济，2015，31 (10)：71-75.

[180] 乔晓娟 . 基于低碳经济背景下我国造纸企业核心竞争力的评价与分析 [J]. 造纸科学与技术，2019，38 (05)：79-81.

[181] 杨文杰，许向阳 . 强制减排对造纸企业碳排放强度及竞争力的影响 [J]. 物流工程与管理，2019，41 (07)：137-139.

[182] 李玲玲，韩瑞玲，张晓燕 . 中国航空碳排放及其效率时空演化特征分析 [J]. 生态学报，2022，

42（10）：3919-3932.

[183] 韩瑞玲，路紫，姚海芳．航空碳排放环境损害评估方法的动态化转换、应用与比较研究［J］．地球科学进展，2019，34（07）：688-696.

[184] 史洁．中国航空运输行业碳排放效率研究——基于非期望产出 SBM-DEA 模型［J］．企业经济，2015（06）：125-129.

[185] 陈其霆，陆晨婷，周德群．基于 LMDI 方法的中国民航业碳排放因素的指数分解［J］．天津大学学报（社会科学版），2014，16（05）：397-403.